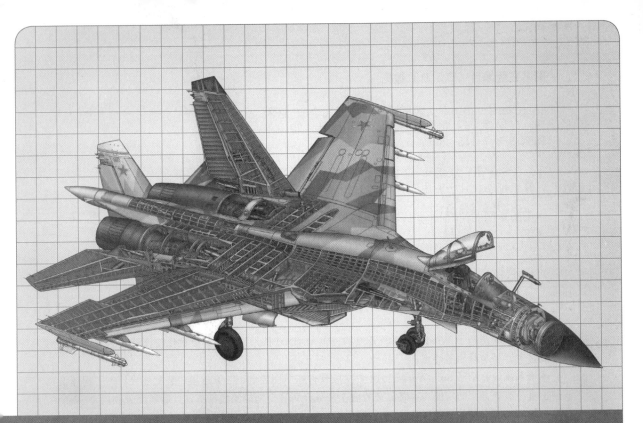

SolidWorks
2018 中文版 机械设计
应用大全

赵罘 杨晓晋 赵楠 / 著

U0342995

人民邮电出版社
北京

图书在版编目（CIP）数据

SolidWorks 2018中文版机械设计应用大全 / 赵罘,
杨晓晋，赵楠著. -- 北京：人民邮电出版社，2018.8
ISBN 978-7-115-48067-5

Ⅰ．①S… Ⅱ．①赵… ②杨… ③赵… Ⅲ．①机械设
计－计算机辅助设计－应用软件 Ⅳ．①TH122

中国版本图书馆CIP数据核字(2018)第117280号

内 容 提 要

SolidWorks 是基于 Windows 系统开发的三维 CAD 软件，该软件以参数化特征造型为基础，具有功能强大、易学易用等特点。

本书系统地介绍了 SolidWorks 2018 中文版软件在草图绘制、三维建模、装配体设计、工程图设计和仿真分析等方面的功能。本书每章的前半部分介绍各个功能的使用方法，后半部分利用 1～2 个典型的机械实例介绍软件的操作步骤，引领读者一步步完成模型的创建，使读者能够快速而深入地理解 SolidWorks 软件中一些抽象的概念和功能。

本书可作为广大工程技术人员的 SolidWorks 自学教程和参考书籍，也可作为大专院校计算机辅助设计课程的参考用书。

◆ 著　　　　赵 罘 杨晓晋 赵 楠
　　责任编辑　俞 彬
　　执行编辑　任芮池
　　责任印制　马振武

◆ 人民邮电出版社出版发行　　北京市丰台区成寿寺路 11 号
　　邮编　100164　　电子邮件　315@ptpress.com.cn
　　网址　http://www.ptpress.com.cn
　　三河市君旺印务有限公司印刷

◆ 开本：787×1092　1/16
　　印张：28.75
　　字数：781 千字　　　　　　　2018 年 8 月第 1 版
　　印数：1－2 500 册　　　　　2018 年 8 月河北第 1 次印刷

定价：89.00 元

读者服务热线：(010)81055410　印装质量热线：(010)81055316
反盗版热线：(010)81055315
广告经营许可证：京东工商广登字 20170147 号

前 言
PREFACE

SolidWorks 公司是一家专业从事三维机械设计、工程分析、产品数据管理软件研发和销售的国际性公司。其产品 SolidWorks 是基于 Windows 系统开发的三维 CAD 软件，它有一套完整的 3D MCAD 产品设计解决方案，即在一个软件包中为产品设计团队提供所有必要的机械设计、验证、运动模拟、数据管理和交流工具。该软件以参数化特征造型为基础，具有功能强大、易学易用等特点，是当前最优秀的三维 CAD 软件之一。

本书重点介绍了 SolidWorks 2018 的各种基本功能和操作方法。每章的前半部分为功能知识点的介绍，每章最后以 1 ～ 2 个综合性应用实例对本章的知识点进行具体应用，可以帮助读者提高实际操作能力，并巩固所学知识。本书采用通俗易懂、由浅入深的方法讲解 SolidWorks 2018 的基本内容和操作步骤，各章节既相对独立，又前后关联。全书解说翔实，图文并茂，读者在学习的过程中，建议结合软件，从头到尾循序渐进地学习。本书主要内容如下。

（1）软件基础：包括基本功能、操作方法和常用模块的功用。

（2）草图绘制：讲解草图的绘制和修改方法。

（3）实体建模：讲解基于草图的三维特征建模命令。

（4）装配体设计：讲解装配体的具体设计方法和步骤。

（5）工程图设计：讲解装配图和零件图的设计。

（6）曲面建模：讲解曲线和曲面的建立过程。

（7）钣金建模：讲解钣金的建模步骤。

（8）焊件建模：讲解焊件的建模步骤。

（9）模具设计：讲解模具设计的基本方法。

（10）线路设计：讲解线路设计的基本方法。

（11）标准零件库：讲解标准零件库的使用。

（12）动画设计：讲解动画制作的基本方法。

（13）渲染输出：讲解图片渲染的基本方法。

（14）配置与系列零件表：讲解生成配置的基本方法。

（15）特征识别：讲解三维模型的特征识别方法。

（16）公差分析：讲解零件的尺寸公差标注和装配体的公差分析。

（17）SolidWorks 可持续设计：讲解零件的加工和运输对环境的影响。

（18）仿真分析：讲解运动分析、有限元分析、流体分析、数控加工分析、注塑模分析和热力学分析。

（19）二次开发：讲解二次开发的基本方法。

本书可作为广大工程技术人员的 SolidWorks 自学教程和参考书籍，也可作为大专院校计算机辅助设计课程的参考用书。

为了方便读者学习，本书以二维码的方式提供了大量视频教程，扫描"云课"二维码即可获得全书视频，也可扫描正文中的二维码观看对应章节的视频。

云课

本书除利用传统的纸面讲解外，随书配送了丰富的学习资源，扫描"资源下载"二维码，即可获得下载方式。

资源下载

本书由赵罘、杨晓晋、赵楠编著，参加编写工作的还有北京工商大学的于鹏程、龚堰珏、刘玥、张剑峰、张艳婷、刘玢、刘良宝、于勇、肖科峰、孙士超、王荃、张世龙、薛美容、李娜、邓琨、刘宝辉。

本书在编写过程中得到了国内 SolidWorks 代理商的技术支持，大中国区技术总监胡其登先生对本书提出了许多建设性的意见，并提供了技术资料，借此机会对他们的帮助表示衷心的感谢。另外，人民邮电出版社的编辑对本书的出版给予了积极的支持，并付出了辛勤的劳动，在此一并致谢。

作者力求展现给读者尽可能多的 SolidWorks 强大功能，希望本书对读者掌握 SolidWorks 软件有所帮助。由于作者水平所限，疏漏之处在所难免，欢迎广大读者批评指正，来信请发往：zhaoffu@163.com。

作　者
2017 年 9 月 15 日

目 录
CONTENS

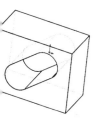

Chapter 1

第 1 章
认识 SolidWorks

本章主要介绍 SolidWorks 2018 中文版的基础知识，包括软件的背景、特点和操作界面，文件的基本操作，常用的工具栏，操作环境的设置，以及参考几何体的使用方法。基本操作命令的使用直接关系到软件的效率，也是以后学习的基础，应加以熟练掌握。

重点与难点

- 文件操作

- 常用工具命令

- 操作环境设置

- 参考几何体的使用方法

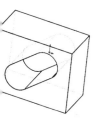

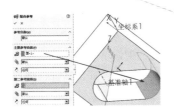

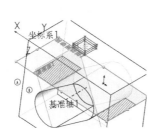

1.1 SolidWorks 概述

本节首先对 SolidWorks 的背景及其主要特点进行简单介绍，让读者对该软件有个大致的认识。

1.1.1 软件背景

20 世纪 90 年代初，国际微型计算机（简称微机）市场发生了根本性的变化，微机性能大幅提高，而价格一路下滑，微机卓越的性能足以运行三维 CAD 软件。为了开发世界空白的基于微机平台的三维 CAD 系统，1993 年，PTC 公司的技术副总裁与 CV 公司的副总裁成立了 SolidWorks 公司，并于 1995 年成功推出了 SolidWorks 软件。在 SolidWorks 软件的促进下，从 1998 年开始，国内外也陆续推出了 CAD 相关软件；原来运行在 UNIX 操作系统的工作站 CAD 软件，也从 1999 年开始，将其程序移植到 Windows 操作系统中。

SolidWorks 采用的是智能化的参变量式设计理念及 Microsoft Windows 图形化用户界面，具有卓越的几何造型和分析功能，它操作灵活，运行速度快，设计过程简单、便捷，被业界称为"三维机械设计方案的领先者"，受到广大用户的青睐，在机械制图和结构设计领域已经成为三维 CAD 设计的主流软件。利用 SolidWorks，设计师和工程师们可以更有效地为产品建模并模拟整个工程系统，加速产品的设计和生产周期，从而完成更加富有创意的产品制造。

1.1.2 软件主要特点

SolidWorks 是一款参变量式 CAD 设计软件。所谓参变量式设计，是将零件尺寸的设计用参数描述，并在设计修改的过程中通过修改参数的数值改变零件的外形。

SolidWorks 在 3D 设计中有以下几方面的特点。

- SolidWorks 提供了一整套完整的动态界面，并可通过鼠标拖动控制。
- 用 SolidWorks 资源管理器可以方便地管理 CAD 文件。
- 配置管理可以在一个模型文件中放置多个模型的变种。
- 通过 eDrawings 可以方便地共享 CAD 文件。
- 从三维模型中自动产生工程图，包括视图、尺寸和标注。
- RealView 图形显示模式：以高清晰度直观地显示设计过程和进行交流。
- 钣金设计工具：可以使用折弯、切口、斜接、褶边等工具从头创建钣金零件。
- 焊件设计：绘制框架的布局草图，并选择焊件轮廓，SolidWorks 将自动生成 3D 焊件设计。
- 模具设计工具：使用 SolidWorks 时，可以导入 IGES、STEP、Parasolid、ACIS 和其他格式的零件几何体来开始进行模具设计。
- 装配体建模：当创建装配体时，可以通过选取各个曲面、边线、曲线和顶点来配合零部件；创建零部件间的机械关系；进行干涉、碰撞和孔对齐检查。
- 仿真装配体运动：只需单击和拖动零部件，即可检查装配体运动情况是否正常以及是否存在碰撞。
- 材料明细表：可以基于设计自动生成完整的材料明细表（BOM），从而节约大量的时间。
- 零件验证：SolidWorks Simulation 工具能帮助新用户和专家确保其设计具有耐用性、安全性和可制造性。

- 标准零件库：通过 SolidWorks Toolbox、SolidWorks Design ClipArt 和 3D ContentCentral，可以即时访问标准零件库。
- 照片级渲染：使用 PhotoView 360 来根据 SolidWorks 3D 模型进行演示或虚拟及材质研究。
- 步路系统：可使用 SolidWorks Routing 自动处理和加速管筒、管道、电力电缆、缆束和电力导管的设计过程。

1.1.3　启动 SolidWorks

启动 SolidWorks 2018 有以下两种方式。

（1）双击桌面的快捷方式图标。

（2）执行【开始】|【所有程序】|【SolidWorks 2018】命令。

SolidWorks 2018 启动界面如图 1-1 所示。

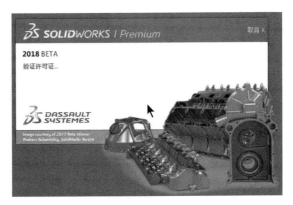

图 1-1　SolidWorks 2018 启动界面

1.1.4　界面功能介绍

SolidWorks 2018 操作界面包括菜单栏、工具栏、管理区域、图形区域、任务窗格、版本提示及状态栏，如图 1-2 所示。菜单栏包含了所有 SolidWorks 命令，工具栏可根据文件类型（零件、装配体、工程图）来调整、放置并设定其显示状态，而 SolidWorks 窗口底部的状态栏则可以提供设计人员正执行的有关功能的信息。

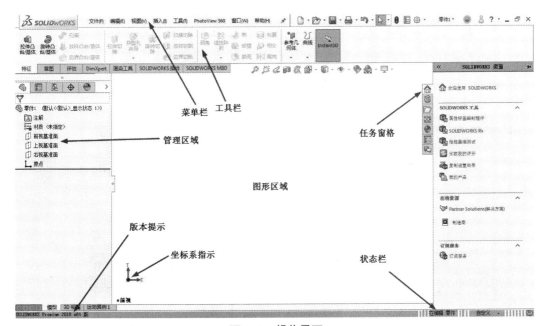

图 1-2　操作界面

1. 菜单栏

菜单栏显示在界面的最上方，如图 1-3 所示，其中最关键的功能集中在【插入】与【工具】菜单中。

图 1-3 菜单栏

对应于不同的工作环境，SolidWorks 中相应的菜单及其中的选项会有所不同。当进行一定的任务操作时，不起作用的菜单命令会临时变灰，此时将无法执行该菜单命令。以【窗口】菜单为例，执行【窗口】|【视口】|【四视图】命令，如图 1-4 所示，此时视图切换为多视口查看模式，如图 1-5 所示。

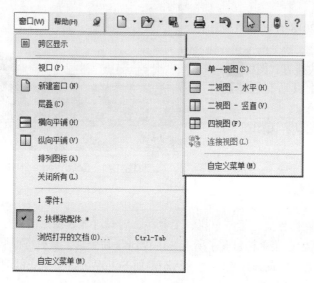

图 1-4 多视口选择

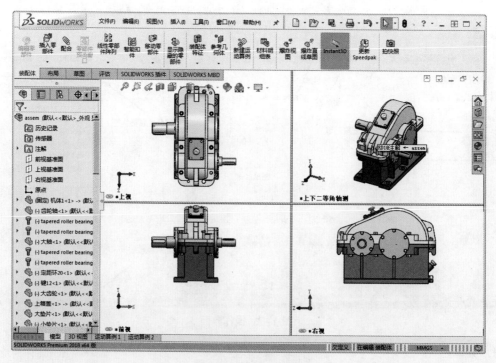

图 1-5 四视口视图

2. 工具栏

SolidWorks 2018 工具栏包括【CommandManager】工具栏、前导视图工具栏和自定义工具栏。

（1）前导视图工具栏以固定工具栏的形式显示在绘图区域的正上方，如图 1-6 所示。

图 1-6　前导视图工具栏

（2）【CommandManager】（命令管理器）是一个上下文相关工具栏，它可以根据要使用的工具栏进行动态更新，默认情况下，它根据文档类型嵌入相应的工具栏。【Command Manager】下面有 4 个不同的选项卡——【特征】、【草图】、【评估】和【DimXpert】，如图 1-7 所示。

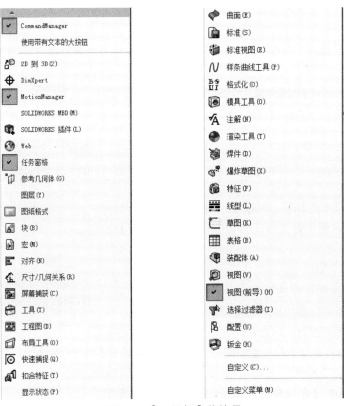

图 1-7　【CommandManager】工具栏

- 【特征】、【草图】选项卡提供【特征】、【草图】的有关命令。
- 【评估】选项卡提供测量、检查、分析等命令，或在【插件】对话框中选择的有关插件。
- 【DimXpert】选项卡提供有关尺寸、公差等方面的命令。

（3）自定义工具栏的启用方法：选择菜单栏中的【视图】|【工具栏】命令，或者在【视图】工具栏中单击鼠标右键，将显示【工具栏】菜单项，如图 1-8 所示。

图 1-8　【工具栏】菜单项

从图 1-8 中可以看到，SolidWorks 2018 提供了多种工具栏，方便软件的使用。

打开某个工具栏（例如【参考几何体】工具栏），它有可能默认排放在主窗口的边缘，可以拖动它到图形区域中成为浮动工具栏，如图 1-9 所示。

在使用工具栏或工具栏中的命令时，当指针移动到工具栏中的图标附近，会弹出一条消息来显示该工具的名称及相应的功能，如图 1-10 所示，显示一段时间后，该提示会自动消失。

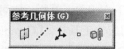

图 1-9 【参考几何体】工具栏

图 1-10 消息提示

3. 状态栏

状态栏位于图形区域底部，提供关于当前正在窗口中编辑的内容的状态以及指针位置坐标、草图状态等信息，如图 1-11 所示。

状态栏中典型的信息如下。

- 重建模型图标：在更改了草图或零件而需要重建模型时，重建模型图标会显示在状态栏中。
- 草图状态：在编辑草图过程中，状态栏会出现完全定义、过定义、欠定义、没有找到解、发现无效的解 5 种状态。在零件完成之前，最好完全定义草图。
- 快速提示帮助图标：它会根据 SolidWorks 的当前模式给出提示和选项，很方便快捷，对于初学者来说很有用。

4. 管理区域

在操作界面的左侧为 SolidWorks 文件的管理区域，也称为左侧区域，如图 1-12 所示。

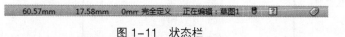

图 1-11 状态栏

图 1-12 管理区域

管理区域包括特征管理器（FeatureManager）设计树、属性管理器（PropertyManager）、配置管理器（ConfigurationManager）、标注专家管理器（DimXpertManager）和外观管理器（DisplayManager）。

单击管理区域顶部的标签，可以在应用程序之间进行切换。单击管理区域右侧的箭头，可以展开【显示窗格】，如图 1-13 所示。

5. 确认角落

确认角落位于操作界面的右上角，如图 1-14 所示。利用确认角落可以接受或取消相应的草图绘制和特征操作。

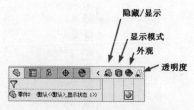

图 1-13 展开【显示窗格】

- 当进行草图绘制时，可以单击确认角落里的【退出草图】图标来结束并接受草图绘制，也可以单击【删除草图】图标来放弃草图的更改。
- 当进行特征造型时，可以单击确认角落里的【退出草图】图标来结束并接受特征造型，也可以单击【删除草图】图标来放弃特征造型操作。

6. 任务窗格

图形区域右侧的任务窗格是与管理 SolidWorks 文件有关的一个工作窗口，任务窗格带有【SolidWorks 资源】、【设计库】和【文件探索器】等标签，如图 1-15 所示。通过任务窗格，用户可以查找和使用 SolidWorks 文件。

图 1-14　确认角落　　　　　　　　图 1-15　任务窗格

1.1.5　FeatureManager 设计树

特征管理器（FeatureManager）设计树位于 SolidWorks 窗口的左侧，是 SolidWorks 软件窗口中比较常用的部分，如图 1-16 所示。它提供了激活的零件、装配体或工程图的大纲视图，从而可以很方便地查看模型或装配体的构造情况，或者查看工程图中的不同图纸和视图。

FeatureManager 设计树用来组织和记录模型中的各个要素及要素之间的参数信息和相互关系，以及模型、特征和零件之间的约束关系等，几乎包含了所有设计信息。

FeatureManager 设计树的功能主要有以下几种。

（1）以名称来选择模型中的项目：可以通过在模型中选择其名称来选择特征、草图、基准面及基准轴。SolidWorks 在这一项中很多功能与 Windows 操作界面类似，如在选择的同时按住 Shift 键，可以选取多个连续项目；在选择的同时按住 Ctrl 键，可以选取非连续项目。

（2）确认和更改特征的生成顺序：在 FeatureManager 设计树中通过拖动项目可以重新调整特征的生成顺序，这将更改重建模型时特征重建的顺序。

（3）双击特征的名称可以显示特征的尺寸。

（4）如要更改项目的名称，在名称上缓慢单击两次以选择该名称，然后输入新的名称即可。

（5）在装配零件时，压缩和解除压缩零件特征和装配体零部件是很常用的。

（6）用右键单击清单中的特征，然后选择父子关系，以便查看父子关系。

（7）单击右键，在 FeatureManager 设计树里还可显示如下项目：特征说明、零部件说明、零部件配置名称、零部件配置说明等。

（8）将文件夹添加到 FeatureManager 设计树中。

FeatureManager 设计树提供下列文件夹和工具。

（1）使用退回控制棒暂时将模型退回到早期状态，如图 1-17 所示。

图 1-16　FeatureManager 设计树

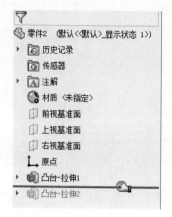

图 1-17　拖动退回控制棒

（2）用右键单击方程式文件夹 并选择所需操作来添加新的方程式，编辑或删除方程式（当将第一个方程式添加到零件或装配体时，方程式文件夹出现）。

（3）用右键单击注解文件夹 来控制尺寸和注解的显示。

（4）记录设计日志并添加附加件到设计活页夹文件夹 。

（5）用右键单击材质图标 来添加或修改应用到零件的材质。

（6）查阅文档在实体文件夹 中所包含的所有实体。

（7）查阅文档在曲面实体文件夹 中所包含的所有曲面实体。

（8）查阅基准面 、基准轴 以及插入的零件草图 。

（9）添加自己的自定义文件夹，并将特征拖动到文件夹，以减小 FeatureManager 设计树的长度。

（10）在图形区域中从弹出的 FeatureManager 设计树查阅并进行操作，而管理区域中有 PropertyManager 出现。

（11）通过选择管理区域顶部的标签，可以在 【FeatureManager 设计树】、 【PropertyManager】、 【ConfigurationManager】、 【DimXpertManager】及 【DisplayManager】标签之间切换，如图 1-18 所示。

（12）若想切换 FeatureManager 设计树的显示状态，可以按 F9 键或单击视图、FeatureManager 设计树区域，此方法在全屏模式中尤其有用。

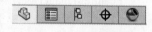

图 1-18　切换标签

（13）在图形区域选择一个实体、面或者点，用右键单击，在弹出的菜单中选择【保存选择】命令，特征树中将生成一个【选择集】文件夹，该文件夹中包含用户选择的要素。

1.2　SolidWorks 的文件操作

1.2.1　新建文件

在 SolidWorks 的主窗口中单击窗口左上角的 【新建】图标，或者选择菜单栏中的【文件】【新

建】命令，即可弹出如图 1-19 所示的【新建 SolidWorks 文件】对话框，在该对话框中单击 🖐【零件】
按钮，即可得到 SolidWorks 2018 典型用户界面。

- 🗎【零件】按钮：双击该按钮，可以生成单一的三维零部件文件。
- 🗎【装配体】按钮：双击该按钮，可以生成零件或其他装配体的排列文件。
- 🗎【工程图】按钮：双击该按钮，可以生成属于零件或装配体的二维工程图文件。

单击 高级 按钮，此时的【新建 SolidWorks 文件】对话框如图 1-20 所示。

SolidWorks 软件分为零件、装配体及工程图 3 个模块，针对不同的功能模块，其文件类型各不相同。如果准备编辑零件文件，在【新建 SolidWorks 文件】对话框中单击 🖐【零件】按钮，再单击【确定】按钮，即可打开一张空白的零件图文件，后续存盘时，系统默认的扩展名为列表中的 .sldprt。

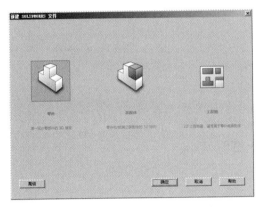

图 1-19 【新建 SolidWorks 文件】对话框

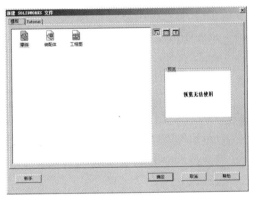

图 1-20 【新建 SolidWorks 文件】对话框

1.2.2 打开文件

单击【新建 SolidWorks 文件】对话框中的【零件】图标，可以打开一张空白的零件图文件，或者单击【标准】工具栏中的【打开】按钮，弹出【打开】对话框，如图 1-21 所示。可以打开已经存在的文件，并对其进行编辑操作。

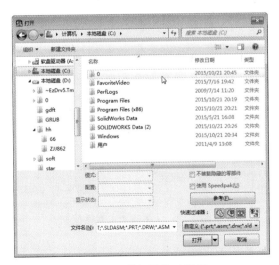

图 1-21 【打开】对话框

在【打开】对话框里，系统会默认选择前一次读取的文件格式，如果想要打开其他格式的文件，可以在【文件类型】下拉列表中选取适当的文件类型。

对于 SolidWorks 软件可以读取的文件格式及允许的数据转换方式，综合归类如下。

- SolidWorks 零件文件，扩展名为 .prt 或 .sldprt。
- SolidWorks 组合件文件，扩展名为 .asm 或 .sldasm。
- SolidWorks 工程图文件，扩展名为 .drw 或 .slddrw。
- DXF 文件，AutoCAD 格式，包括 DXF3D 文件，扩展名为 .dxf。
- DWG 文件，AutoCAD 格式，扩展名为 .dwg。
- AdobeIllustrator 文件，扩展名为 .ai。
- LibFeatPart 文件，扩展名为 .lfp 或 .sldlfp。
- IGES 文件，护展名为 .igs。
- StepAP203/214 文件，扩展名为 .step 及 .stp。
- ACIS 文件，扩展名为 .sat。
- VDAFS 文件，扩展名为 .vda。
- VRML 文件，扩展名为 .wrl。
- Parasolid 文件，扩展名为 .x_t、.x_b、.xmt_txt 或 .xmt_bin。
- Pro/ENGINEER 文件，扩展名为 .prt、.xpr 或 .asm、.xas。
- UnigraphicsII 文件，扩展名为 .prt。

1.2.3　保存文件

单击【标准】工具栏中的 █【保存】按钮，或者选择菜单栏中的【文件】|【保存】命令，在弹出的对话框中输入要保存的文件名及设置文件保存的路径，便可以将当前文件保存。也可选择【文件】|【另存为】命令，弹出【另存为】对话框，如图 1-22 所示。在【另存为】对话框中更改将要保存的文件路径后，单击【保存】按钮，即可将创建好的文件保存在指定的文件夹中。

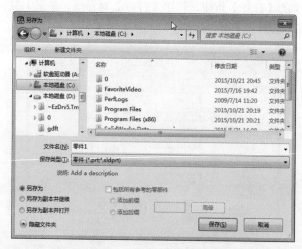

图 1-22　【另存为】对话框

【另存为】对话框参数设置说明如下。

- 【保存类型】：在下拉列表中选择一种文件的保存格式，包括以另一种文件格式保存。

● 【Description】：在该选项后面的文本框中可以输入对文件提供模型的说明。

1.3　常用工具命令

1.3.1　快速访问工具栏

快速访问工具栏位于主窗口正上方，如图 1-23 所示。

各按钮含义如下。

● 【新建】：单击该按钮，可打开【新建 SolidWorks 文件】对话框，从而建立一个空白图文件。

● 【打开】：单击该按钮，可在【打开】对话框中打开磁盘驱动器中已有的图文件。

图 1-23　快速访问工具栏

● 【保存】：单击该按钮，可将目前编辑中的工作视图按原先读取的文件名称存盘。

● 【打印】：单击该按钮，可将指定范围内的图文资料送往打印机或绘图机，执行打印出图功能或打印到文件功能。

● 【撤销】：单击该按钮，可以撤销本次或者上次的操作，返回未执行该项命令前的状态，可重复返回多次。

● 【选择】：单击该按钮，可进入选取像素对象的模式。

● 【重建模型】：单击该按钮，可以使系统依照图文数据库里最新的图文资料，更新屏幕上显示的模型图形。

● 【文件属性】：单击该按钮，显示激活文档的摘要信息。

● 【选项】：单击该按钮，在弹出的对话框中可以更改 SolidWorks 选项设定。

1.3.2　【特征】工具栏

在 SolidWorks 2018 中，【特征】工具栏直接显示在主窗口的上方，以选项卡的方式存在，如图 1-24 所示。

图 1-24　【特征】工具栏

也可以选择菜单栏中的【视图】|【工具栏】|【特征】命令,【特征】工具栏将悬浮在主窗口上，如图 1-25 所示。

图 1-25　悬浮的【特征】工具栏

各按钮含义如下。

- 【拉伸凸台 / 基体】：以一个或两个方向拉伸草图或绘制的草图轮廓生成一个实体。
- 【旋转凸台 / 基体】：可将选取的草图轮廓图形绕着指定的旋转中心轴形成 3D 模型。
- 【扫描】：可以沿开环或闭合路径通过扫描闭合轮廓来生成实体模型。
- 【放样凸台 / 基体】：可以在两个或多个轮廓之间添加材质来生成实体特征。
- 【边界凸台 / 基体】：以两个方向在轮廓间添加材料以生成实体特征。
- 【拉伸切除】：在实体中以一个或两个方向拉伸移除实体模型。
- 【旋转切除】：可通过绕轴心旋转绘制的轮廓来切除实体模型。
- 【扫描切除】：沿开环或闭合路径通过扫描轮廓来切除实体模型。
- 【放样切割】：在两个或多个轮廓之间通过移除材质来切除实体模型。
- 【边界切除】：通过以两个方向在轮廓之间移除材料来切除实体模型。
- 【圆角】：沿实体或曲面特征中的一条或多条边线生成圆形内部或外部面。
- 【倒角】：可以沿边线、一串切边或顶点生成一倾斜的边线。
- 【筋】：按照用户指定的断面图形，加入一个加强肋特征。
- 【抽壳】：可对 3D 实体模型加入平均厚度薄壳特征。
- 【拔模】：可对 3D 模型的某个曲面或平面加入拔模倾斜面。
- 【异型孔向导】：可以利用预先定义的剖面插入孔。
- 【线性阵列】：可以对一个或两个线性方向阵列特征、面及实体等。
- 【圆周阵列】：可以绕轴心阵列特征、面及实体等。
- 【包覆】：将草图轮廓闭合到面上。
- 【圆顶】：添加一个或多个圆顶到所选平面或非平面。
- 【镜像】：可以绕面或者基准面镜像特征、面及实体等。
- 【参考几何体】：单击 可以弹出【参考几何体】命令组，如图 1-26 所示。再根据需要选择不同的基准，然后在设定的基准上插入草图来编辑或更改零件图。
- 【曲线】：单击 可以弹出【曲线】命令组，如图 1-27 所示。

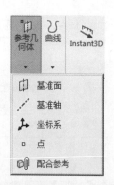

图 1-26 【参考几何体】命令组

图 1-27 【曲线】命令组

- 【Instant3D】：启用拖动控标、尺寸及草图来动态修改特征。

1.3.3 【草图】工具栏

和【特征】工具栏一样，【草图】工具栏也有两种形式，如图 1-28 所示。

图 1-28 【草图】工具栏的两种形式

各按钮含义如下。

- 〔【草图绘制】：在任何默认基准面或自己设定的基准上，通过单击该按钮，可以在特定的面上生成草图。
- 〖【3D 草图】：可以在工作基准面上或在 3D 空间的任意点生成 3D 草图实体。
- 〖【智能尺寸】：为一个或多个所选实体生成尺寸。
- ╱【直线】：单击并依序指定线段图形的起点及终点位置，可生成一条绘制的直线。
- ▢【边角矩形】：单击并依序指定矩形图形的两个对角点位置，可生成一个矩形。
- ⊙【圆】：单击并用左键指定圆形的圆心点位置后，拖动鼠标指针，可生成一个圆形。
- ◠【圆心 / 起 / 终点画弧】：单击并依序指定圆弧图形的圆心点、半径、起点及终点位置，可生成一个圆弧。
- ⊙【多边形】：生成边数在 3 和 40 之间的等边多边形，可在绘制多边形后更改边数。
- ∧【样条曲线】：单击并依序指定曲线图形的每个"经过点"位置，可生成一条不规则曲线。
- ⌐【绘制圆角】：在交叉点切圆两个草图实体之角，从而生成切线弧。
- ◦【点】：将鼠标指针移到屏幕绘图区里所需要的位置单击，即可在工作图文件里生成一个星点。
- ⊞【基准面】：可插入基准面到 3D 草图。
- Ａ【文字】：可在面、边线及草图实体上绘制文字。
- ﾇ【剪裁实体】：可以剪裁一直线、圆弧、椭圆、圆、样条曲线或中心线，直到它与另一直线、圆弧、圆、椭圆、样条曲线或中心线的相交处。
- ⊡【转换实体引用】：可以将模型中的所选边线转换为草图实体。
- ╚【等距实体】：可以通过一定距离等距面、边线、曲线或草图实体来添加草图实体。
- ⊪【镜像实体】：可将工作窗口里被选取的 2D 像素对称于某个中心线草图图形，进行镜像的操作。
- ⊞【线性草图阵列】：使用想阵列的草图实体中的单元或模型边线生成线性草图阵列。
- ⊳【移动实体】：可移动一个或多个草图实体。
- ⅃【显示 / 删除几何关系】：在草图实体之间添加重合、相切、同轴、水平、竖直等几何关系，亦可删除。
- 〔【修复草图】：能够找出草图错误，有些情况下还可以修复这些错误。

1.3.4 【装配体】工具栏

【装配体】工具栏如图 1-29 所示，可用于控制零部件的管理、移动及配合。

各按钮含义如下。

- ☝【插入零部件】：可用来插入零部件、现有零件 / 装配体。

- ◦ 🔗【配合】：可指定装配中任两个或多个零件的配合。
- ◦ 🔲【线性零部件阵列】：可以以一个或两个方向在装配体中生成零部件线性阵列。
- ◦ 🔩【智能扣件】：单击该按钮后，智能扣件将自动给装配体添加扣件（螺栓和螺钉）。
- ◦ 🔲【移动零部件】：可通过拖动来使零部件在设定的自由度内移动。
- ◦ 🔲【显示隐藏的零部件】：可以切换零部件的隐藏和显示状态，并随后在图形区域中选择隐藏的零部件以使其显示。
- ◦ 🔲【装配体特征】：生成各种装配体特征，如图 1-30 所示。

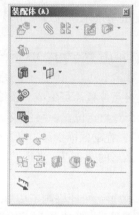

图 1-29 【装配体】工具栏

图 1-30 装配体特征

- ◦ 🔲【新建运动算例】：新建一个装配体模型运动的图形模拟。
- ◦ 🔲【材料明细表】：新建一个材料明细表。
- ◦ 🔲【爆炸视图】：可以生成和编辑装配体的爆炸视图。
- ◦ 🔲【干涉检查】：可以检查装配体中是否有干涉的情况。
- ◦ 🔲【间隙验证】：可以检查装配体中所选零部件之间的间隙。
- ◦ 🔲【孔对齐】：检查装配体中是否存在未对齐的孔。
- ◦ 🔲【装配体直观】：按自定义属性直观装配体零部件。
- ◦ 🔲【性能评估】：分析装配体的性能，并会建议采取一些可行的操作来改进性能。当操作大型、复杂的装配体时，这种做法会很有用。

1.3.5 【尺寸/几何关系】工具栏

【尺寸/几何关系】工具栏用于标注尺寸和添加及删除几何关系，如图 1-31 所示。

各按钮含义如下。

图 1-31 【尺寸/几何关系】工具栏

- ◦ 🔲【职能尺寸】：可以给草图实体、其他对象或几何图形标注尺寸。
- ◦ 🔲【水平尺寸】：可在两个实体之间指定水平尺寸，水平方向由当前草图的方向来定义。
- ◦ 🔲【竖直尺寸】：可在两点之间生成竖直尺寸，竖直方向由当前草图的方向定义。
- ◦ 🔲【基准尺寸】：属于参考尺寸，不能更改其数值或者使用其数值来驱动模型。
- ◦ 🔲【尺寸链】：为一组在工程图中或草图中从零坐标测量的尺寸，不能更改其数值或者使用其数值来驱动模型。

- 凵【水平尺寸链】：在激活的工程图或草图上单击该按钮，可以生成水平尺寸链。
- 吕【竖直尺寸链】：可以在工程图或草图中生成竖直尺寸链。
- 倒【倒角尺寸】：可以在工程图中给倒角标注尺寸。
- 凵【添加几何关系】：单击该按钮，系统会打开【添加几何关系】PropertyManager 设计树，供用户对工作图文件里的 2D 草图图形附加新的几何限制条件。
- ⊥【显示 / 删除几何关系】：单击该按钮，系统会打开【显示 / 删除几何关系】PropertyManager 设计树，列出并可供用户删除 2D 草图图形已有的几何限制条件。

1.3.6　【工程图】工具栏

【工程图】工具栏如图 1-32 所示。

图 1-32　【工程图】工具栏

各按钮含义如下。

- ⊚【模型视图】：可将一模型视图插入到工程图文件中。
- 吕【投影视图】：可从任何正交视图插入投影的视图。
- ⊿【辅助视图】：类似于投影视图，不同的是，它可以垂直于现有视图中的参考边线来展开视图。
- ⥮【剖面视图】：可以用一条剖切线来分割父视图，在工程图中生成一个剖面视图。
- Ⓐ【局部视图】：可用来显示一个视图的某个部分（通常是以放大比例显示）。
- 吕吕【标准三视图】：可以为所显示的零件或装配体生成 3 个相关的默认正交视图。
- 圖【断开的剖视图】：可通过绘制一轮廓在工程视图上生成断开的剖视图。
- 圖【断裂视图】：可将工程图视图用较大比例显示在较小的工程图纸上。
- 圖【剪裁视图】：通过隐藏除了所定义区域之外的所有内容来集中于工程图视图的某部分上。
- 圖【交替位置视图】：通过在不同位置进行显示，从而表示装配体零部件的运动范围。

1.3.7　【视图】工具栏

图 1-33　【视图】工具栏

【视图】工具栏如图 1-33 所示。
各按钮含义如下。

- ⚲【整屏显示全图】：可将目前工作窗口中的 3D 模型图形及相关的图文资料以可能的最大显示比例，全部纳入绘图区的图形显示区域之内。
- ⚲【局部放大】：单击该按钮后，按住鼠标左键不放，可将指定的矩形范围内的图文资料放大后显示在整个绘图范围内。
- ⚮【上一视图】：可以显示上一视图。
- 圖【3D 工程图视图】：在工程图中显示三维结构。
- 圖【剖面视图】：先在工作图文件里单击某个参考平面，再单击该按钮，即可对工作图文件里的 3D 模型图表产生一个瞬时性质的剖面视图。

- 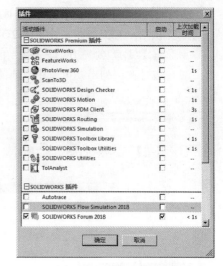 【视图定向】：更改当前视图定向或视窗数。
- 【带边线上色】：单击该工具按钮，SolidWorks 软件会以带边线上色模式显示工作图文件里的 3D 模型图形。
- 【隐藏 / 显示项目】：在图形区域中更改项目的显示状态。
- 【编辑外观】：在模型中编辑实体的外观，可将颜色、材料外观和透明度应用到零件和装配体零部件。
- 【应用布景】：循环使用或应用特定的布景。
- 【视图设定】：切换各种视图设定，例如 RealView、阴影及透视图。

1.3.8　插件

选择【工具】|【插件】菜单命令，打开【插件】对话框，如图 1-34 所示，选中需要打开的插件功能前面的复选框，单击【确定】按钮，即可打开相应的插件工具。

图 1-34　【插件】对话框

1.4　操作环境设置

SolidWorks 的功能十分强大，但是它的所有功能不可能都一一罗列在界面上供用户调用，这就需要在特定的情况下，通过调整操作设置来满足用户的设计需求。

1.4.1　工具栏的设置

工具栏里包含了所有菜单命令的快捷方式，通过使用工具栏，可以大大提高 SolidWorks 的设计效率。合理利用自定义工具栏设置，既可以使操作方便快捷，又不会使操作界面过于复杂。SolidWorks 的一大特色就是提供了所有可以自己定义的工具栏按钮。

1. 自定义工具栏

用户可根据文件类型（零件、装配体或工程图）来放置工具栏，并设定其显示状态，即可选择想显示的工具栏，并清除想隐藏的工具栏。

自定义工具栏操作如下。

（1）执行菜单栏中的【工具】|【自定义】命令，或者在工具栏区域单击鼠标右键，在弹出的快捷菜单中选择【自定义】命令，系统弹出【自定义】对话框，如图 1-35 所示。

（2）在【工具栏】选项卡下，勾选想显示的每个工具栏复选框，同时取消选择想隐藏的工具栏复选框。

（3）如果显示的工具栏位置不理想，可以将指针指向工具栏上按钮之间空白的地方，然后拖动工具栏到想要的位置。例如，将工具栏拖到 SolidWorks 窗口的边缘，工具栏就会自动定位在该边缘。

2. 自定义命令

（1）执行菜单栏中的【工具】|【自定义】命令，或者在工具栏区域单击鼠标右键，在弹出的快捷菜单中选择【自定义】命令，系统弹出【自定义】对话框，单击【命令】标签，打开【命令】选项卡，如图 1-36 所示。

图 1-35　【自定义】对话框

图 1-36　【命令】选项卡

（2）在【类别】一栏中选择要改变的工具栏，对工具栏中的按钮进行重新安排。

（3）移动工具栏中的工具按钮：在【类别】栏中找到需要的命令，单击要使用的命令按钮，将其拖放到工具栏上的新位置，从而实现重新排列工具栏上的按钮的目的。

（4）删除工具栏中的工具按钮：单击要删除的按钮，并将其从工具栏拖动放回图形区域中即可。

1.4.2　鼠标常用方法

鼠标在 SolidWorks 软件中的应用频率非常高，可以用其实现平移、缩放、旋转、绘制几何图元和创建特征等操作。基于 SolidWorks 系统的特点，建议读者使用三键滚轮鼠标，在设计时可以有效地提高设计效率。表 1-1 列出了三键滚轮鼠标的使用方法。

表 1-1　　　　　　　　　　　　　　　三键滚轮鼠标的使用方法

鼠标按键	作　　　用	操 作 说 明
左键	用于选择菜单命令和实体对象工具按钮，绘制几何图元等	直接单击鼠标左键
滚轮（中键）	放大或缩小	按 Shift + 中键并上下移动光标，可以放大或缩小视图；直接滚动滚轮，同样可以放大或缩小视图
	平移	按 Ctrl + 中键并移动光标，可将模型按鼠标移动的方向平移
	旋转	按住鼠标中键不放并移动光标，即可旋转模型
右键	弹出快捷菜单	直接单击鼠标右键

1.5 参考坐标系

SolidWorks 使用带原点的坐标系统。当用户选择基准面或者打开一个草图并选择某一面时，将生成一个新的原点，与基准面或者所选面对齐。原点可以用作草图实体的定位点，并有助于定向轴心透视图。原点有助于 CAD 数据的输入与输出、电脑辅助制造、质量特征的计算等。

1.5.1 原点

零件原点显示为蓝色，代表零件的（0，0，0）坐标。当草图处于激活状态时，草图原点显示为红色，代表草图的（0，0，0）坐标。可以将尺寸标注和几何关系添加到零件原点中，但不能添加到草图原点中。有如下几种原点。

- ⫟：蓝色，表示零件原点，每个零件文件中均有一个零件原点。
- ⫟：红色，表示草图原点，每个新草图中均有一个草图原点。
- ⫟：表示装配体原点。
- ⫟：表示零件和装配体文件中的视图引导。

1.5.2 参考坐标系的属性设置

单击【参考几何体】工具栏中的⫟【坐标系】按钮（或者选择【插入】|【参考几何体】|【坐标系】菜单命令），在属性管理器中弹出【坐标系】属性管理器，如图 1-37 所示。

（1）⫟【原点】：定义原点。单击其选择框，在图形区域中选择零件或者装配体中的一个顶点、点、中点或者默认的原点。

（2）【X 轴】、【Y 轴】、【Z 轴】：定义各轴。单击其选择框，在图形区域中按照以下方法之一定义所选轴的方向。

- 单击顶点、点或者中点，则轴与所选点对齐。
- 单击线性边线或者草图直线，则轴与所选的边线或者直线平行。
- 单击非线性边线或者草图实体，则轴与选择的实体上所选位置对齐。
- 单击平面，则轴与所选面的垂直方向对齐。

（3）⬈（反转轴方向）：单击可反转轴的方向。

图 1-37 【坐标系】属性管理器

1.5.3 修改和显示参考坐标系

1. 将参考坐标系平移到新的位置

在特征管理器设计树中，用鼠标右键单击已生成的坐标系的图标，在弹出的菜单中选择【编辑特征】命令，在属性管理器中弹出【坐标系】属性管理器，在【选择】选项组中，单击⫟【原点】选择框，在图形区域中单击想将原点平移到的点或者顶点处，单击✔【确定】按钮，原点被移动到指定的位置上。

2. 切换参考坐标系的显示

要切换坐标系的显示，可以选择【视图】|【隐藏 / 显示】|【坐标系】菜单命令。菜单命令左

侧的图标下沉,表示坐标系可见。

1.6　参考基准轴

在生成草图几何体或者圆周阵列时常使用参考基准轴。参考基准轴的用途较多,概括起来为以下 3 项。

(1)基准轴可以作为圆柱体、圆孔、回转体的中心线。

(2)作为参考轴,辅助生成圆周阵列等特征。

(3)将基准轴作为同轴度特征的参考轴。

1.6.1　临时轴

每一个圆柱和圆锥面都有一条轴线。临时轴是由模型中的圆锥和圆柱隐含生成的。临时轴常被设置为基准轴。

可以设置隐藏或者显示所有临时轴。选择【视图】|【隐藏 / 显示】|【临时轴】菜单命令,此时菜单命令左侧的图标下沉,如图 1-38 所示,表示临时轴可见。

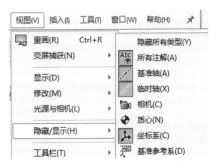

图 1-38　选择【临时轴】菜单命令

1.6.2　参考基准轴的属性设置

单击【参考几何体】工具栏中的 ✎【基准轴】按钮,或者选择【插入】|【参考几何体】|【基准轴】菜单命令,在【PropertyManager】中弹出【基准轴】属性管理器,如图 1-39 所示。

在【选择】选项组中进行选择以生成不同类型的基准轴,有如下 5 个选项。

- ✎【一直线 / 边线 / 轴】:选择一条草图直线或者边线作为基准轴。
- ✎【两平面】:选择两个平面的交线作为基准轴。
- ✎【两点 / 顶点】:选择两个顶点、两个点或者中点之间的连线作为基准轴。
- ▣【圆柱 / 圆锥面】:选择一个圆柱或者圆锥面,利用其轴线作为基准轴。
- ▣【点和面 / 基准面】:选择一个平面,然后选择一个顶点,由此所生成的基准轴通过所选择的顶点垂直于所选的平面。

图 1-39　【基准轴】属性管理器

1.6.3　显示参考基准轴

选择【视图】|【隐藏 / 显示】|【基准轴】菜单命令,可以看到菜单命令左侧的图标下沉,如图 1-40 所示,表示基准轴可见(再次选择该命令,该图标恢复为关闭基准轴的显示)。

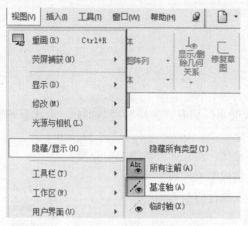

图 1-40　选择【基准轴】菜单命令

1.7　参考基准面

在特征管理器设计树中默认提供前视、上视及右视基准面，除了默认的基准面外，还可以生成参考基准面。

在 SolidWorks 中，参考基准面的用途很多，总结为以下几项。

- 作为草图绘制平面。
- 作为视图定向参考。
- 作为装配时零件相互配合的参考面。
- 作为尺寸标注的参考。
- 作为模型生成剖面视图的参考面。
- 作为拔模特征的参考面。

参考基准面的属性设置方法为：单击【参考几何体】工具栏中的【基准面】按钮（或者选择【插入】|【参考几何体】|【基准面】菜单命令），在属性管理器中弹出【基准面】属性管理器，如图 1-41 所示。

在【第一参考】选项组中，选择需要生成的基准面类型及项目。主要有如下几种选项。

图 1-41　【基准面】属性管理器

- 【平行】：通过模型的表面生成一个基准面。
- 【垂直】：可以生成垂直于一条边线、轴线或者平面的基准面。
- 【重合】：通过一个点、线和面生成基准面。
- 【两面夹角】：通过一条边线（或者轴线、草图线等）与一个面（或者基准面）以一定夹角生成基准面。
- 【等距距离】：在平行于一个面（或者基准面）的指定距离生成等距基准面。首先选择一个平面（或者基准面），然后设置距离数值。
- 【反转等距】：选择此选项，在相反的方向生成基准面。

1.8 参考点

SolidWorks 可以生成多种类型的参考点以用作构造对象，还可以在彼此间已指定距离分割的曲线上生成指定数量的参考点。

单击【参考几何体】工具栏中的 ▫ 【点】按钮（或者选择【插入】|【参考几何体】|【点】菜单命令），在属性管理器中弹出【点】属性管理器，如图 1-42 所示。

图 1-42 【点】属性管理器

在【选择】选项组中包括以下选项。

- 🗔 【参考实体】：在图形区域中选择用以生成点的实体。
- ⊙ 【圆弧中心】：按照选中的圆弧中心来生成点。
- 🗔 【面中心】：按照选中的面中心来生成点。
- ✕ 【交叉点】：按照交叉的点来生成点。
- ⚓ 【投影】：按照投影的点来生成点。
- ✏ 【在点上】：在某个点上生成点。
- 🗕 【沿曲线距离或多个参考点】：可以沿边线、曲线或者草图线段生成一组参考点，输入距离或者百分比数值即可。

1.9 参考几何体范例

下面结合现有模型，介绍生成参考几何体的具体方法。
本范例的主要步骤如下。
（1）生成基本参考几何体。
（2）生成辅助参考几何体。

1.9.1 生成基本参考几何体

（1）启动中文版 SolidWorks 软件，单击快速访问工具栏中的 🗁 【打开】按钮，弹出【打开】对话框，在配套资源中选择【源文件/第 1 章/1.SLDPRT】，单击【打开】按钮，在图形区域中显示出模型，如图 1-43 所示。

扫码看视频

（2）生成坐标系。单击【参考几何体】工具栏中的 🗕 【坐标系】按钮，在属性管理器中弹出【坐标系】属性管理器。

（3）定义原点。在图形区域中单击模型上方的一个顶点，则点的名称显示在 🗕 【原点】选择框中。

（4）定义各轴。单击【X 轴】、【Y 轴】、【Z 轴】选择框，在图形区域中选择线性边线，指示所选轴的方向与所选的边线平行，单击【Z 轴】下的 🗕 【反转 Z 轴方向】按钮，反转轴的方向，如图 1-44 所示，单击 ✔ 【确定】按钮，生成坐标系 1。

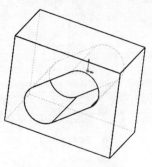

图 1-43　打开模型

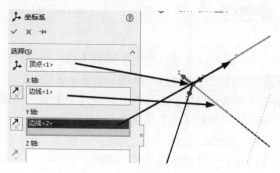

图 1-44　生成坐标系

（5）单击【参考几何体】工具栏中的 ╱【基准轴】按钮，在属性管理器中弹出【基准轴】属性管理器。

（6）单击 ▥【圆柱／圆锥面】按钮，选择模型的曲面，检查 ▣【参考实体】选择框中列出的项目，如图 1-45 所示，单击 ✅【确定】按钮，生成基准轴 1。

（7）单击【参考几何体】工具栏中的 ▯【基准面】按钮，在属性管理器中弹出【基准面】属性管理器。

（8）单击 ▨【两面夹角】按钮，在图形区域中选择模型的右侧面及其上边线，在 ▣【参考实体】选择框中显示出选择的项目名称，设置角度数值为 "60.00 度"，如图 1-46 所示，在图形区域中显示出新的基准面的预览，单击 ✅【确定】按钮，生成基准面 1。

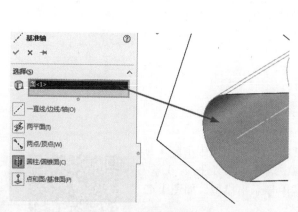

图 1-45　生成基准轴

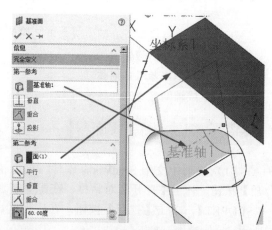

图 1-46　生成基准面

1.9.2　生成辅助参考几何体

（1）执行【插入】|【参考几何体】|【参考配合】菜单命令。

（2）弹出【配合参考】属性管理器，在【主要参考实体】选项组中选择圆柱面，如图 1-47 所示。

（3）单击 ✅【确定】按钮，生成一个配合参考，在 FeatureManager 设计树中显示有一个配合参考，如图 1-48 所示。

扫码看视频

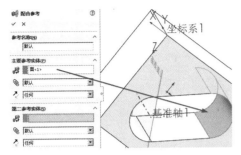
图 1-47 【配合参考】属性管理器

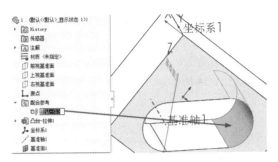
图 1-48 生成配合参考

（4）单击前视基准面，选择【插入】|【参考几何体】|【网格系统】菜单命令。

（5）在模型的上表面绘制一个草图，如图 1-49 所示。

（6）单击 按钮，退出绘图状态，弹出【网格系统】属性管理器。将 【层次参数】设为"3"，
【高度】设为"3.00mm"，如图 1-50 所示。

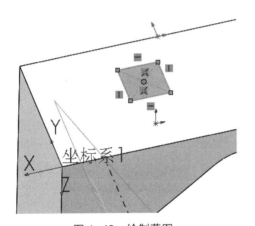
图 1-49 绘制草图

图 1-50 【网格系统】属性管理器

（7）单击 【确定】按钮，生成一个网格系统，如图 1-51 所示。

（8）在 FeatureManager 设计树中显示一个网格系统，该文件夹中包含了每一个层次的草图和
内容，如图 1-52 所示。

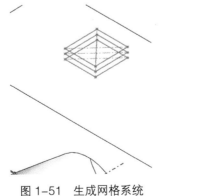
图 1-51 生成网格系统

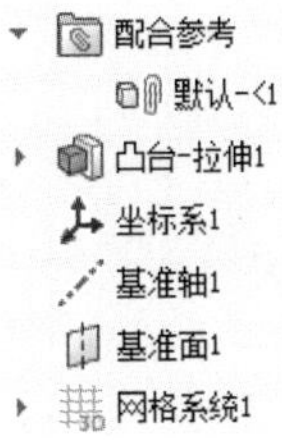

图 1-52 【网格系统】文件夹

（9）单击【插入】|【参考几何体】|【活动剖切面】菜单命令，系统提示选择一个基准面作

为初始基准面，在 FeatureManager 设计树中选择【上视基准面】。

（10）在零件中出现三重轴，拖动三重轴的控标，可以动态生成模型的剖面，如图 1-53 所示。

（11）【活动剖切面】文件夹将显示在 FeatureManager 设计树中，其中存储了所有活动剖切面的信息，如图 1-54 所示。

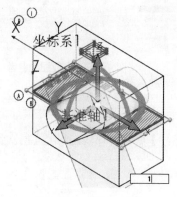

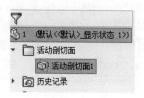

图 1-53 显示三重轴　　　　　图 1-54 增加【活动剖切面】文件夹

（12）单击绘图区的空白区域，活动剖切面即会被取消激活，且该平面的控标消失，基准面三重轴也会消失，如图 1-55 所示。

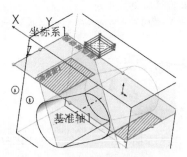

图 1-55 生成活动剖切面

第 2 章
草图绘制

在前面章节中，介绍了参考几何体的使用，本章的草图就是建立在参考几何体上的。本章主要介绍草图的绘制，包括的内容有基础知识、常用草图绘制命令、草图编辑命令、3D 草图绘制命令、尺寸标注及几何关系。二维草图是建立三维特征的基础，3D 草图可以建立复杂的空间曲面。

重点与难点

- 二维草图建立
- 二维草图编辑
- 3D 草图建立
- 尺寸标注及几何关系

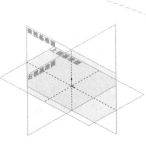

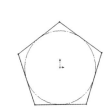

2.1 基础知识

在使用草图绘制命令前，首先要了解草图绘制的基本概念，以更好地掌握草图绘制和草图编辑的方法。本节主要介绍草图的基本操作，认识草图绘制工具栏，熟悉绘制草图时光标的显示状态。

2.1.1 进入草图绘制状态

草图必须绘制在平面上，这个平面既可以是基准面，也可以是三维模型上的平面。初始进入草图绘制状态时，系统默认有 3 个基准面——前视基准面、右视基准面和上视基准面，如图 2-1 所示。由于没有其他平面，因此零件的初始草图绘制是从系统默认的基准面开始。

图 2-2 为常用的【草图】工具栏，工具栏中有绘制草图命令按钮、编辑草图命令按钮及其他草图命令按钮。

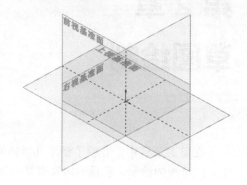

图 2-1　系统默认的基准面

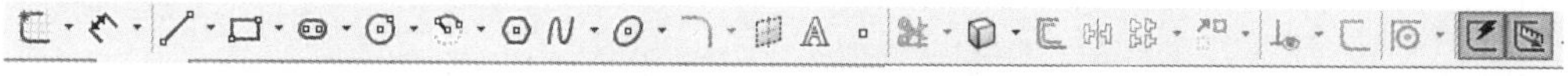

图 2-2　【草图】工具栏

绘制草图既可以先指定绘制草图所在的平面，也可以先选择草图绘制实体，具体根据实际情况灵活运用。进入草图绘制状态的操作方法如下。

（1）在 FeatureManager 设计树中选择要绘制草图的基准面，即前视基准面、右视基准面和上视基准面中的一个面。

（2）用鼠标左键单击【标准视图】工具栏中的 ↥【正视于】按钮，使基准面旋转到正视于绘图者方向。

（3）单击【草图】工具栏上的 ╚【草图绘制】按钮，或者单击【草图】工具栏上要绘制的草图实体，进入草图绘制状态。

2.1.2 退出草图绘制状态

零件是由多个特征组成的，有些特征需要由一个草图生成，有些特征需要由多个草图生成，如扫描实体、放样实体等。因此，在草图绘制后，既可以立即建立特征，也可以退出草图绘制状态，再绘制其他草图，然后建立特征。退出草图绘制状态的方法主要有以下几种，下面将分别进行介绍，在实际使用中要灵活运用。

1. 菜单方式

草图绘制完成后，选择【插入】|【退出草图】菜单命令，如图 2-3 所示，退出草图绘制状态。

2. 工具栏命令按钮方式

单击【草图】工具栏上的 ╚【退出草图】按钮，或者单击【标准】工具栏上的 ⑧【重建模型】按钮，退出草图绘制状态。

3. 右键快捷菜单方式

在绘图区域单击鼠标右键，系统弹出如图 2-4 所示的快捷菜单，单击 ↩【退出草图】按钮，退出草图绘制状态。

4. 绘图区域退出图标方式

在进入草图绘制状态的过程中，在绘图区域右上角会出现如图 2-5 所示的草图提示图标。草图绘制完成后，单击 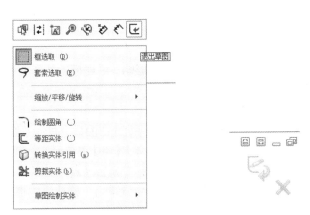 图标，确认绘制的草图，并退出草图绘制状态。

图 2-3　菜单方式退出草图绘制状态　　图 2-4　快捷菜单方式退出草图绘制状态　　图 2-5　草图提示图标

2.1.3　光标

在 SolidWorks 中，绘制草图实体或者编辑草图实体时，光标会根据所选择的命令，在绘图时变为相应的图标。SolidWorks 软件提供了自动判断绘图位置的功能，在执行命令时，可以自动寻找端点、中心点、圆心、交点、中点及在其上的任意点，这样提高了鼠标定位的准确性和快速性，提高了绘制图形的效率。

执行不同的命令时，光标会在不同的草图实体及特征实体上显示不同的类型，光标既可以在草图实体上形成，也可以在特征实体上形成。在特征实体上的光标，只能在绘图平面的实体边缘产生。

下面为常见的光标类型。

- ⬡　（点）光标：执行绘制点命令时光标的显示。
- ⬡　（线）光标：执行绘制直线或者中心线命令时光标的显示。
- ⬡　（圆弧）光标：执行绘制圆弧命令时光标的显示。
- ⬡　（圆）光标：执行绘制圆命令时光标的显示。
- ⬡　（椭圆）光标：执行绘制椭圆命令时光标的显示。
- ⬡　（抛物线）光标：执行绘制抛物线命令时光标的显示。
- ⬡　（样条曲线）光标：执行绘制样条曲线命令时光标的显示。
- ⬡　（矩形）光标：执行绘制矩形命令时光标的显示。
- ⬡　（多边形）光标：执行绘制多边形命令时光标的显示。

- ▨▧（草图文字）光标：执行绘制草图文字命令时光标的显示。
- ▨▧（剪裁草图实体）光标：执行剪裁草图实体命令时光标的显示。
- ▨▯（延伸草图实体）光标：执行延伸草图实体命令时光标的显示。
- ⟋（分割草图实体）光标：执行分割草图实体命令时光标的显示。
- ▨◥（标注尺寸）光标：执行标注尺寸命令时光标的显示。
- ⟋（圆周阵列草图）光标：执行圆周阵列草图命令时光标的显示。
- ⟋（线性阵列草图）光标：执行线性阵列草图命令时光标的显示。

2.2 绘制草图

2.2.1 绘制点

点在模型中只起参考作用，不影响三维建模的外形，执行【点】命令后，在绘图区域中的任何位置都可以绘制点。

绘制点的操作方法如下。

（1）选择合适的基准面，利用前面介绍的命令进入草图绘制状态。

（2）选择【工具】|【草图绘制实体】|【点】菜单命令，或者单击【草图】工具栏上的 ▫【点】按钮，光标变为 ⟋（点）光标。

（3）在绘图区域需要绘制点的位置单击，确认绘制点的位置，此时绘制点命令继续处于激活状态，可以继续绘制点。

（4）单击鼠标右键，弹出如图 2-6 所示的快捷菜单，选择【选择】命令，或者单击【草图】工具栏上的 ↩【退出草图】按钮，退出草图绘制状态。

图 2-6　右键快捷菜单

2.2.2 绘制直线

单击【草图】工具栏上的 ✎【直线】按钮，或选择【工具】|【草图绘制实体】|【直线】菜单命令，打开【插入线条】属性管理器。

下面具体介绍一下各参数的设置。

1.【方向】选项组

- 【按绘制原样】：以鼠标指定的点绘制直线，选择该选项绘制直线时，指针附近出现任意直线图标符号 ╲。
- 【水平】：以指定的长度在水平方向绘制直线，选择该选项绘制直线时，指针附近出现水平直线图标符号 ▬。
- 【竖直】：以指定的长度在竖直方向绘制直线，选择该选项绘制直线时，指针附近出现竖直直线图标符号 ▮。
- 【角度】：以指定角度和长度方式绘制直线，选择该选项绘制直线时，指针附近出现角度直线图标符号 ╲。

2.【选项】选项组

- 【作为构造线】：绘制为构造线。

- 　　【无限长度】：绘制无限长度的直线。
- 　　【中点线】：绘制对称于中点的直线。

　　直线通常有两种绘制方式，即拖动式和单击式。拖动式是在绘制直线的起点按住鼠标左键开始拖动，直到直线终点放开；单击式是在绘制直线的起点单击，然后在直线终点单击。

2.2.3　绘制中心线

　　单击【草图】工具栏上的 ✒【中心线】按钮，或选择【工具】|【草图绘制实体】|【中心线】菜单命令，打开【插入线条】属性管理器。中心线各参数的设置与直线相同，只是在【选项】选项组中将默认勾选【作为构造线】选项。

　　绘制中心线的操作方法如下。

　　（1）在草图绘制状态下，选择【工具】|【草图绘制实体】|【中心线】菜单命令，或者单击【草图】工具栏上的 ✒【中心线】按钮，开始绘制中心线。

　　（2）在绘图区域单击确定中心线的起点，然后移动鼠标指针到图中合适的位置，单击确定中心线的终点。

　　（3）在绘图区域单击鼠标右键，选择快捷菜单中的【选择】选项，退出中心线的绘制。

2.2.4　绘制圆

　　单击【草图】工具栏上的 ⊙【圆】按钮，或选择【工具】|【草图绘制实体】|【圆】菜单命令，打开【圆】属性管理器。

1. 绘制中心圆

　　（1）在草图绘制状态下，选择【工具】|【草图绘制实体】|【圆】菜单命令，或者单击【草图】工具栏上的 ⊙【圆】按钮，开始绘制圆。

　　（2）在【圆类型】选项组中，单击 ◎【圆】按钮，在绘图区域中合适的位置单击确定圆的圆心，如图 2-7 所示。

　　（3）移动鼠标拖出一个圆，然后单击确定圆的半径，如图 2-8 所示。

　　（4）单击【圆】属性管理器中的 ✅【确定】按钮，完成圆的绘制，结果如图 2-9 所示。

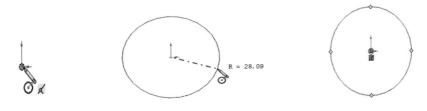

图 2-7　确定圆心　　　　图 2-8　确定圆的半径　　　　图 2-9　绘制的圆

2. 绘制周边圆

　　（1）在草图绘制状态下，选择【工具】|【草图绘制实体】|【圆】菜单命令，或者单击【草图】工具栏上的 ○【圆】按钮，开始绘制圆。

　　（2）在【圆类型】选项组中，单击 ◎【周边圆】按钮，在绘图区域中合适的位置单击确定圆上一点，如图 2-10 所示。

　　（3）拖动鼠标指针到绘图区域中合适的位置，单击确定周边圆上的另一点，如图 2-11 所示。

（4）继续拖动鼠标指针到绘图区域中合适的位置，单击确定周边圆上的第三点，如图2-12所示。

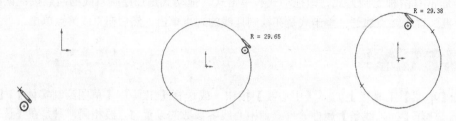

图2-10　确定周边圆上一点　　图2-11　确定周边圆的第二点　　图2-12　确定周边圆的第三点

（5）单击【圆】属性管理器中的 ✅ 【确定】按钮，完成圆的绘制。

2.2.5　绘制圆弧

单击【草图】工具栏上的 🔘 【圆心/起/终点画弧】按钮，或 🔘 【切线弧】按钮，或 🔘 【3点圆弧】按钮，或选择【工具】|【草图绘制实体】|【圆心/起/终点画弧】、【切线弧】或【三点圆弧】菜单命令，打开【圆弧】属性管理器。

1. 圆心/起/终点画弧的操作方法

（1）在草图绘制状态下，选择【工具】|【草图绘制实体】|【圆心/起/终点画弧】菜单命令，或者单击【草图】工具栏上的 🔘 【圆心/起/终点画弧】按钮，开始绘制圆弧。

（2）在绘图区域单击，确定圆弧的圆心，如图2-13所示。

（3）在绘图区域合适的位置单击，确定圆弧的起点，如图2-14所示。

（4）在绘图区域合适的位置单击，确定圆弧的终点，如图2-15所示。

图2-13　确定圆弧圆心　　图2-14　确定圆弧起点　　图2-15　确定圆弧终点

（5）单击【圆弧】属性管理器中的 ✅ 【确定】按钮，完成圆弧的绘制。

2. 绘制切线弧

（1）在草图绘制状态下，选择【工具】|【草图绘制实体】|【切线弧】菜单命令，或者单击【草图】工具栏上的 🔘 【切线弧】按钮，开始绘制切线弧，此时指针变为 🔗 形状。

（2）在已经存在草图实体的端点处单击，本例选择图2-16中直线的右端为切线弧的起点。

（3）拖动鼠标指针到绘图区域中合适的位置，单击确定切线弧的终点。

（4）单击【圆弧】属性管理器中的 ✅ 【确定】按钮，完成切线弧的绘制。

3. 绘制三点圆弧

（1）在草图绘制状态下，选择【工具】|【草图绘制实体】|【三点圆弧】菜单命令，或者单击【草

图】工具栏上的  【3 点圆弧】按钮，开始绘制圆弧，此时指针变为 形状。

（2）在绘图区域单击，确定圆弧的起点，如图 2-17 所示。

图 2-16　绘制切线弧　　　　　　　　图 2-17　确定圆弧的起点

（3）拖动鼠标指针到绘图区域中合适的位置，单击确定圆弧终点的位置，如图 2-18 所示。

（4）拖动鼠标指针到绘图区域中合适的位置，单击确定圆弧中点的位置，如图 2-19 所示。

（5）单击【圆弧】属性管理器中的 【确定】按钮，完成三点圆弧的绘制。

图 2-18　确定圆弧的终点　　　　　　　图 2-19　确定圆弧的中点

2.2.6　绘制矩形

单击【草图】工具栏上的 【矩形】按钮，或选择【工具】|【草图绘制实体】|【矩形】菜单命令，打开【矩形】属性管理器。矩形类型有 5 种，分别是边角矩形、中心矩形、3 点边角矩形、3 点中心矩形和平行四边形。

绘制矩形的操作方法如下。

（1）选择【工具】|【草图绘制实体】|【矩形】菜单命令，或者单击【草图】工具栏上的 【矩形】按钮，此时鼠标指针变为 形状。

（2）在系统弹出的【矩形】属性管理器的【矩形类型】选项组中选择绘制矩形的类型。

（3）在绘图区域中根据选择的矩形类型绘制矩形。

（4）单击【矩形】属性管理器中的 【确定】按钮，完成矩形的绘制。

2.2.7　绘制多边形

【多边形】命令用于绘制数量为 3 到 40 之间的等边多边形。单击【草图】工具栏上的 【多边形】按钮，或选择【工具】|【草图绘制实体】|【多边形】菜单命令，打开【多边形】属性管理器。

绘制多边形的操作方法如下。

（1）在草图绘制状态下，选择【工具】|【草图绘制实体】|【多边形】菜单命令，或者单击【草图】工具栏上的 【多边形】按钮，此时鼠标指针变为 形状。

（2）在【多边形】属性管理器中的【参数】选项组中，设置多边形的边数，选择是内切圆模式还是外接圆模式。

（3）在绘图区域单击确定多边形的中心，拖动鼠标，在合适的位置单击确定多边形的形状。

（4）在【参数】选项组中，还可以设置多边形内切圆或外接圆的圆心、圆直径及选择角度，从而改变多边形的形状。

（5）如果继续绘制另一个多边形，单击【多边形】属性管理器中的【新多边形】按钮，然后重复上述步骤即可绘制一个新的多边形。

（6）单击【多边形】属性管理器中的 ✔【确定】按钮，完成多边形的绘制。

2.2.8　绘制椭圆

椭圆是由中心点、长轴长度与短轴长度确定的，三者缺一不可。单击【草图】工具栏上的◎【椭圆】按钮，或选择【工具】|【草图绘制实体】|【椭圆】菜单命令，即可绘制椭圆。

绘制椭圆的操作方法如下。

（1）在草图绘制状态下，选择【工具】|【草图绘制实体】|【椭圆】菜单命令，或者单击【草图】工具栏上的◎【椭圆】按钮，此时鼠标指针变为 ▷ 形状。

（2）在绘图区域合适的位置单击，确定椭圆的中心。

（3）拖动鼠标，在指针附近会显示椭圆的长半轴 R 和短半轴 r。在图中合适的位置单击，确定椭圆的长半轴 R。

（4）继续拖动鼠标，在图中合适的位置单击，确定椭圆的短半轴 r。

（5）在【椭圆】属性管理器中，根据设计需要对其中心坐标以及长半轴和短半轴的大小进行修改。

（6）单击【椭圆】属性管理器中的 ✔【确定】按钮，完成椭圆的绘制。

2.2.9　绘制抛物线

单击【草图】工具栏上的 ∪【抛物线】按钮，或选择【工具】|【草图绘制实体】|【抛物线】菜单命令，即可绘制抛物线。

绘制抛物线的操作方法如下。

（1）在草图绘制状态下，选择【工具】|【草图绘制实体】|【抛物线】菜单命令，或者单击【草图】工具栏上的 ∪【抛物线】按钮，此时鼠标指针变为 ▷ 形状。

（2）在绘图区域中合适的位置单击，确定抛物线的焦点。

（3）拖动鼠标，在图中合适的位置单击，确定抛物线的焦距。

（4）继续拖动鼠标，在图中合适的位置单击，确定抛物线的起点。

（5）继续拖动鼠标，在图中合适的位置单击，确定抛物线的终点。在【抛物线】属性管理器中，可以根据设计需要修改抛物线的参数。

（6）单击【抛物线】属性管理器中的 ✔【确定】按钮，完成抛物线的绘制。

2.2.10　添加草图文字

草图文字可以添加在任何连续曲线或边线组中，包括由直线、圆弧或样条曲线组成的圆或轮廓，可以对文字执行拉伸或者剪切操作。单击【草图】工具栏上的 A【文字】按钮，或选择【工具】|【草图绘制实体】|【文字】菜单命令，弹出【草图文字】属性管理器。

添加草图文字的操作方法如下。

（1）选择【工具】|【草图绘制实体】|【文字】菜单命令，或者单击【草图】工具栏上的 Ⓐ【文字】按钮，此时指针变为 🔖 形状，弹出【草图文字】属性管理器。

（2）在绘图区域中选择一条边线、曲线、草图或草图线段，作为添加草图文字的定位线，此时所选择的边线出现在【草图文字】属性管理器的【曲线】选择框中。

（3）在【草图文字】属性管理器的【文字】文本框中输入要添加的文字。此时，添加的文字出现在绘图区域曲线上。

（4）如果系统默认的字体不满足设计需要，取消勾选【草图文字】属性管理器中的【使用文档字体】复选框，然后单击 字体(F)... 【字体】按钮，在弹出的【选择字体】对话框中设置字体的属性。

（5）设置好字体属性后，单击【选择字体】对话框中的【确定】按钮，然后单击【草图文字】属性管理器中的 ✔ 【确定】按钮，完成草图文字的添加。

2.2.11 绘制样条曲线

1．绘制多点样条曲线

绘制多点样条曲线的步骤如下。

（1）单击【草图】工具栏中的 Ⓝ 【样条曲线】按钮，或者选择【工具】|【草图绘制实体】|【样条曲线】菜单命令，此时在绘图区域中指针形状变为 ✎。

（2）在绘图区域中单击放置第一个点，并将第一个线段拖出。

（3）单击下一个点并将第二个线段拖出。

（4）重复上面的步骤，就得到了一条有多个点的样条曲线，然后双击或者按 Esc 键结束样条曲线的绘制，如图 2-20 所示。

（5）单击【样条曲线】属性管理器中的 ✔ 【确定】按钮，完成样条曲线的绘制。

2．简化样条曲线

使用简化样条曲线工具可以减少样条曲线中的点数量，并提高包含复杂样条曲线的模型的系统性能。

（1）在打开的草图中，在图形区域中选择样条曲线，然后单击【样条曲线工具】工具栏上的 🖉 【简化样条曲线】按钮，或者选择【工具】|【样条曲线工具】|【简化样条曲线】菜单命令，弹出【简化样条曲线】对话框。

（2）执行以下操作之一：

- 在弹出的对话框中，为公差设定数值，然后单击【确定】按钮。
- 在弹出的对话框中，单击【平滑】按钮继续简化样条曲线。可继续单击【平滑】按钮，直到只剩两个样条曲线点为止。

单击【上一步】按钮，可依次按操作顺序返回，直至返回到原始曲线。

（3）单击 ✔ 【确定】按钮，完成样条曲线的简化操作。

3．添加相切控制到样条曲线

在样条曲线中添加相切控制的步骤如下。

（1）在编辑草图模式中，选择一条样条曲线。

（2）单击【样条曲线工具】工具栏中的 ✐ 【添加相切控制】按钮，或者选择【工具】|【样条曲线工具】|【添加相切控制】菜单命令，或者右键单击样条曲线，在弹出的菜单中选择【添加相切控制】命令，以显示新的控标，如图 2-21 所示。

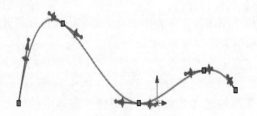

图 2-20　绘制出的样条曲线

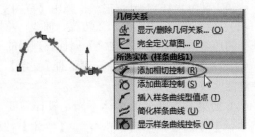

图 2-21　添加相切控制

（3）拖动鼠标以放置控标，如图 2-22 所示。

（4）单击以定位控标，如图 2-23 所示。

（5）使用控标控制相切。

（6）单击 ✔【确定】按钮，完成相切控制的添加。

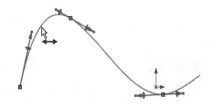

图 2-22　拖动鼠标以放置控标

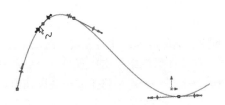

图 2-23　单击以定位控标

4．添加曲率控制到样条曲线

在样条曲线中添加曲率控制的步骤如下。

（1）在编辑草图模式中，选择一条样条曲线。

（2）单击【样条曲线工具】工具栏中的 ✶ 【添加曲率控制】按钮，或者选择【工具】|【样条曲线工具】|【添加曲率控制】菜单命令，或者右键单击样条曲线，在弹出的菜单中选择【添加曲率控制】命令，以显示新的控标，如图 2-24 所示。

（3）拖动鼠标以放置控标，如图 2-25 所示。

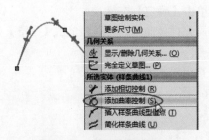

图 2-24　添加曲率控制

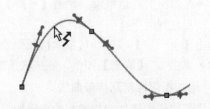

图 2-25　拖动鼠标以放置控标

（4）单击以定位控标，如图 2-26 所示。

（5）选择曲率控制点的球状之一，然后沿向量控标往任一方向拖动来调整曲率的半径。

（6）单击 ✔【确定】按钮，完成曲率控制的添加。

5. 调整两点样条曲线的升度

（1）在绘图区域生成两点样条曲线。

（2）在编辑草图模式中，分别为两点添加曲率控制，如图 2-27 所示。

图 2-26 单击以定位控标

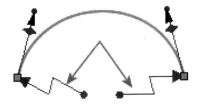
图 2-27 添加曲率控制

（3）右击样条曲线，在快捷菜单中选择【显示曲率检查】命令，预览曲率选项的效果。

（4）在【曲率比例】属性管理器中，单击 ✔ 【确定】按钮。

（5）在【样条曲线】属性管理器的【选项】选项组中，选择【升度】单选按钮以应用曲率，或者选择【标准】单选按钮以清除曲率，如图 2-28 所示。

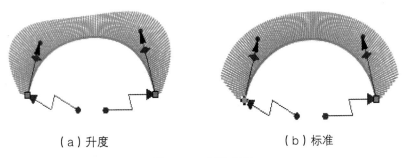
（a）升度　　　　　　　　　　　（b）标准

图 2-28 显示曲率

（6）单击 ✔ 【确定】按钮。

6. 插入样条曲线型值点

【插入样条曲线型值点】命令可以给样条曲线添加一个或多个点。

插入样条曲线型值点的步骤如下。

（1）在编辑草图模式中，选择一条样条曲线。

（2）单击【样条曲线工具】工具栏中的 ✏ 【插入样条曲线型值点】按钮，或者选择【工具】|【样条曲线工具】|【插入样条曲线型值点】菜单命令，或者右键单击样条曲线，在弹出的菜单中选择【插入样条曲线型值点】命令，如图 2-29 所示。

（3）指针将变为 ✎ 形状，单击以定位样条曲线型值点，如图 2-30 所示。

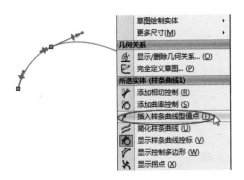

图 2-29 选择【插入样条曲线型值点】命令

图 2-30　插入样条曲线型值点

（4）插入其他的样条曲线型值点。

（5）单击 ✅【确定】按钮。

7. 在曲面上绘制样条曲线

在曲面上绘制样条曲线的步骤如下。

（1）在曲面模型上打开一张草图。

（2）单击【草图】工具栏上的 ◈【曲面上的样条曲线】按钮，或者选择【工具】|【草图绘制实体】|【曲面上的样条曲线】菜单命令。

（3）在曲面上绘制一条样条曲线，样条曲线无须从一个轮廓延伸到另一个轮廓，如图 2-31 所示。

图 2-31　在曲面上绘制样条曲线

（4）单击 ✅【确定】按钮，完成样条曲线的绘制。

8. 控制多边形

控制多边形是空间中用于操纵对象形状的一系列控制点（节点）。

使用控制多边形的步骤如下。

（1）绘制一条样条曲线，然后右击该样条曲线，在快捷菜单中选择【显示控制多边形】命令，显示出控制多边形，如图 2-32 所示。

（2）选取一控制点以将其激活，如图 2-33 所示。

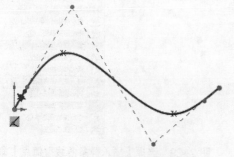

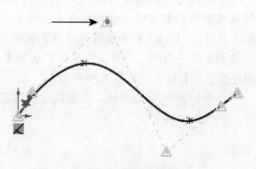

图 2-32　显示控制多边形　　　　　图 2-33　激活控制点

（3）拖动控制多边形来调整样条曲线的形状。也可在【样条曲线多边形】属性管理器中为 X 坐标 ⚓、Y 坐标 ⚓ 或 Z 坐标 ⚓（3D 样条曲线）设定数值。

（4）如有必要，在拖动后单击【弛张样条曲线】按钮以平滑形状。

（5）单击 ✔ 【确定】按钮。

9. 样式曲线

可以将样式曲线绘制为两个现有实体之间的桥接曲线。建立样式曲线的步骤如下。

（1）打开一张新的草图，使用 ⌇ 【圆心 / 起 / 终点画弧】工具绘制两个圆弧，如图 2-34 所示。

（2）单击【草图】工具栏中的 ⋌ 【样式曲线】按钮，或者选择【工具】|【草图绘制实体】|【样式曲线】菜单命令。

（3）在图形区域中，单击圆弧的第一个端点。第一次单击将在样式曲线上创建第一个控制顶点，如图 2-35 所示。

（4）将指针悬停在推理线上，并单击以添加第二个控制顶点，如图 2-36 所示。如果将第二个控制顶点捕捉至推理线，则端点处将生成相切几何关系。

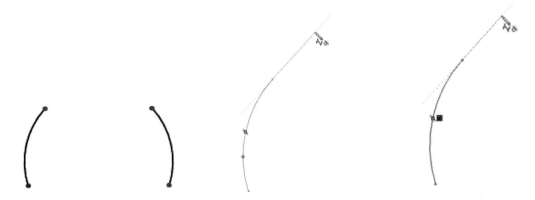

图 2-34　绘制圆弧　　　　图 2-35　创建第一个控制顶点　　　图 2-36　创建第二个控制顶点

（5）继续向右移动指针，并将其悬停在下一条推理线上。相等曲率图标出现时，单击指针。如果将第三个控制顶点捕捉至推理线，则端点处将生成相等曲率几何关系，如图 2-37 所示。

（6）可以继续添加更多控制顶点。当到达第二个圆弧的端点时，按 Alt 键并双击端点（按 Alt 键可应用上一个控制顶点处的自动相切几何关系），两个草图实体之间的桥接曲线已完成，如图 2-38 所示。

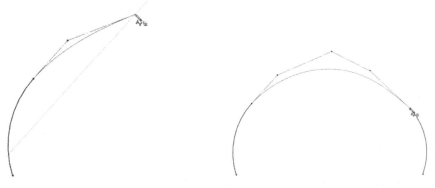

图 2-37　创建第三个控制顶点　　　　　　　图 2-38　样式曲线

10. 插入控制顶点

【插入控制顶点】命令可以为样式曲线添加一个或多个控制顶点，添加的每个控制顶点都会增加曲线度。插入控制顶点的步骤如下。

（1）在打开的草图中右击控制多边形的任意位置，在快捷菜单中选择【插入控制顶点】命令。

（2）将指针悬停在要放置控制顶点的控制多边形线段上，然后单击以插入控制顶点，如图 2-39 所示。

（3）控制多边形可在新控制顶点上分割线段，曲率将相应地调整，如图 2-40 所示。

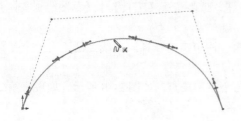

图 2-39　插入控制顶点　　　　　　　　图 2-40　插入结果

11. 使用本地编辑

使用本地编辑修改样式曲线的步骤如下。

（1）在打开的草图中单击选择仅想进行本地编辑的样式曲线，如图 2-41 所示。【样式曲线】属性管理器随即出现。注意：本地编辑仅可用于两个或两个以上的样式曲线。

（2）在【样式曲线】属性管理器的【选项】选项组中选择【本地编辑】复选框。

（3）在图形区域内选择和拖动一个控制顶点，可以操纵控制多边形的形状，而且不会影响与其相连的其他样式曲线的形状，如图 2-42 所示。

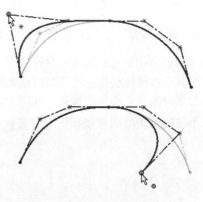

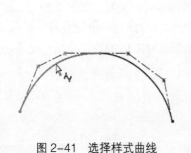

图 2-41　选择样式曲线　　　　　　　　图 2-42　拖动一个控制顶点

（4）单击 ✔【确定】按钮。

2.3　编辑草图

草图绘制完毕后，需要对草图进一步进行编辑以符合设计的需要。本节介绍常用的草图编辑工具，如绘制圆角、绘制倒角、剪裁草图、延伸草图、镜像草图、线性阵列草图、圆周阵列草图、等距实体、转换实体引用等。

2.3.1 绘制圆角

选择【工具】|【草图工具】|【圆角】菜单命令，或者单击【草图】工具栏上的 ⌐\ 【绘制圆角】按钮，打开【绘制圆角】属性管理器，即可绘制圆角。

绘制圆角的操作方法如下。

（1）在草图编辑状态下，选择【工具】|【草图工具】|【圆角】菜单命令，或者单击【草图】工具栏上的 ⌐\ 【绘制圆角】按钮，弹出【绘制圆角】属性管理器。

（2）在【绘制圆角】属性管理器中，设置圆角的半径、拐角处约束条件。

（3）单击选择图 2-43 中的直线。

（4）单击【绘制圆角】属性管理器中的 ✓【确定】按钮，完成圆角的绘制，结果如图 2-44 所示。

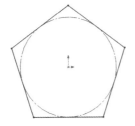
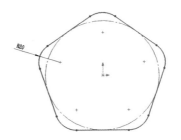

图 2-43　绘制圆角前的草图　　　　图 2-44　绘制圆角后的草图

2.3.2 绘制倒角

【绘制倒角】命令是将倒角应用到相邻的草图实体中，此命令在 2D 和 3D 草图中均可使用。选择【工具】|【草图工具】|【倒角】菜单命令，或者单击【草图】工具栏上的 ⌐\ 【绘制倒角】按钮，打开【绘制倒角】属性管理器。

绘制倒角的操作方法如下。

（1）在草图编辑状态下，选择【工具】|【草图工具】|【倒角】菜单命令，或者单击【草图】工具栏上的 ⌐\ 【绘制倒角】按钮，此时弹出【绘制倒角】属性管理器。

（2）设置绘制倒角的方式，本节采用系统默认的【距离 - 距离】倒角方式，在 ⌂ 设置框中输入数值 20。

（3）单击选择图 2-45 中的右上角顶点。

（4）单击【绘制倒角】属性管理器中的 ✓【确定】按钮，完成倒角的绘制，结果如图 2-46 所示。

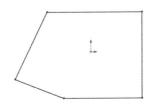
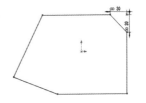

图 2-45　绘制倒角前的图形　　　　图 2-46　绘制倒角后的图形

2.3.3 转折线

可在零件、装配体及工程图文件的 2D 或 3D 草图中将直线进行转折。

选择【工具】|【草图工具】|【转折线】菜单命令，弹出【转折线】属性管理器。

生成转折线的操作方法如下。

（1）在草图编辑状态下，选择【工具】|【草图工具】|【转折线】菜单命令，弹出【转折线】属性管理器。

（2）单击一直线开始进行转折，这里选择图 2-47 中长方形的一条边。

（3）移动鼠标来预览转折的宽度和深度。

（4）再次单击即完成转折，结果如图 2-48 所示。

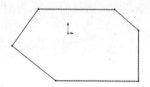　　　　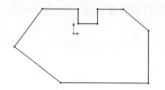

图 2-47　绘制转折线前的草图　　　　图 2-48　绘制转折线后的草图

2.3.4 剪裁草图实体

剪裁草图实体的类型可以为 2D 草图及在 3D 基准面上的 2D 草图。选择【工具】|【草图工具】|【剪裁】菜单命令，或者单击【草图】工具栏上的 ✂【剪裁实体】按钮，打开【剪裁】属性管理器。

剪裁草图实体的操作方法如下。

（1）在草图编辑状态下，选择【工具】|【草图工具】|【剪裁】菜单命令，或者单击【草图】工具栏上的 ✂【剪裁实体】按钮，此时指针变为 ✂ 形状，弹出【剪裁】属性管理器。

（2）设置剪裁模式，在【选项】组中，选择 ┼【剪裁到最近端】模式。

（3）选择需要剪裁的草图实体，这里单击选择图 2-49 中矩形外侧的直线段。

（4）单击【剪裁】属性管理器中的 ✔【确定】按钮，完成剪裁草图实体的操作，结果如图 2-50 所示。

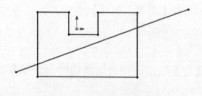　　　　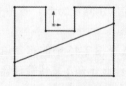

图 2-49　剪裁前的图形　　　　图 2-50　剪裁后的图形

2.3.5 延伸草图实体

【延伸实体】命令可以将一个草图实体延伸至另一个草图实体。选择【工具】|【草图工具】|【延伸】菜单命令，或者单击【草图】工具栏上的 ⫟【延伸实体】按钮，执行延伸草图实体的命令。

延伸草图实体的操作方法如下。

（1）在草图编辑状态下，选择【工具】|【草图工具】|【延伸】菜单命令，或者单击【草图】工具栏上的 🔳【延伸实体】按钮，此时指针变为 形状。

（2）单击选择图 2-51 中左侧水平直线，将其延伸，结果如图 2-52 所示。

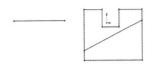
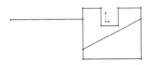

图 2-51　草图延伸前的图形　　　　　图 2-52　草图延伸后的图形

2.3.6　分割草图实体

分割草图实体是将一连续的草图实体分割为两个草图实体。反之，也可以删除一个分割点，将两个草图实体合并成一个草图实体。选择【工具】|【草图工具】|【分割实体】菜单命令，或者单击【草图】工具栏上的 ✏【分割实体】按钮，执行分割草图实体的命令。

分割草图实体的操作方法如下。

（1）在草图编辑状态下，选择【工具】|【草图工具】|【分割实体】菜单命令，或者单击【草图】工具栏上的 ✏【分割实体】按钮，此时指针变为 形状，进入分割草图实体命令状态。

（2）确定添加分割点的位置，这里单击图 2-53 中圆弧的适当位置，添加一个分割点，将圆弧分为两部分，结果如图 2-54 所示。

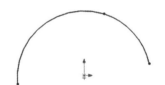

图 2-53　添加分割点前的图形　　　　　图 2-54　添加分割点后的图形

2.3.7　镜像草图实体

【镜像】命令适用于绘制对称的图形，镜像的对象为 2D 草图或在 3D 草图基准面上所生成的 2D 草图。选择【工具】|【草图工具】|【镜像】菜单命令，或者单击【草图】工具栏上的 📐【镜像实体】按钮，打开【镜像】属性管理器。

镜像草图实体的操作方法如下。

（1）在草图编辑状态下，选择【工具】|【草图工具】|【镜像】菜单命令，或者单击【草图】工具栏上的 📐【镜像实体】按钮，此时指针变为 形状，系统弹出【镜像】属性管理器。

（2）单击属性管理器中【要镜像的实体】选择框，其变为粉红色，然后在绘图区域框选图 2-55 中竖直直线左侧的图形，作为要镜像的原始草图。

（3）单击属性管理器中【镜像点】选择框，其变为粉红色，然后在绘图区域选取图 2-55 中的竖直直线作为镜像点。

（4）单击【镜像】属性管理器中的 ✓【确定】按钮，草图实体镜像完毕，结果如图 2-56 所示。

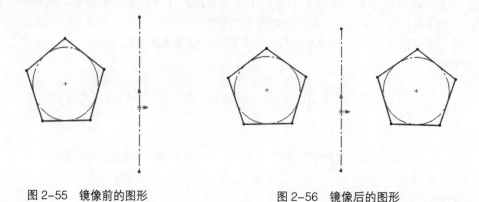

图 2-55　镜像前的图形　　　　　　　　图 2-56　镜像后的图形

2.3.8　线性阵列草图实体

线性阵列草图实体就是将草图实体沿一个或者两个轴复制生成多个排列图形。选择【工具】|
【草图工具】|【线性阵列】菜单命令，或者单击【草图】工具栏上
的 ⧉【线性草图阵列】按钮，打开【线性阵列】属性管理器。

线性阵列草图实体的操作方法如下。

（1）在草图编辑状态下，选择【工具】|【草图工具】|【线性阵列】
菜单命令，或者单击【草图】工具栏上的 ⧉【线性草图阵列】按钮，
弹出【线性阵列】属性管理器。

（2）在【线性阵列】属性管理器中【要阵列的实体】选择框选
取图 2-57 中的草图，其他设置如图 2-58 所示。

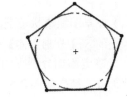

图 2-57　线性阵列前的图形

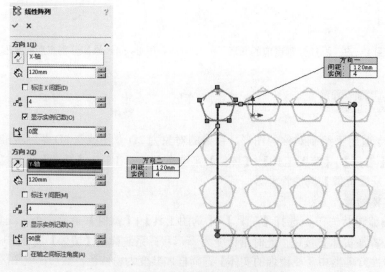

图 2-58　【线性阵列】属性管理器

（3）单击【线性阵列】属性管理器中的 ✓【确定】按钮，结果如图 2-59 所示。

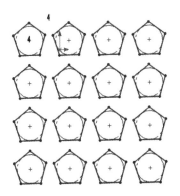

图 2-59　线性阵列后的图形

2.3.9　圆周阵列草图实体

圆周阵列草图实体就是将草图实体沿一个指定大小的圆弧进行环状阵列。选择【工具】|【草图工具】|【圆周阵列】菜单命令，或者单击【草图】工具栏上的 【圆周草图阵列】按钮，打开【圆周阵列】属性管理器。

圆周阵列草图实体的操作方法如下。

（1）在草图编辑状态下，选择【工具】|【草图工具】|【圆周阵列】菜单命令，或者单击【草图】工具栏上的 【圆周草图阵列】按钮，弹出【圆周阵列】属性管理器。

（2）在【圆周阵列】属性管理器中【要阵列的实体】选择框选取图 2-60 中圆弧外的齿轮外齿草图，在【参数】选项组的【中心 X】、【中心 Y】中输入原点的坐标值，【实例数】设置框中输入"6"，【间距】设置框中输入"360 度"。

（3）单击【圆周阵列】属性管理器中的 【确定】按钮，结果如图 2-61 所示。

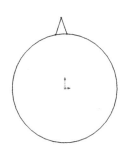

图 2-60　圆周阵列前的图形

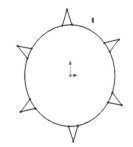

图 2-61　圆周阵列后的图形

2.3.10　等距实体

等距实体是按指定的距离等距一个或者多个草图实体、所选模型边线或模型面，例如样条曲线或圆弧、模型边线组、环之类的草图实体。选择【工具】|【草图工具】|【等距实体】菜单命令，或者单击【草图】工具栏上的 【等距实体】按钮，打开【等距实体】属性管理器。

等距实体的操作方法如下。

（1）在草图绘制状态下，选择【工具】|【草图工具】|【等距实体】菜单命令，或者单击【草图】

工具栏上的 ▣【等距实体】按钮，弹出【等距实体】属性管理器。

（2）在绘图区域中选择如图 2-62 所示的草图，在 ◈【等距距离】设置框中输入"20.00mm"，勾选【添加尺寸】和【双向】复选框，其他按照默认设置。

（3）单击【等距实体】属性管理器中的 ✔【确定】按钮，完成等距实体的绘制，结果如图 2-63 所示。

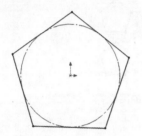
图 2-62　等距实体前的图形

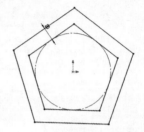
图 2-63　等距实体后的图形

2.3.11　转换实体引用

转换实体引用是通过已有模型或者草图，将其边线、环、面、曲线、外部草图轮廓线、一组边线或一组草图曲线投影到草图基准面上，生成新的草图。使用该命令时，如果引用的实体发生更改，那么转换的草图实体也会相应地改变。

转换实体引用的操作方法如下。

（1）单击选择新建立的如图 2-64 所示的基准面 1，然后单击【草图】工具栏上的 ▣【草图绘制】按钮，进入草图绘制状态。

（2）单击选择实体左侧的外边缘线。

（3）选择【工具】|【草图工具】|【转换实体引用】菜单命令，或者单击【草图】工具栏上的 ▣【转换实体引用】按钮，执行【转换实体引用】命令，结果如图 2-65 所示。

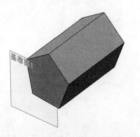
图 2-64　转换实体引用前的图形

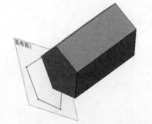
图 2-65　转换实体引用后的图形

2.4　3D 草图

2.4.1　空间控标

在 3D 草图绘制中，图形空间控标可帮助在数个基准面上绘制时保持方位。在所选基准面上定义草图实体的第一个点时，空间控标就会出现，如图 2-66 所示。使用空间控标，可以选择轴线以便沿该轴线绘图。

当在 3D 基准面上绘制草图时，无图形化助手显示，因为在 2D 空间生成 3D 草图。

在默认情况下，通常是相对于模型中默认的坐标系进行绘制。如要切换到另外两个默认基准面之一，可以单击草图工具，然后按 Tab 键，当前草图基准面的原点就会显示出来。

图 2-66　空间标控

2.4.2　3D 直线

执行【插入】|【3D 草图】命令，或者单击【草图】工具栏中的 🔟【3D 草图】按钮，然后单击【草图】工具栏中的 ／【直线】按钮可以绘制 3D 直线。

生成 3D 直线的操作方法如下。

（1）执行【插入】|【3D 草图】命令，或者单击【草图】工具栏中的 🔟【3D 草图】按钮。

（2）单击【草图】工具栏中的 ／【直线】按钮，或者执行【工具】|【草图绘制实体】|【直线】菜单命令，弹出【插入线条】属性管理器，如图 2-67 所示。

（3）在图形区域中单击以开始绘制直线，【线条属性】属性管理器出现，指针变为 形状。每次单击时，空间控标出现以帮助确定草图方位。

（4）拖动到想结束直线段的点处。选择线段的终点，然后按 Tab 键变换到另外一个基准面。

（5）拖动下一段，然后释放指针，生成的 3D 直线草图如图 2-68 所示。

图 2-67　【插入线条】属性管理器

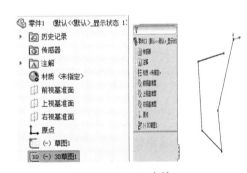

图 2-68　3D 直线

2.4.3　3D 点

执行【插入】|【3D 草图】命令，或者单击【草图】工具栏中的 🔟【3D 草图】按钮，然后单击【草图】工具栏上的 ▫【点】按钮可以绘制 3D 点。

生成 3D 点的操作方法如下。

（1）执行【插入】|【3D 草图】命令，或者单击【草图】工具栏中的 🔟【3D 草图】按钮。

（2）单击【草图】工具栏上的 ▫【点】按钮，或者执行【工具】|【草图绘制实体】|【点】菜单命令。

（3）在图形区域中单击以放置点。

（4）欲改变点的属性，可在 3D 草图中选择一点，然后在【点】属性管理器中编辑其属性。

2.4.4　3D 样条曲线

执行【插入】|【3D 草图】命令，或者单击【草图】工具栏中的 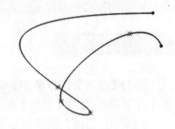 【3D 草图】按钮，然后单击【草图】工具栏上的 ∿【样条曲线】按钮可以绘制 3D 样条曲线。

生成 3D 样条曲线的操作方法如下。

（1）执行【插入】|【3D 草图】命令，或者单击【草图】工具栏中的 ⊡【3D 草图】按钮。

（2）单击【草图】工具栏上的 ∿【样条曲线】按钮，或者执行【工具】|【草图绘制实体】|【样条曲线】命令。

（3）单击以放置第一个样条曲线点，然后拖动来绘制样条曲线。【样条曲线】属性管理器出现。在每次放开鼠标左键时，将生成新的 3D 原点；若想更改基准面，按 Tab 键。

（4）在样条曲线完成时，双击以停止草图绘制。绘制的 3D 样条曲线如图 2-69 所示。

图 2-69　3D 样条曲线

2.4.5　3D 草图尺寸类型

3D 草图中有多种尺寸类型，包括【绝对】、【沿 X】、【沿 Y】和【沿 Z】。

【绝对】：测量两个点之间的绝对距离。如果按 Tab 键沿一条轴线标注尺寸，则按住 Tab 键直到指针变回 ↖ 形状以获得绝对量度，如图 2-70 所示。

【沿 X】：沿 X 轴测量两个点之间的距离。按 Tab 键一次可沿 X 轴测量，如图 2-71 所示。

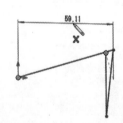

图 2-70　【绝对】尺寸类型　　　　图 2-71　【沿 X】尺寸类型

【沿 Y】：沿 Y 轴测量两个点之间的距离。按 Tab 键两次可沿 Y 轴测量，如图 2-72 所示。

【沿 Z】：沿 Z 轴测量两个点之间的距离。按 Tab 键三次可沿 Z 轴测量，如图 2-73 所示。

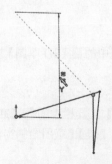

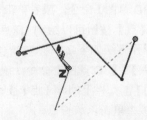

图 2-72　【沿 Y】尺寸类型　　　　图 2-73　【沿 Z】尺寸类型

2.5　尺寸标注

绘制完草图后，可以标注草图的尺寸。

2.5.1　线性尺寸

标注线性尺寸的操作方法如下。

（1）单击【尺寸/几何关系】工具栏中的 ✎【智能尺寸】按钮，或者选择【工具】|【标注尺寸】|【智能尺寸】菜单命令，也可以在图形区域中用鼠标右键单击，然后在弹出的菜单中选择【智能尺寸】命令。默认尺寸类型为平行尺寸。

（2）定位智能尺寸项目。移动鼠标指针时，智能尺寸会自动捕捉到最近的方位。当预览显示出想要的位置及类型时，可以单击鼠标右键锁定该尺寸。

智能尺寸项目有下列几种。

- 直线或者边线的长度：选择要标注的直线，拖动到标注的位置。
- 直线之间的距离：选择两条平行直线，或者一条直线与一条平行的模型边线。
- 点到直线的垂直距离：选择一个点及一条直线或者模型上的一条边线。
- 点到点的距离：选择同样的两个点，然后为每个尺寸选择不同的位置，生成如图 2-74 所示的距离尺寸。

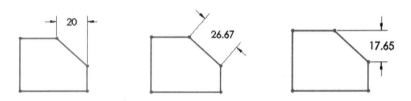

图 2-74　生成点到点的距离尺寸

（3）单击确定尺寸数值所要放置的位置。

2.5.2　角度尺寸

要生成两条直线之间的角度尺寸，可以先选择两条草图直线，然后为每个尺寸选择不同的位置。要在两条直线或者一条直线和模型边线之间放置角度尺寸，可以先选择两个草图实体，然后在其周围拖动鼠标指针，显示智能尺寸的预览。由于鼠标指针位置的改变，要标注的角度尺寸数值也会随之改变。

标注角度尺寸的操作方法如下。

（1）单击【尺寸/几何关系】工具栏中的 ✎【智能尺寸】
按钮。

（2）单击其中一条直线。

（3）单击另一条直线或者模型边线。

（4）拖动鼠标指针显示角度尺寸的预览。

（5）单击确定所需尺寸数值的位置，生成如图 2-75 所示的
角度尺寸。

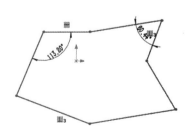

图 2-75　生成角度尺寸

2.5.3 圆形尺寸

可以以一定角度放置圆形尺寸，尺寸数值显示为直径尺寸。将尺寸数值竖直或者水平放置，尺寸数值会显示为线性尺寸。如果要修改线性尺寸的角度，则单击该尺寸数值，然后拖动文字上的控标，尺寸以 15°的增量进行捕捉。

标注圆形尺寸的操作方法如下。

（1）单击【尺寸/几何关系】工具栏中的✎【智能尺寸】按钮。

（2）选择圆形。

（3）拖动鼠标指针显示圆形直径的预览。

（4）单击确定所需尺寸数值的位置，生成如图 2-76 所示的圆形尺寸。

图 2-76　生成圆形尺寸

2.5.4 修改尺寸

要修改尺寸，可以双击草图的尺寸，在弹出的【修改】属性管理器中进行设置，如图 2-77 所示，然后单击✔【保存当前的数值并退出此属性管理器】按钮完成操作。

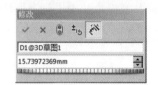

图 2-77　【修改】属性管理器

2.6　几何关系

绘制草图时使用几何关系可以更容易地控制草图形状，表达设计意图，充分体现人机交互的便利。几何关系与捕捉是相辅相成的，捕捉到的特征就是具有某种几何关系的特征。表 2-1 详细说明了各种几何关系要选择的草图实体及使用后的效果。

表 2-1　　　　　　　　　　　　　几何关系选项与效果

图标	几何关系	要选择的草图实体	使用后的效果
—	水平	1 条或者多条直线，两个或者多个点	使直线水平，使点水平对齐
|	竖直	1 条或者多条直线，两个或者多个点	使直线竖直，使点竖直对齐
╱	共线	两条或者多条直线	使草图实体位于同一条无限长的直线上
◯	全等	两段或者多段圆弧	使草图实体位于同一个圆周上
⊥	垂直	两条直线	使草图实体相互垂直
╲	平行	两条或者多条直线	使草图实体相互平行
♂	相切	直线和圆弧、椭圆弧或者其他曲线，曲面和直线，曲面和平面	使草图实体保持相切
◎	同心	两个或者多段圆弧	使草图实体共用 1 个圆心
╱	中点	1 条直线或者 1 段圆弧和 1 个点	使点位于圆弧或者直线的中心
✕	交叉点	两条直线和 1 个点	使点位于两条直线的交叉点处

续表

图标	几何关系	要选择的草图实体	使用后的效果
	重合	1 条直线、1 段圆弧或者其他曲线和 1 个点	使点位于直线、圆弧或者曲线上
=	相等	两条或者多条直线，两段或者多段圆弧	使草图实体的所有尺寸参数保持相等
	对称	两个点、两条直线、两个圆、椭圆，或者其他曲线和 1 条中心线	使草图实体保持相对于中心线对称
	固定	任何草图实体	使草图实体的尺寸和位置保持固定，不可更改
	穿透	1 个基准轴、1 条边线、直线或者样条曲线和 1 个草图点	草图点与基准轴、边线或者曲线在草图基准面上穿透的位置重合
	合并	两个草图点或者端点	使两个点合并为 1 个点

2.6.1　添加几何关系

【添加几何关系】命令是为已有的实体添加约束，此命令只能在草图绘制状态中使用。

生成草图实体后，单击【尺寸 / 几何关系】工具栏中的 【添加几何关系】按钮，或者选择【工具】|【几何关系】|【添加】菜单命令，弹出【添加几何关系】属性管理器，可以在草图实体之间，或者在草图实体与基准面、轴、边线、顶点之间生成几何关系，如图 2-78 所示。

生成几何关系时，其中至少必须有 1 个项目是草图实体，其他项目可以是草图实体或者边线、面、顶点、原点、基准面、轴，也可以是其他草图的曲线投影到草图基准面上所形成的直线或者圆弧。

图 2-78 【添加几何关系】属性管理器

2.6.2　显示 / 删除几何关系

【显示 / 删除几何关系】命令用来显示已经应用到草图实体中的几何关系，或者删除不再需要的几何关系。

单击【尺寸 / 几何关系】工具栏中的 【显示 / 删除几何关系】按钮，可以显示手动或者自动应用到草图实体的几何关系，并可以用来删除不再需要的几何关系，还可以通过替换列出的参考引用修正错误的草图实体。

2.7　扳手草图范例

本例将生成一个扳手草图模型，如图 2-79 所示。本模型使用的功能有新建零件图、选择基准面、绘制中心线、绘制草图、删除多余线段、保存文件。

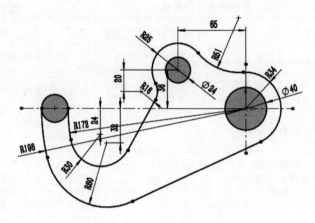

图 2-79　扳手草图模型

本范例的主要步骤如下。

（1）设置辅助部分。

（2）绘制草图。

2.7.1　设置辅助部分

扫码看视频

（1）新建零件图。启动中文版 SolidWorks 软件后，选择【文件】｜【新建】菜单命令，弹出如图 2-80 所示的【新建 SolidWorks 文件】对话框；选择第一个零件模板后单击【确定】按钮，系统即可进入零件建模环境，如图 2-81 所示。

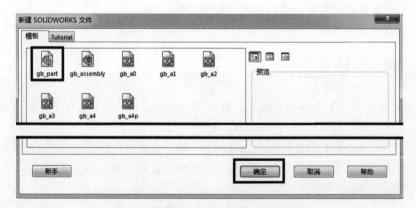

图 2-80　【新建 SolidWorks 文件】对话框

（2）单击【草图】选项卡中的 🔲【草图绘制】按钮，在弹出的如图 2-82 所示的选择基准面界面中单击【前视基准面】，即可进入绘制草图的界面。

（3）单击【草图】选项卡中的 ✏️【直线】下拉按钮，在下拉列表中选择【中心线】选项，如图 2-83 所示。

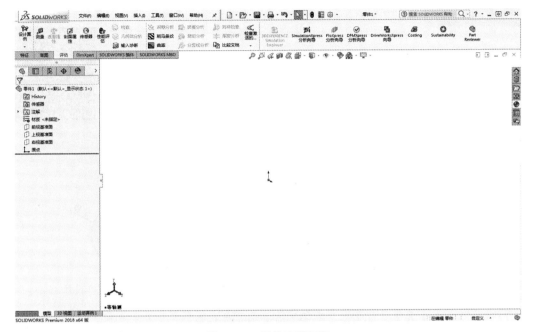

图 2-81　零件建模环境

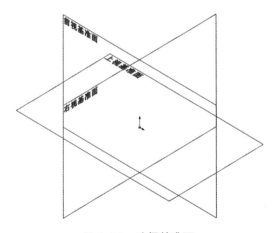

图 2-82　选择基准面

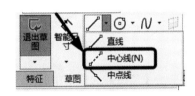

图 2-83　选择线型

（4）绘制中心线。在图纸中以原点为中心绘制出一横一竖的中心线，如图 2-84 所示。

图 2-84　绘制中心线

2.7.2 绘制草图

（1）单击【草图】选项卡中的 ⊙·【圆】按钮，打开【圆】属性管理器，在【圆类型】选项组中单击【圆】按钮，如图 2-85 所示。

（2）以图纸的中心线交点位置为圆心绘制圆，如图 2-86 所示。

（3）单击【草图】选项卡中的 ✎【智能尺寸】按钮，标注圆的直径为 40mm，如图 2-87 所示。

扫码看视频

图 2-85 选择圆类型

图 2-86 绘制圆

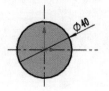

图 2-87 标注尺寸

（4）单击【草图】选项卡中的 ⊙·【圆】按钮，在【圆类型】选项组中单击【圆】按钮，在刚画的直径 40mm 的圆的左上角画一个圆，如图 2-88 所示。

（5）单击【草图】选项卡中的 ✎【智能尺寸】按钮，标注刚画的圆的直径为 24mm，两圆圆心的竖直距离为 36mm，水平距离为 65mm，如图 2-89 所示。

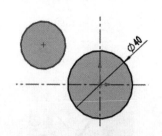

图 2-88 绘制圆

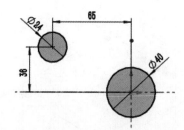

图 2-89 标注尺寸

（6）单击【草图】选项卡中的 ⊙·【圆】按钮，在【圆类型】选项组中单击【圆】按钮，在两个圆的外侧各画一个同心圆，如图 2-90 所示。

（7）单击【草图】选项卡中的 ✎【智能尺寸】按钮，标注左侧大圆的直径为 50mm，右侧大圆的直径为 68mm，如图 2-91 所示。

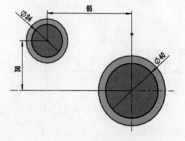

图 2-90 绘制同心圆

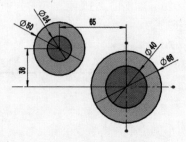

图 2-91 标注尺寸

（8）单击【草图】选项卡中的⊙·【圆】按钮，在【圆类型】选项组中单击【圆】按钮，在两圆的右上角绘制一个直径为 102mm 的圆并标注尺寸，如图 2-92 所示。

（9）单击【草图】选项卡中的⊥。【显示 / 删除几何关系】下拉按钮，在下拉列表中选择【添加几何关系】选项，如图 2-93 所示。

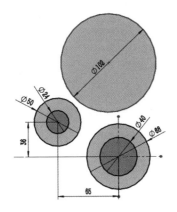

图 2-92 绘制并标注圆　　　　　图 2-93 选择【添加几何关系】选项

（10）在左侧弹出的【添加几何关系】属性管理器的【所选实体】选择框中，选择左侧直径 50mm 的圆和右上方直径 102mm 的圆，在【添加几何关系】选项组中选择 相切(A) 命令，如图 2-94 所示，添加几何关系后的结果如图 2-95 所示。

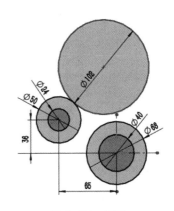

图 2-94 添加几何关系　　　　　图 2-95 相切

（11）在【添加几何关系】属性管理器的【所选实体】选择框中，选择右侧直径 68mm 的圆和右上方直径 102mm 的圆，在【添加几何关系】选项组中选择 相切(A) 命令，添加几何关系后的结果如图 2-96 所示。

（12）单击【草图】选项卡中的⊙·【圆】按钮，在【圆类型】选项组中单击【圆】按钮，以中心线交点为圆心绘制两个圆。单击【草图】选项卡中的 【智能尺寸】按钮，标注两个圆的直径分别为 344mm 和 396mm，如图 2-97 所示。

（13）单击【草图】选项卡中的⊙·【圆】按钮，在【圆类型】选项组中单击【圆】按钮，在上一步骤画的两个同心圆内部画一个圆。单击【草图】选项卡中的 【智能尺寸】按钮，标注圆的直径为 60mm，如图 2-98 所示。

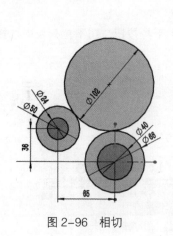

图 2-96　相切

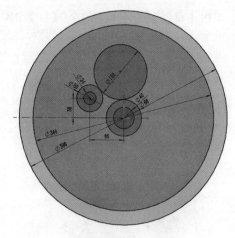

图 2-97　绘制并标注圆

（14）单击【草图】选项卡中的 【显示 / 删除几何关系】下拉按钮，在下拉列表中选择【添加几何关系】选项，在左侧弹出的【添加几何关系】属性管理器的【所选实体】选择框中，选择直径为 344mm 的圆和直径为 60mm 的圆，在【添加几何关系】选项组中选择 相切(A) 命令，添加几何关系后的结果如图 2-99 所示。

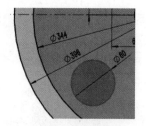

图 2-98　绘制并标注圆

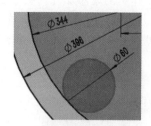

图 2-99　相切

（15）单击【草图】选项卡中的 【智能尺寸】按钮，标注直径为 60mm 的圆的圆心到水平中心线的距离为 24mm，如图 2-100 所示。

（16）单击【草图】选项卡中的 【圆】按钮，在【圆类型】选项组中单击【圆】按钮，在两同心圆的夹缝处的水平中心线上绘制一个圆，如图 2-101 所示。

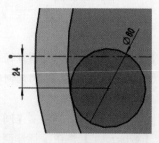

图 2-100　标注确定圆的位置

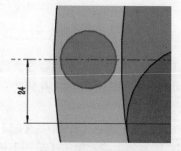

图 2-101　绘制圆

（17）单击【草图】选项卡中的 【显示 / 删除几何关系】下拉按钮，在下拉列表中选择【添加几何关系】选项，在左侧弹出的【添加几何关系】属性管理器的【所选实体】选择框中，选择刚画的圆和直径为 396mm 的圆，在【添加几何关系】选项组中选择 相切(A) 命令；在【添加几何关系】属性管理器的【所选实体】选择框中，选择刚画的圆和直径为 344mm 的圆，在【添加几何关系】选项组中选择 ☊ 相切(A) 命令，添加几何关系后的结果如图 2-102 所示。

（18）单击【草图】选项卡中的 ⊙·【圆】按钮，在【圆类型】选项组中单击【圆】按钮，在如图 2-103 所示的位置上画一个圆，然后单击【草图】选项卡中的 ✎ 【智能尺寸】按钮，标注圆的直径为 32mm。

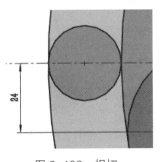

图 2-102　相切

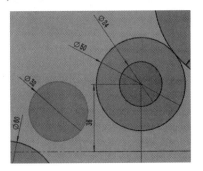

图 2-103　绘制并标注圆

（19）单击【草图】选项卡中的 ⊥ 【显示 / 删除几何关系】下拉按钮，在下拉列表中选择【添加几何关系】选项，在左侧弹出的【添加几何关系】属性管理器的【所选实体】选择框中，选择直径为 50mm 的圆和直径为 32mm 的圆，在【添加几何关系】选项组中，选择 ☊ 相切(A) 命令，添加几何关系后的结果如图 2-104 所示。

（20）单击【草图】选项卡中的 ✎ 【智能尺寸】按钮，标注直径为 32mm 的圆和直径为 50mm 的圆的两圆心的竖直距离为 20mm，如图 2-105 所示。

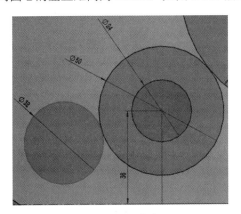

图 2-104　相切

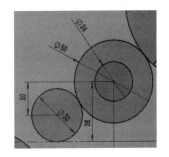

图 2-105　标注确定圆的位置

（21）单击【草图】选项卡中的 ／·【直线】下拉按钮，在下拉列表中选择【直线】选项，直线的起点位置选择在直径为 60mm 的圆上，此时图中出现 ⊼ 【重合】几何关系，终点选择在直径为 32mm 的圆上，待出现 ⊼ 【重合】几何关系和 ☊ 相切(A) 【相切】几何关系后完成直线绘制，如图 2-106 所示。

（22）单击【草图】选项卡中的 ⊙·【圆】按钮，在【圆类型】选项组中单击【圆】按钮，在如图 2-107 所示的位置上画一个圆，然后单击【草图】选项卡中的 ✎ 【智能尺寸】按钮，标注圆的直径为 120mm。

（23）单击【草图】选项卡中的 ⊥ 【显示 / 删除几何关系】下拉按钮，在下拉列表中选择【添加几何关系】选项，在左侧弹出的【添加几何关系】属性管理器的【所选实体】选择框中，选择直径为 120mm 的圆和直径为 396mm 的圆，在【添加几何关系】选项组中选择 ☊ 相切(A) 命令，添加几何关系后的结果如图 2-108 所示。

（24）单击【草图】选项卡中的 ✎【智能尺寸】按钮，标注直径为 120mm 的圆的圆心到水平中心线的距离为 32mm，如图 2-109 所示。

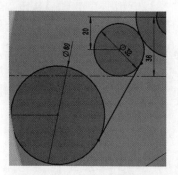

图 2-106　绘制相切直线

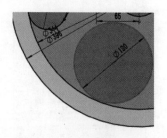

图 2-107　绘制并标注圆

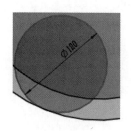

图 2-108　相切

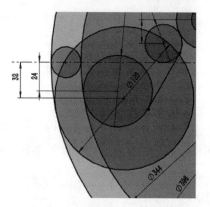

图 2-109　标注确定圆的位置

（25）单击【草图】选项卡中的 ✏ ˙【直线】下拉按钮，在下拉列表中选择【直线】选项，直线的起点位置选择在直径为 120mm 的圆上，此时图中出现 ⊼【重合】几何关系，终点选择在直径为 68mm 的圆上，待出现 ⊼【重合】几何关系和 ⊿ 相切(A) 【相切】几何关系后完成直线绘制，如图 2-110 所示。

（26）单击【草图】选项卡中的 ✂【剪裁实体】按钮，左侧弹出【剪裁】属性管理器，在【选项】选项组中选择 ⌐ 【强劲剪裁】模式，如图 2-111 所示。

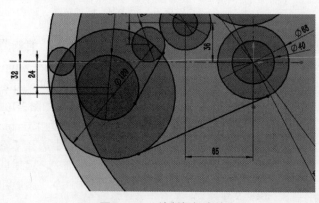

图 2-110　绘制相切直线

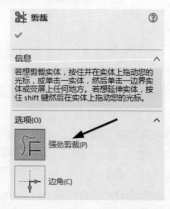

图 2-111　【剪裁】属性管理器

（27）按住鼠标左键划去不需要的草图部分，结果如图 2-112 所示。

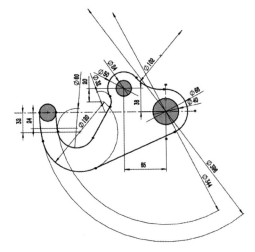

图 2-112　删除多余线段

（28）部分圆由于删除了多余部分而变得不再完整，因此可以重新标注不完整的圆为半径尺寸，如图 2-113 所示。

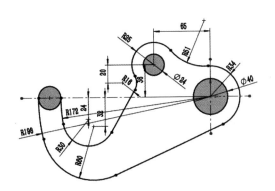

图 2-113　重新标注部分圆尺寸

（29）至此扳手草图绘制完成，单击右上角的 ↳ 【退出草图】按钮，结束草图绘制。

（30）常规保存。单击【标准】工具栏的 ■ 【保存】按钮进行保存操作，在【文件名】中输入"扳手草图"，在【保存类型】中选择 .sldprt 格式，设置保存路径后，单击【保存】按钮，如图 2-114 所示。

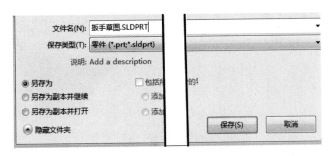

图 2-114　保存文件

第 3 章
实体建模

三维建模是 SolidWorks 软件三大功能之一。三维建模命令分为两大类，第一类是需要草图才能建立的特征；第二类是在现有特征基础上进行编辑的特征。本章讲解的内容主要有拉伸特征、旋转特征、扫描特征、放样特征、筋与孔特征、圆角与倒角特征、阵列与镜像特征、压凹与圆顶特征、变形与弯曲特征、边界与拔模特征。

重点与难点

- 拉伸特征
- 旋转特征
- 扫描特征
- 放样特征
- 筋与孔特征

- 圆角与倒角特征
- 阵列与镜像特征
- 压凹与圆顶特征
- 变形与弯曲特征
- 边界与拔模特征

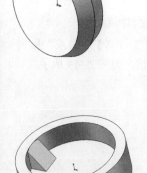

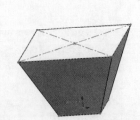

3.1　拉伸凸台 / 基体特征

拉伸凸台 / 基体特征是以一个或两个方向拉伸一个草图或绘制的草图轮廓生成一个实体。

生成拉伸凸台 / 基体特征的操作方法如下。

（1）在前视基准面上绘制一个草图，如图 3-1 所示。

（2）单击【特征】工具栏中的 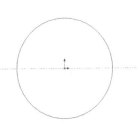 【拉伸凸台 / 基体】按钮，或者选择【插入】|【凸台 / 基体】|【拉伸】菜单命令，弹出【凸台 - 拉伸】属性管理器。在【方向 1】选项组中，设置【深度】为"10mm"，【拔模角度】为"20.00 度"；【方向 2】选项组使用相同的设置，如图 3-2 所示。单击 【确定】按钮，生成拉伸特征，如图 3-3 所示。

图 3–1　绘制草图

图 3-2　【凸台 – 拉伸】属性管理器

图 3-3　生成拉伸特征

3.2　拉伸切除特征

拉伸切除特征是在实体中以一个或两个方向拉伸移除实体模型。

生成拉伸切除特征的操作方法如下。

（1）在一实体上绘制草图，如图 3-4 所示。

（2）单击【特征】工具栏中的 【拉伸切除】按钮，或者选择【插入】|【切除】|【拉伸】菜单命令，弹出【切除 - 拉伸】属性管理器，根据需要设置参数，如图 3-5 所示。单击 【确定】按钮，结果如图 3-6 所示。

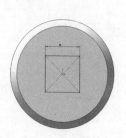
图 3-4　绘制草图

图 3-5　【切除 - 拉伸】属性管理器

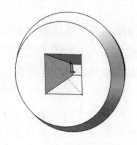
图 3-6　生成拉伸切除特征

3.3　旋转凸台 / 基体特征

生成旋转凸台 / 基体特征的操作方法如下。

（1）绘制草图，包含 1 个轮廓及 1 条中心线，如图 3-7 所示。

（2）单击【特征】工具栏中的 【旋转凸台 / 基体】按钮，或者选择【插入】|【凸台 / 基体】|【旋转】菜单命令，弹出【旋转】属性管理器，如图 3-8 所示，根据需要设置参数，单击 ✔【确定】按钮，结果如图 3-9 所示。

图 3-7　绘制草图

图 3-8　【旋转】属性管理器

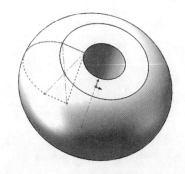
图 3-9　生成旋转特征

3.4　扫描特征

扫描特征是通过沿着一条路径移动轮廓以生成基体、凸台、切除或者曲面的一种特征。

生成扫描特征的操作方法如下。

（1）选择【插入】|【凸台 / 基体】|【扫描】菜单命令，弹出【扫描】属性管理器。在【轮廓和路径】选项组中，单击【轮廓】选择框，在图形区域中选择草图 1，单击【路径】选择框，在图形区域中选择草图 2，如图 3-10 所示。

图 3-10　【扫描】属性管理器

（2）在【选项】选项组中，设置【轮廓方位】为【随路径变化】，【轮廓扭转】为【无】，单击 【确定】按钮，结果如图 3-11 所示。

（3）设置【轮廓方位】为【保持法线不变】，再单击 【确定】按钮，结果如图 3-12 所示。

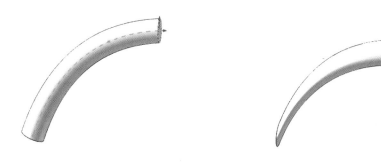

图 3-11　随路径变化的扫描特征　　　　图 3-12　保持法线不变的扫描特征

3.5　放样特征

放样特征通过在轮廓之间进行过渡以生成特征，放样的对象可以是基体、凸台、切除或者曲面，可以使用两个或者多个轮廓生成放样，但仅第一个或者最后一个对象的轮廓可以是点。

生成放样特征的操作方法如下。

（1）选择【插入】|【凸台 / 基体】|【放样】菜单命令，弹出【放样】属性管理器。在【轮廓】选项组中，单击【轮廓】选择框，在图形区域中分别选择矩形草图的一个顶点和四边形草图的一个顶点，如图 3-13 所示，单击 【确定】按钮，结果如图 3-14 所示。

（2）在【轮廓】选项组中，单击【轮廓】选择框，在图形区域中分别选择矩形草图的一个顶点和四边形草图的另一个顶点，单击 【确定】按钮，结果如图 3-15 所示。

图 3-13 【放样】属性管理器

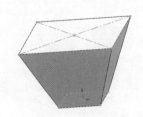

图 3-14 生成放样特征

图 3-15 生成放样特征

（3）在【起始/结束约束】选项组中，设置【开始约束】为【垂直于轮廓】，如图 3-16 所示，单击 ✓【确定】按钮，结果如图 3-17 所示。

图 3-16 【起始/结束约束】选项组

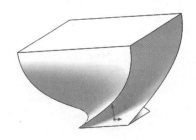

图 3-17 生成放样特征

3.6 筋特征

筋特征在轮廓与现有零件之间指定方向和厚度以进行延伸，可以使用单一或者多个草图生成筋特征，也可以使用拔模生成筋特征，或者选择要拔模的参考轮廓。

生成筋特征的操作方法如下。

（1）选择【插入】|【特征】|【筋】菜单命令，弹出【筋】属性管理器。在【参数】选项组中，单击【两侧】按钮，设置【筋厚度】为"20.00mm"，在【拉伸方向】中单击【平行于草图】按钮，取消选中【反转材料方向】复选框，单击 ✓【确定】按钮，结果如图 3-18 所示。

（2）在【参数】选项组中，选中【反转材料方向】复选框，单击 ✓【确定】按钮，结果如图 3-19 所示。

（3）在【参数】选项组中，在【拉伸方向】中单击【垂直于草图】按钮，取消选中【反转材料方向】复选框，在【类型】中选中【线性】单选按钮，如图 3-20 所示，单击 ✓【确定】按钮，结果如图 3-21 所示。

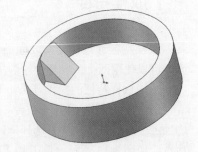

图 3-18 生成筋特征

图 3-19　生成筋特征　　　　　　　　　　　图 3-20　【筋】属性管理器

（4）在【参数】选项组中，在【类型】中选中【自然】单选按钮，单击 ✓【确定】按钮，结果如图 3-22 所示。

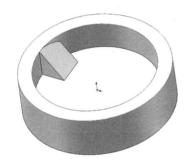

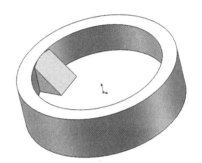

图 3-21　生成线性筋特征　　　　　　　　　图 3-22　生成自然筋特征

3.7　孔特征

孔特征是在模型上生成各种类型的孔。在平面上放置孔并设置深度，可以通过标注尺寸的方法定义它的位置。

生成孔特征的操作方法如下。

（1）选择【插入】｜【特征】｜【简单直孔】菜单命令，弹出【孔】属性管理器。在【从】选项组中选择【草图基准面】选项，在【方向 1】选项组中，设置【终止条件】为【给定深度】,【深度】为 "30.00mm",【孔直径】为 "10.00mm",【拔模角度】为 "20.00 度"，如图 3-23 所示，单击 ✓【确定】按钮，结果如图 3-24 所示。

（2）选择【插入】｜【特征】｜【孔向导】菜单命令，弹出【孔规格】属性管理器。选择【类型】选项卡，在【孔类型】选项组中，单击 ▦【柱形沉头孔】按钮，设置【标准】为【GB】,【类型】为【内六角圆柱头螺钉 GB/T 70.1—2000】；在【孔规格】选项组中，设置【大小】为【M10】,【配合】为【正常】；在【终止条件】选项组中，设置【终止条件】为【完全贯穿】，如图 3-25 所示；选择【位置】选项卡，在图形区域定义点的位置，单击 ✓【确定】按钮，结果如图 3-26 所示。

图 3-23 【孔】属性管理器

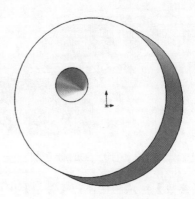

图 3-24 生成简单直孔特征

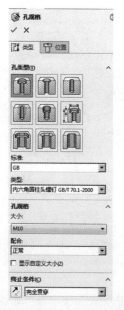

图 3-25 【孔规格】属性管理器

图 3-26 生成异型孔特征

3.8 圆角特征

圆角特征是在零件上生成内圆角面或者外圆角面的一种特征，可以在一个面的所有边线上、所选的多组面上、所选的边线或者边线环上生成圆角。

生成圆角特征的操作方法如下。

（1）选择【插入】|【特征】|【圆角】菜单命令，弹出【圆角】属性管理器。在【圆角类型】选项组中，单击【等半径】按钮；在【圆角项目】选项组中，单击 【边线、面、特征和环】选择框，选择模型上面的 6 条边线，设置 【半径】为 "5.00mm"，如图 3-27 所示，单击 【确定】按钮，生成等半径圆角特征，如图 3-28 所示。

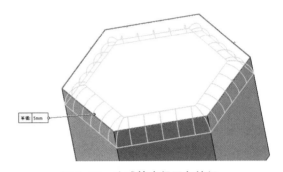

图 3-27 设置等半径圆角特征　　　　　　图 3-28 生成等半径圆角特征

（2）在【圆角类型】选项组中，单击【变半径】按钮。在【圆角项目】选项组中，单击 📑【边线、面、特征和环】选择框，在图形区域选择模型左前方的一条边线；在【变半径参数】选项组中，单击【附加的半径】中的【V1】，设置 📐【半径】为"3mm"，单击 📑【附加的半径】中的【V2】，设置 📐【半径】为"10mm"，再设置 ⚬【实例数】为"3"，如图 3-29 所示，单击 ✓【确定】按钮，生成变半径圆角特征，如图 3-30 所示。

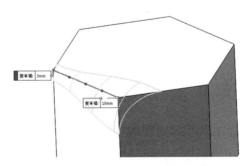

图 3-29 设置变半径圆角特征　　　　　　图 3-30 生成变半径圆角特征

3.9　倒角特征

倒角特征是在所选边线、面或者顶点上生成倾斜的特征。

生成倒角特征的操作步骤如下。

（1）选择【插入】|【特征】|【倒角】菜单命令，弹出【倒角】属性管理器。在【要倒角化的项目】选项组中，单击 【边线、面和环】选择框，在图形区域选择模型的左侧边线；在【倒角类型】选项组中，单击【角度距离】单选按钮；在【倒角参数】选项组中，设置 【距离】为"10.00mm"，【角度】为"45.00 度"；在【倒角选项】选项组中，取消选中的【保持特征】复选框，单击 【确定】按钮，生成不保持特征的倒角特征，如图 3-31 所示。

（2）在【倒角选项】选项组中，选中【保持特征】复选框，单击 【确定】按钮，生成保持特征的倒角特征，如图 3-32 所示。

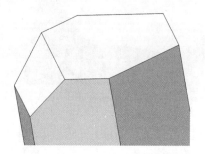
图 3-31　生成不保持特征的倒角特征

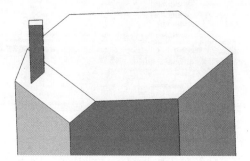
图 3-32　生成保持特征的倒角特征

3.10 抽壳特征

抽壳特征可以掏空零件，使所选择的面敞开，在其他面上生成薄壁特征。

生成抽壳特征的操作步骤如下。

（1）选择【插入】|【特征】|【抽壳】菜单命令，弹出【抽壳】属性管理器。在【参数】选项组中，设置 【厚度】为"10.00mm"，单击 【移除的面】选择框，在图形区域选择模型的上表面，如图 3-33 所示，单击 【确定】按钮，生成抽壳特征，如图 3-34 所示。

图 3-33　【抽壳】属性管理器

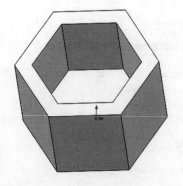
图 3-34　生成抽壳特征

（2）在【多厚度设定】选项组中，单击 【多厚度面】选择框，选择模型左前方的面，设置 【多厚度】为"20.00mm"，如图 3-35 所示，单击 【确定】按钮，生成多厚度抽壳特征，如图 3-36 所示。

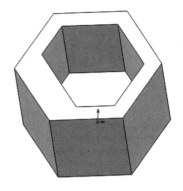

图 3-35 设置【多厚度设定】选项组　　图 3-36 生成多厚度抽壳特征

3.11 特征阵列

特征阵列包括线性阵列、圆周阵列、表格驱动的阵列、草图驱动的阵列和曲线驱动的阵列等。在【特征】选项卡中，单击【线性阵列】下拉按钮，弹出特征阵列的菜单，如图 3-37 所示。

3.11.1 特征线性阵列

特征的线性阵列是在一个或者几个方向上生成多个指定的源特征。生成特征线性阵列的操作方法如下。

（1）选择要进行阵列的特征。

图 3-37 特征阵列的菜单

（2）单击【特征】工具栏中的 ![] 【线性阵列】按钮，或者选择【插入】|【阵列 / 镜像】|【线性阵列】菜单命令，弹出【线性阵列】属性管理器。根据需要，设置各选项组参数，单击 ✔【确定】按钮，生成特征线性阵列，如图 3-38 所示。

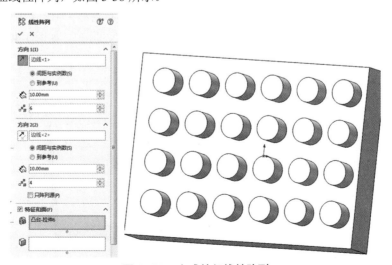

图 3-38 生成特征线性阵列

3.11.2　特征圆周阵列

特征的圆周阵列是将源特征围绕指定的轴线复制多个特征。

生成特征圆周阵列的操作方法如下。

（1）选择要进行阵列的特征。

（2）单击【特征】工具栏中的【圆周阵列】按钮，或者选择【插入】|【阵列/镜像】|【圆周阵列】菜单命令，弹出【圆周阵列】属性管理器。根据需要，设置各选项组参数，单击【确定】按钮，生成特征圆周阵列，如图 3-39 所示。

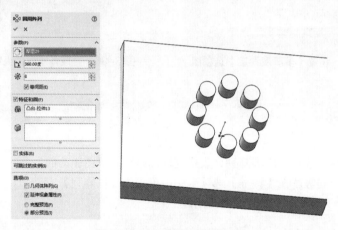

图 3-39　生成特征圆周阵列

3.11.3　表格驱动的阵列

【表格驱动的阵列】命令可以使用 X、Y 坐标来对指定的源特征进行阵列。使用 X、Y 坐标的孔阵列是【表格驱动的阵列】命令的常见应用，但也可以使用其他源特征（如凸台等）。

生成表格驱动的阵列的操作方法如下。

（1）生成坐标系 1。选择要进行阵列的特征。

（2）选择【插入】|【阵列/镜像】|【表格驱动的阵列】菜单命令，弹出【由表格驱动的阵列】对话框。根据需要进行设置，单击【确定】按钮，生成表格驱动的阵列，如图 3-40 所示。

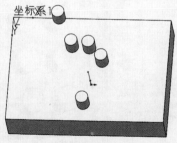

图 3-40　生成表格驱动的阵列

3.11.4　草图驱动的阵列

草图驱动的阵列是通过草图中的特征点复制源特征的一种阵列方式。

生成草图驱动的阵列的操作方法如下。

（1）绘制平面草图，草图中的点将成为源特征复制的目标点。

（2）选择要进行阵列的特征。

（3）选择【插入】|【阵列/镜像】|【草图驱动的阵列】菜单命令，弹出【由草图驱动的阵列】属性管理器。根据需要，设置各选项组参数，单击 ✔【确定】按钮，生成草图驱动的阵列，如图 3-41 所示。

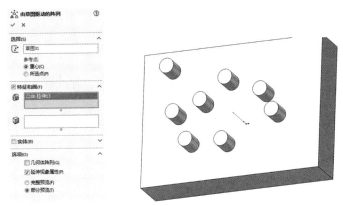

图 3-41　生成草图驱动的阵列

3.11.5　曲线驱动的阵列

曲线驱动的阵列是通过草图中的平面或者 3D 曲线复制源特征的一种阵列方式。

生成曲线驱动的阵列的操作方法如下。

（1）绘制曲线草图。

（2）选择要进行阵列的特征。

（3）选择【插入】|【阵列/镜像】|【曲线驱动的阵列】菜单命令，弹出【曲线驱动的阵列】属性管理器。根据需要，设置各选项组参数，单击 ✔【确定】按钮，生成曲线驱动的阵列，如图 3-42 所示。

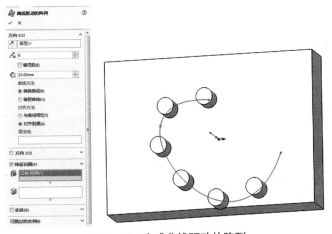

图 3-42　生成曲线驱动的阵列

3.11.6 填充阵列

填充阵列是在限定的实体平面或者草图区域进行的阵列复制。

生成填充阵列的操作方法如下。

（1）绘制平面草图。

（2）选择【插入】|【阵列/镜像】|【填充阵列】菜单命令，弹出【填充阵列】属性管理器。根据需要，设置各选项组参数，单击 ✅【确定】按钮，生成填充阵列，如图 3-43 所示。

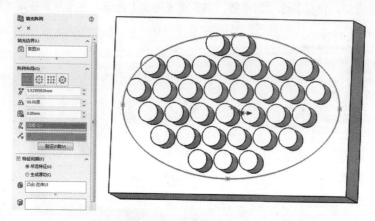

图 3-43　生成填充阵列

3.12 镜像特征

镜像特征是沿面或者基准面镜像以生成一个特征（或者多个特征）的复制操作。

生成镜像特征的操作方法如下。

（1）选择要进行镜像的特征。

（2）单击【特征】工具栏中的 【镜像】按钮，或者选择【插入】|【阵列/镜像】|【镜像】菜单命令，弹出【镜像】属性管理器。根据需要，设置各选项组参数，单击 ✅【确定】按钮，生成镜像特征，如图 3-44 所示。

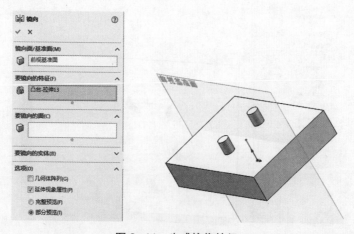

图 3-44　生成镜像特征

3.13 压凹特征

压凹特征是通过使用厚度和间隙而生成的特征，其应用包括封装、冲印、铸模及机器的压入配合等。

生成压凹特征的操作方法如下。

（1）选择【插入】|【特征】|【压凹】菜单命令，弹出【压凹】属性管理器。

（2）在【选择】选项组中，单击 🐷【目标实体】选择框，在图形区域选择模型实体，单击 🐷【工具实体区域】选择框，选择模型中拉伸特征的下表面，勾选【切除】选项。

（3）在【参数】选项组中，设置 🐾【厚度】为"10.00mm"，如图 3-45 所示，在图形区域显示出预览，单击 ✅【确定】按钮，生成压凹特征，如图 3-46 所示。

图 3-45　【压凹】属性管理器　　　　图 3-46　生成压凹特征

3.14 圆顶特征

圆顶特征可以在同一模型上同时生成 1 个或者多个圆顶。

生成圆顶特征的操作方法如下。

（1）选择【插入】|【特征】|【圆顶】菜单命令，弹出【圆顶】属性管理器。

（2）在【参数】选项组中，单击 🐻【到圆顶的面】选择框，在图形区域选择模型的上表面，设置 ↗【距离】为"50mm"，单击 ✅【确定】按钮，生成圆顶特征，如图 3-47 所示。

图 3-47　生成圆顶特征

3.15 变形特征

变形特征是改变复杂曲面和实体模型的局部或者整体形状，无须考虑用于生成模型的草图或者特征约束。

生成变形特征的操作方法如下。

（1）选择【插入】|【特征】|【变形】菜单命令，弹出【变形】属性管理器。在【变形类型】选项组中，单击【点】单选按钮；在【变形点】选项组中，单击 🔲【变形点】选择框，在图形区域中选择模型的右上角端点，设置 📏【变形距离】为"20.00mm"；在【变形区域】选项组中，设置 🔧【变形半径】为"50.00mm"，如图 3-48 所示；单击 ✔【确定】按钮，生成最小刚度变形特征，如图 3-49 所示。

图 3-48 【变形】属性管理器   图 3-49 生成最小刚度变形特征

（2）在【形状选项】选项组中，单击 🔲【刚度 - 中等】按钮，然后单击 ✔【确定】按钮，生成中等刚度变形特征，如图 3-50 所示。

（3）在【形状选项】选项组中，单击 🔲【刚度 - 最大】按钮，然后单击 ✔【确定】按钮，生成最大刚度变形特征，如图 3-51 所示。

图 3-50 生成中等刚度变形特征   图 3-51 生成最大刚度变形特征

3.16 弯曲特征

弯曲特征以直观的方式对复杂的模型进行变形。

生成弯曲特征的操作方法如下。

1. 折弯

（1）选择【插入】|【特征】|【弯曲】菜单命令，弹出【弯曲】属性管理器。

（2）在【弯曲输入】选项组中，单击【折弯】单选按钮；单击 【弯曲的实体】选择框，在图形区域中选择模型右侧的拉伸特征；设置 【角度】为"30 度"， 【半径】为"275.02mm"。

（3）单击 【确定】按钮，生成折弯弯曲特征，如图 3-52 所示。

2. 扭曲

（1）选择【插入】|【特征】|【弯曲】菜单命令，弹出【弯曲】属性管理器。

（2）在【弯曲输入】选项组中，单击【扭曲】单选按钮；单击 【弯曲的实体】选择框，在图形区域中选择模型右侧的拉伸特征；设置 【角度】为"90 度"。

（3）单击 【确定】按钮，生成扭曲弯曲特征，如图 3-53 所示。

图 3-52　生成折弯弯曲特征　　　　图 3-53　生成扭曲弯曲特征

3. 锥削

（1）选择【插入】|【特征】|【弯曲】菜单命令，弹出【弯曲】属性管理器。

（2）在【弯曲输入】选项组中，单击【锥削】单选按钮；单击 【弯曲的实体】选择框，在图形区域中选择模型右侧的拉伸特征；设置 【锥剃因子】为"1.5"。

（3）单击 【确定】按钮，生成锥削弯曲特征，如图 3-54 所示。

4. 伸展

（1）选择【插入】|【特征】|【弯曲】菜单命令，弹出【弯曲】属性管理器。

（2）在【弯曲输入】选项组中，单击【伸展】单选按钮；单击 【弯曲的实体】选择框，在图形区域中选择模型右侧的拉伸特征；设置 【伸展距离】为"30mm"。

（3）单击 【确定】按钮，生成伸展弯曲特征，如图 3-55 所示。

图 3-54　生成锥削弯曲特征　　　　图 3-55　生成伸展弯曲特征

3.17 边界凸台/基体特征

生成边界凸台/基体特征的操作方法如下。

（1）在 3 个基准面上分别绘制不同的草图，如图 3-56 所示。

（2）单击【特征】工具栏中的 边界凸台/基体】按钮，或者选择【插入】【凸台/基体】【边界】菜单命令，弹出【边界】属性管理器。在【方向 1】选项组中，在【曲线】选择框中选择 3 个草图，【相切类型】选择【无】，【拔模角度】设为"0.00 度"，其他选项组使用默认设置，如图 3-57 所示。单击【确定】按钮，生成边界特征，如图 3-58 所示。

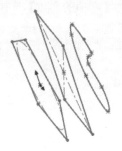

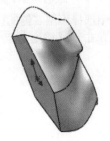

图 3-56　绘制草图　　　　图 3-57　【边界】属性管理器　　　　图 3-58　生成边界特征

3.18 拔模特征

拔模特征是用指定的角度斜削模型中所选的面，使型腔零件更容易脱出模具，可以在现有的零件中插入拔模，或者在进行拉伸特征时拔模，也可以将拔模应用到实体或者曲面模型中。

生成拔模特征的操作方法如下。

（1）选择【插入】|【特征】|【拔模】菜单命令，弹出【拔模】属性管理器。

（2）在【拔模类型】选项组中，单击【中性面】单选按钮；在【拔模角度】选项组中，设置 【拔模角度】为"20.00 度"；在【中性面】选项组中，单击【中性面】选择框，选择模型小圆柱体的上表面。

（3）在【拔模面】选项组中，单击 【拔模面】选择框，选择模型的外表面，如图 3-59 所示。单击 【确定】按钮，生成拔模特征，如图 3-60 所示。

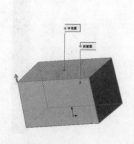
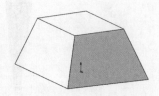

图 3-59　【拔模】属性管理器　　　　　　　图 3-60　生成拔模特征

3.19 锥齿轮三维建模范例

下面应用本章所讲解的知识完成锥齿轮三维模型的建模，最终效果如图 3-61 所示。

本范例的建模主要包括轮齿和轮毂两个部分。

3.19.1　轮齿部分

图 3-61　锥齿轮三维模型

（1）单击【参考几何体】工具栏中的 【基准面】按钮，弹出【基准面】属性管理器。在【第一参考】选项组中，在图形区域中选择前视基准面，设置 【距离】为"45.00mm"，如图 3-62 所示，在图形区域中显示出新建基准面的预览，单击 ✔【确定】按钮，生成基准面。

（2）单击【参考几何体】工具栏中的 【基准面】按钮，弹出【基准面】属性管理器。在【第一参考】选项组中，在图形区域中选择基准面 1，设置 【距离】为"50.00mm"，如图 3-63 所示，在图形区域中显示出新建基准面的预览，单击 ✔【确定】按钮，生成基准面。

扫码看视频

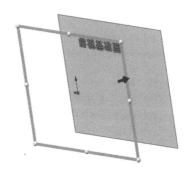

图 3-62　生成基准面

图 3-63　生成基准面

（3）单击 FeatureManager 设计树中的【前视基准面】图标，使其成为草图绘制平面。单击【标准视图】工具栏中的 ⚓【正视于】按钮，并单击【草图】工具栏中的 ╱【草图绘制】按钮，进入草图绘制状态。使用【草图】工具栏中的 ╱【直线】、◔【圆心／起／终点画弧】、◇【智能尺寸】工具，绘制如图 3-64 所示的草图。单击 ↩【退出草图】按钮，退出草图绘制状态。

（4）单击 FeatureManager 设计树中的【前视基准面】图标，使其成为草图绘制平面。单击【草图】工具栏中的 ╱【草图绘制】按钮，进入草图绘制状态。使用【草图】工具栏中的 ╱【直线】、◔【圆心／起／终点画弧】、◇【智能尺寸】工具，绘制如图 3-65 所示的草图。单击 ↩【退出草图】按钮，退出草图绘制状态。

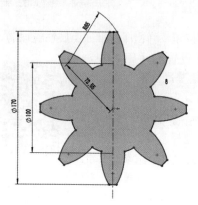

图 3-64　绘制草图并标注尺寸

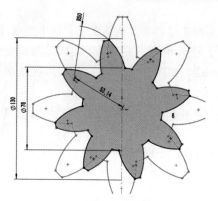

图 3-65　绘制草图并标注尺寸

（5）单击 FeatureManager 设计树中的【前视基准面】图标，使其成为草图绘制平面。单击【草图】工具栏中的 ╱【草图绘制】按钮，进入草图绘制状态。使用【草图】工具栏中的 ╱【直线】、◔【圆心／起／终点画弧】、◇【智能尺寸】工具，绘制如图 3-66 所示的草图。单击 ↩【退出草图】按钮，退出草图绘制状态。

（6）选择【插入】｜【凸台／基体】｜【放样】菜单命令，弹出【放样】属性管理器。在 ◇【轮廓】选择框中选择草图 1、草图 2 和草图 3，单击 ✔【确定】按钮，生成放样特征，如图 3-67 所示。

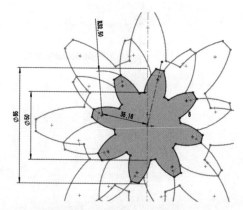

图 3-66　绘制草图并标注尺寸

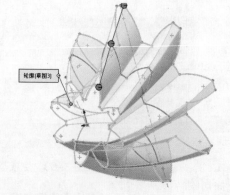

图 3-67　生成放样特征

3.19.2　轮毂部分

（1）单击 FeatureManager 设计树中的【前视基准面】图标，使其成为草图绘制平面。单击【草图】工具栏中的【草图绘制】按钮，进入草图绘制状态。使用【草图】工具栏中的【直线】、【中心线】、【圆心 / 起 / 终点画弧】、【智能尺寸】工具，绘制如图 3-68 所示的草图。单击【退出草图】按钮，退出草图绘制状态。

扫码看视频

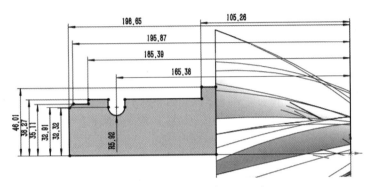

图 3-68　绘制草图并标注尺寸

（2）单击【特征】工具栏中的【旋转凸台 / 基体】按钮，弹出【旋转】属性管理器。单击【旋转轴】选择框，在图形区域中选择草图中的直线 1，设置【终止条件】为【给定深度】，【角度】为 "360.00 度"，单击【确定】按钮，生成旋转特征，如图 3-69 所示。

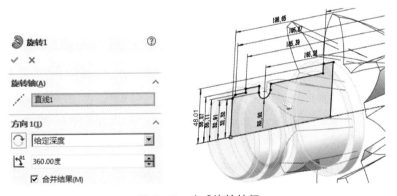

图 3-69　生成旋转特征

（3）单击 FeatureManager 设计树中的【前视基准面】图标，使其成为草图绘制平面。单击【草图】工具栏中的【草图绘制】按钮，进入草图绘制状态。使用【草图】工具栏中的【直线】、【中心线】、【智能尺寸】工具，绘制如图 3-70 所示的草图。单击【退出草图】按钮，退出草图绘制状态。

（4）单击【特征】工具栏中的【切除 - 拉伸】按钮，弹出【切除 - 拉伸】属性管理器。在【方向 1】选项组中，设置【终止条件】为【给定深度】，【深度】为 "18.00mm"，单击【确定】按钮，生成拉伸切除特征，如图 3-71 所示。

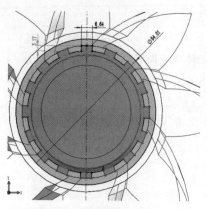

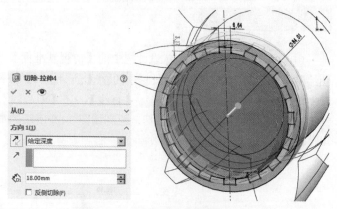

图 3-70　绘制草图并标注尺寸　　　　　　　　图 3-71　生成拉伸切除特征

（5）单击 FeatureManager 设计树中的【前视基准面】图标，使其成为草图绘制平面。单击【草图】工具栏中的 【草图绘制】按钮，进入草图绘制状态。使用【草图】工具栏中的 【圆】、 【智能尺寸】工具，绘制如图 3-72 所示的草图。单击 【退出草图】按钮，退出草图绘制状态。

（6）单击【特征】工具栏中的 【切除-拉伸】按钮，弹出【切除-拉伸】属性管理器。在【方向 1】选项组中，设置【终止条件】为【完全贯穿】，单击 【确定】按钮，生成拉伸切除特征，如图 3-73 所示。

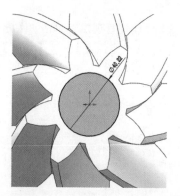

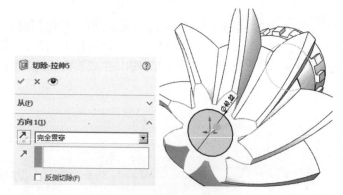

图 3-72　绘制草图并标注尺寸　　　　　　　　图 3-73　生成拉伸切除特征

3.20　蜗轮三维建模范例

下面应用本章所讲解的知识完成蜗轮三维模型的建模，最终效果如图 3-74 所示。

图 3-74　蜗轮三维模型

本范例的建模主要包括轮毂和轮齿两个部分。

3.20.1　轮毂部分

扫码看视频

（1）单击 FeatureManager 设计树中的【前视基准面】图标，使其成为草图绘制平面。单击【标准视图】工具栏中的 ⬆【正视于】按钮，并单击【草图】工具栏中的 【草图绘制】按钮，进入草图绘制状态。使用【草图】工具栏中的 ✐【直线】、 ✐【中心线】、 ✐【智能尺寸】工具，绘制如图 3-75 所示的草图。单击 ⤶【退出草图】按钮，退出草图绘制状态。

（2）单击 FeatureManager 设计树中的【前视基准面】图标，使其成为草图绘制平面。单击【草图】工具栏中的 【草图绘制】按钮，进入草图绘制状态。使用【草图】工具栏中的 ⊙【圆】、 ✐【智能尺寸】工具，绘制如图 3-76 所示的草图。单击 ⤶【退出草图】按钮，退出草图绘制状态。

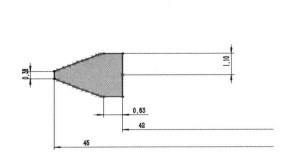

图 3-75　绘制草图并标注尺寸

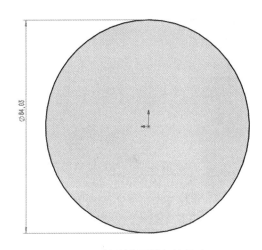

图 3-76　绘制草图并标注尺寸

（3）单击【特征】工具栏中的 【拉伸凸台 / 基体】按钮，弹出【凸台 - 拉伸】属性管理器。在【方向 1】选项组中，设置 【终止条件】为【给定深度】， 【深度】为"17.00mm"，单击 ✔【确定】按钮，生成拉伸特征，如图 3-77 所示。

（4）单击 FeatureManager 设计树中的【前视基准面】图标，使其成为草图绘制平面。单击【草图】工具栏中的 【草图绘制】按钮，进入草图绘制状态。使用【草图】工具栏中的 ⊙【圆】、 ✐【智能尺寸】工具，绘制如图 3-78 所示的草图。单击 ⤶【退出草图】按钮，退出草图绘制状态。

（5）单击【特征】工具栏中的 【切除 - 拉伸】按钮，弹出【切除 - 拉伸】属性管理器。在【方向 1】选项组中，设置【终止条件】为【给定深度】， 【深度】为"8.00mm"，单击 ✔【确定】按钮，生成拉伸切除特征，如图 3-79 所示。

（6）单击 FeatureManager 设计树中的【前视基准面】图标，使其成为草图绘制平面。单击【草图】工具栏中的 【草图绘制】按钮，进入草图绘制状态。使用【草图】工具栏中的 ⊙【圆】、 ✐【智能尺寸】工具，绘制如图 3-80 所示的草图。单击 ⤶【退出草图】按钮，退出草图绘制状态。

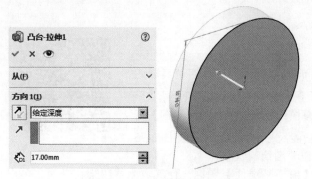

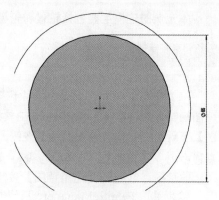

图 3-77　生成拉伸特征　　　　　　　　　图 3-78　绘制草图并标注尺寸

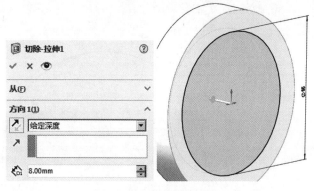

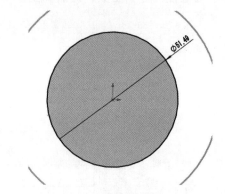

图 3-79　生成拉伸切除特征　　　　　　　图 3-80　绘制草图并标注尺寸

（7）单击【特征】工具栏中的 🔲【拉伸凸台/基体】按钮，弹出【凸台-拉伸】属性管理器。在【方向1】选项组中，设置 🔼【终止条件】为【给定深度】，🔽【深度】为"7.00mm"，单击 ✔【确定】按钮，生成拉伸特征，如图 3-81 所示。

（8）单击 FeatureManager 设计树中的【前视基准面】图标，使其成为草图绘制平面。单击【草图】工具栏中的 🔲【草图绘制】按钮，进入草图绘制状态。使用【草图】工具栏中的 ⊙【圆】、✏【智能尺寸】工具，绘制如图 3-82 所示的草图。单击 🔁【退出草图】按钮，退出草图绘制状态。

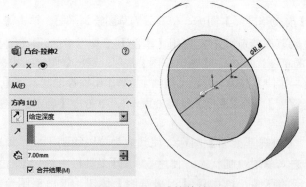

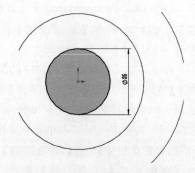

图 3-81　生成拉伸特征　　　　　　　　　图 3-82　绘制草图并标注尺寸

（9）单击【特征】工具栏中的 🔲【切除-拉伸】按钮，弹出【切除-拉伸】属性管理器。在【方向 1】选项组中，设置【终止条件】为【完全贯穿】，单击 ✔【确定】按钮，生成拉伸切除特征，如图 3-83 所示。

（10）单击 FeatureManager 设计树中的【前视基准面】图标，使其成为草图绘制平面。单击【草图】工具栏中的 █【草图绘制】按钮，进入草图绘制状态。使用【草图】工具栏中的 ✏【直线】、⊙【圆】、◈【智能尺寸】工具，绘制如图 3-84 所示的草图。单击 █【退出草图】按钮，退出草图绘制状态。

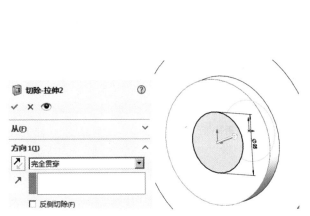
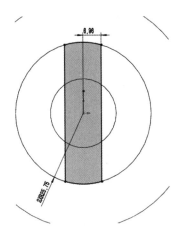

图 3-83　生成拉伸切除特征　　　　　　　图 3-84　绘制草图并标注尺寸

（11）单击【特征】工具栏中的 ▣【切除-拉伸】按钮，弹出【切除-拉伸】属性管理器。在【方向 1】选项组中，设置【终止条件】为【成形到一面】，并在图形区域选择下表面，单击 ✔【确定】按钮，生成拉伸切除特征，如图 3-85 所示。

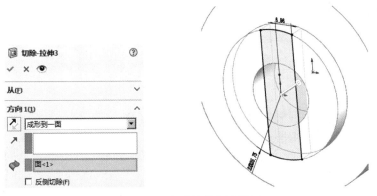

图 3-85　生成拉伸切除特征

（12）选择【插入】|【特征】|【倒角】菜单命令，弹出【倒角】属性管理器。在【要倒角化的项目】选项组中，单击 ▣【边线、面和环】选择框，在绘图区域中选择边线 <1>；在【倒角参数】选项组中，设置 ◈【距离】为 "2.00mm"，◈【角度】为 "45.00 度"。单击 ✔【确定】按钮，生成倒角特征，如图 3-86 所示。

（13）选择【插入】|【特征】|【倒角】菜单命令，弹出【倒角】属性管理器。在【要倒角化的项目】选项组中，单击 ▣【边线、面和环】选择框，在绘图区域中选择 4 条边线；在【倒角参数】选项组中，设置 ◈【距离】为 "0.50mm"，◈【角度】为 "45.00 度"。单击 ✔【确定】按钮，

生成倒角特征，如图 3-87 所示。

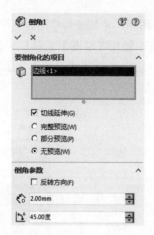
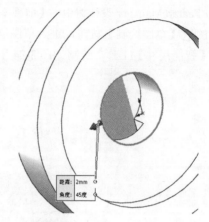

图 3-86　生成倒角特征

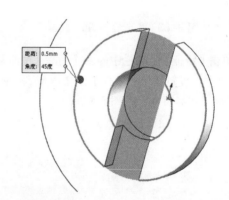

图 3-87　生成倒角特征

（14）单击 FeatureManager 设计树中的【前视基准面】图标，使其成为草图绘制平面。单击【草图】工具栏中的 【草图绘制】按钮，进入草图绘制状态。使用【草图】工具栏中的 【直线】、 【圆心 / 起 / 终点画弧】、 【智能尺寸】工具，绘制如图 3-88 所示的草图。单击 【退出草图】按钮，退出草图绘制状态。

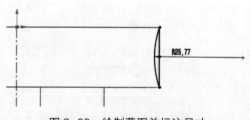

图 3-88　绘制草图并标注尺寸

（15）单击【特征】工具栏中的 【切除 - 旋转】按钮，弹出【切除 - 旋转】属性管理器。在【旋转轴】选择框中选择直线 2 为旋转轴，单击 【确定】按钮，生成切除旋转特征，如图 3-89 所示。

（16）单击 FeatureManager 设计树中的【前视基准面】图标，使其成为草图绘制平面。单击【草图】工具栏中的 【草图绘制】按钮，进入草图绘制状态。使用【草图】工具栏中的 【直线】、 【转换实体引用】工具，绘制如图 3-90 所示的草图。单击 【退出草图】按钮，退出草图绘制状态。

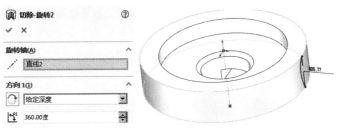

图 3-89　生成切除旋转特征　　　　　　　　图 3-90　绘制草图并标注尺寸

扫码看视频

3.20.2　轮齿部分

（1）单击【特征】工具栏中的 【拉伸凸台 / 基体】按钮，弹出【凸台 - 拉伸】属性管理器。在【方向 1】选项组中，设置 ↗【终止条件】为【成形到一面】，在图形区域选择模型的上表面，单击 ✔【确定】按钮，生成拉伸特征，如图 3-91 所示。

（2）单击 FeatureManager 设计树中的【前视基准面】图标，使其成为草图绘制平面。单击【草图】工具栏中的 ┌【草图绘制】按钮，进入草图绘制状态。使用【草图】工具栏中的 ╱【直线】、🖐【圆心 / 起 / 终点画弧】、╱【中心线】、❮【智能尺寸】工具，绘制如图 3-92 所示的草图。单击 ⮐【退出草图】按钮，退出草图绘制状态。

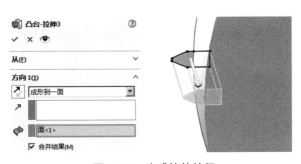
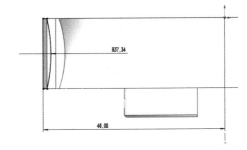

图 3-91　生成拉伸特征　　　　　　　　图 3-92　绘制草图并标注尺寸

（3）单击【特征】工具栏中的 🗍【切除 - 旋转】按钮，弹出【切除 - 旋转】属性管理器。在【旋转轴】选择框中选择直线 4 为旋转轴，单击 ✔【确定】按钮，生成切除旋转特征，如图 3-93 所示。

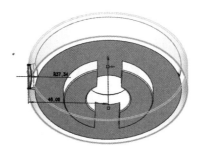

图 3-93　生成切除旋转特征

（4）单击【特征】工具栏中的 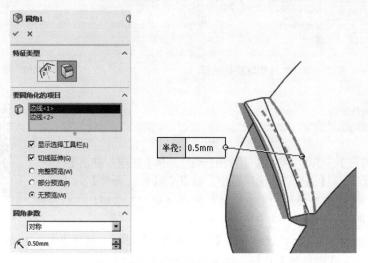【圆角】按钮，弹出【圆角】属性管理器。在【要圆角化的项目】选项组中，单击 【边线、面、特征和环】选择框，在图形区域中选择模型的 2 条边线，设置 【半径】为 "0.50mm"，单击 【确定】按钮，生成圆角特征，如图 3-94 所示。

图 3-94　生成圆角特征

（5）选择【插入】|【特征】|【倒角】菜单命令，弹出【倒角】属性管理器。在【要倒角化的项目】选项组中，单击 【边线、面和环】选择框，在绘图区域中选择模型的 2 条边线，设置 【距离】为 "0.50mm"，【角度】为 "45.00 度"，单击 【确定】按钮，生成倒角特征，如图 3-95 所示。

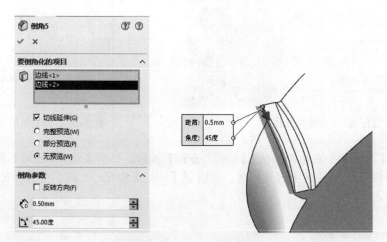

图 3-95　生成倒角特征

（6）单击【特征】工具栏中的 【圆周阵列】按钮，弹出【圆周阵列】属性管理器。在【方向 1】选项组中，单击 【阵列轴】选择框，选择边线 <1>，设置 【实例数】为 "53"，选中【等间距】单选按钮；在【特征和面】选项组中，单击 【要阵列的特征】选择框，在图形区域中选择凸台 - 拉伸 3、切除 - 旋转 4、圆角 1，单击 【确定】按钮，生成特征圆周阵列，如图 3-96 所示。

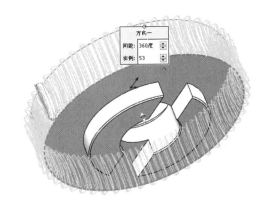

图 3-96　生成特征圆周阵列

（7）单击模型中的圆周阵列特征，使其处于被选择状态。选择【插入】|【特征】|【弯曲】菜单命令，弹出【弯曲】属性管理器。在【弯曲输入】选项组中，单击【扭曲】单选按钮，在 【弯曲的实体】选择框中显示出实体的名称，设置 【扭曲度数】为"4 度"，单击 【确定】按钮，生成弯曲特征，如图 3-97 所示。

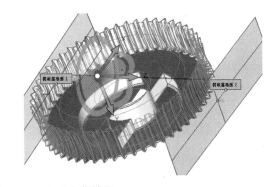

图 3-97　生成弯曲特征

Chapter

4

第 4 章
装配体设计

　　装配体设计是 SolidWorks 软件三大功能之一，是将零件在软件环境中进行虚拟装配，并可进行相关的分析。SolidWorks 可以为装配体文件建立产品零件之间的配合关系，并具有干涉检查、爆炸视图和装配统计等功能。本章主要介绍装配体设计基础知识、建立配合、干涉检查、装配体统计、压缩状态、爆炸视图与轴测剖视图等内容。

重点与难点

- 基础知识
- 建立配合
- 干涉检查与统计
- 压缩状态
- 爆炸与轴测剖视图

4.1　装配体概述

在 SolidWorks 中，可以生成由许多零部件所组成的复杂装配体，这些零部件可以是零件或者其他装配体（被称为子装配体）。对于大多数操作而言，零件和装配体的行为方式是相同的。当在 SolidWorks 中打开装配体时，将查找零部件文件以便在装配体中显示，同时零部件中的更改将自动反映在装配体中。

4.1.1　插入零部件

选择【文件】|【新建】菜单命令，弹出【新建 SolidWorks 文件】对话框，单击【装配体】按钮，然后单击【确定】按钮，打开【开始装配体】属性管理器，如图 4-1 所示。

单击【要插入的零件 / 装配体】选项组中的【浏览】按钮，弹出【打开】对话框，可以选择打开现有零件文件。

在图形区域中单击，将零件添加到装配体。在默认情况下，装配体中的第一个零部件是固定的，但是可以随时使之浮动。

【选项】选项组中的几个复选框的功能如下。

- 　【生成新装配体时开始命令】：当生成新装配体时，勾选以打开此属性设置。
- 　【图形预览】：在图形区域中看到所选文件的预览。
- 　【使成为虚拟】：使零部件成为虚拟零件。

图 4-1　【开始装配体】属性管理器

4.1.2　建立装配体的方法

1.　自下而上的方法

"自下而上"设计法是比较传统的方法。先设计并造型零部件，然后将其插入装配体中，使用配合定位零部件。如果需要更改零部件，必须单独编辑零部件，更改可以反映在装配体中。

"自下而上"设计法对于先前制造、现售的零部件，或者如金属器件、皮带轮、电动机等标准零部件而言属于优先技术。这些零部件不随设计的改变而更改其形状和大小，除非选择不同的零部件。

2.　自上而下的方法

在"自上而下"设计法中，零部件的形状、大小及位置可以在装配体中进行设计。"自上而下"设计法的优点是在设计更改发生时变动更少，零部件根据所生成的方法而自我更新。

可以在零部件的某些特征、完整零部件或者整个装配体中使用"自上而下"设计法。设计师通常在实践中使用"自上而下"设计法对装配体进行整体布局，并捕捉装配体特定的自定义零部件的关键环节。

4.2 建立配合

4.2.1 配合概述

配合是在装配体零部件之间生成几何关系。当添加配合时，定义零部件线性或旋转运动所允许的方向，可在其自由度之内移动零部件，从而直观地显示装配体的行为。

4.2.2 【配合】属性管理器

单击【装配体】工具栏中的 🖉【配合】按钮，或者选择【插入】|【配合】菜单命令，弹出【配合】属性管理器，如图 4-2 所示。下面对各选项进行具体说明。

图 4-2 【配合】属性管理器

1.【配合选择】选项组

🖧【要配合的实体】：选择要配合在一起的面、边线、基准面等。

🖾【多配合模式】：以单一操作将多个零部件与一普通参考进行配合。

2.【标准配合】选项组

🏸【重合】：将所选面、边线及基准面定位，这样它们共享同一个基准面。

🖎【平行】：放置所选项，这样它们彼此间保持等间距。

⊥【垂直】：将所选实体以垂直方式放置。

🗴【相切】：将所选项以彼此间相切放置。

◎【同轴心】：将所选项放置于同一中心线。

🔒 【锁定】：保持两个零部件之间的相对位置和方向。

⊢⊣ 【距离】：将所选项以彼此间指定的距离放置。

⊿ 【角度】：将所选项以彼此间指定的角度放置。

3. 【高级配合】选项组

◉ 【轮廓中心】：将矩形和圆形轮廓互相中心对齐，并完全定义组件。

▢ 【对称】：使两个相同实体绕基准面或平面对称。

▥ 【宽度】：将标签置于凹槽宽度内。

⌇ 【路径配合】：将零部件上所选的点约束到路径。

⊿ 【线性 / 线性耦合】：在一个零部件的平移和另一个零部件的平移之间建立几何关系。

⊢⊣ 【距离限制】：允许零部件在距离配合的一定数值范围内移动。

⊿ 【角度限制】：允许零部件在角度配合的一定数值范围内移动。

4. 【机械配合】选项组

⌀ 【凸轮】：使圆柱、基准面或点与一系列相切的拉伸面重合或相切。

⬮ 【槽口】：使滑块在槽口中滑动。

▦ 【铰链】：将两个零部件之间的移动限制在一定的旋转范围内。

⚙ 【齿轮】：使两个零部件绕所选轴彼此相对而旋转。

▦ 【齿条小齿轮】：一个零件（齿条）的线性平移引起另一个零件（齿轮）的周转。

🔩 【螺旋】：将两个零部件约束为同心，还在一个零部件的旋转和另一个零部件的平移之间添加纵倾几何关系。

🔧 【万向节】：一个零部件（输出轴）绕自身轴的旋转是由另一个零部件（输入轴）绕其轴的旋转驱动的。

5. 【配合】选项组

【配合】选择框包含【配合】属性管理器打开时添加的所有配合，或正在编辑的所有配合。

6. 【选项】选项组

- 【添加到新文件夹】：选择该选项后，新的配合会出现在特征管理器设计树的【配合】文件夹中。
- 【显示弹出对话】：选择该选项后，当添加标准配合时会出现配合弹出工具栏。
- 【显示预览】：选择该选项后，在为有效配合选择了足够对象后便会出现配合预览。
- 【只用于定位】：选择该选项后，零部件会移至配合指定的位置，但不会将配合添加到特征管理器设计树中。
- 【使第一个选择透明】：选择该选项后，可以使选择的第一个零部件透明，以便于选择第二个零部件。

4.2.3 最佳配合方法

（1）只要可能，将所有零部件配合到一个或两个固定的零部件或参考。长串零部件解出的时间更长，更易产生配合错误。

（2）不生成环形配合，它们在以后添加配合时可导致配合冲突。

（3）避免冗余配合，尽管 SolidWorks 允许某些冗余配合（除距离和角度外都允许），但这些配合解出的时间更长。

（4）拖动零部件以测试其可用自由度。

（5）尽量少使用限制配合，因为它们解出的时间更长。

（6）一旦出现配合错误，应尽快修复，添加配合决不会修复先前的配合问题。

（7）在添加配合前将零部件拖动到大致正确的位置和方向，这会给配合解算应用程序更佳的机会将零部件捕捉到正确的位置。

（8）如果零部件引起问题，与其诊断每个配合，不如删除所有配合并重新创建，这样常常更容易。

（9）只要可能，在装配体中完全定义每个零件的位置，除非需要该零件移动以直观装配体运动。

（10）当给具有关联特征（其几何体参考装配体中其他零部件的特征）的零件生成配合时，避免生成圆形参考。

4.3 干涉检查

在一个复杂的装配体中，用视觉检查零部件之间是否存在干涉的情况是件困难的事情。在 SolidWorks 中，装配体可以进行干涉检查，其功能如下。

（1）决定零部件之间的干涉。

（2）显示干涉的真实体积为上色体积。

（3）更改干涉和不干涉零部件的显示设置以便于查看干涉。

（4）选择忽略需要排除的干涉，如紧密配合、螺纹扣件的干涉等。

（5）选择将实体之间的干涉包括在多实体零件中。

（6）选择将子装配体看成单一零部件，这样子装配体零部件之间的干涉将不被报告出。

（7）将重合干涉和标准干涉区分开。

干涉检查的操作方法如下。

（1）打开一个装配体文件，如图 4-3 所示。

（2）单击【装配体】工具栏中的 【干涉检查】按钮，或执行【工具】|【干涉检查】菜单命令，系统弹出【干涉检查】属性管理器。

（3）设置装配体干涉检查属性，如图 4-4 所示。

① 在【所选零部件】选项组中，系统默认选择整个装配体为检查对象。

② 在【选项】选项组中，选中【使干涉零件透明】复选框。

③ 在【非干涉零部件】选项组中，选中【使用当前项】单选按钮。

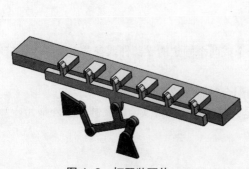

图 4-3　打开装配体

图 4-4　干涉检查属性设置

（4）完成上述操作之后，单击【所选零部件】选项组中的【计算】按钮，此时在【结果】选项组中显示检查结果，如图 4-5 所示。

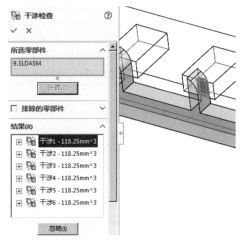

图 4-5 干涉检查结果

4.4 装配体统计

装配体统计可以在装配体中生成零部件和配合报告。

生成装配体统计的操作方法如下。

（1）打开一个装配体文件，如图 4-6 所示。

（2）单击【装配体】工具栏中的 ▓【性能评估】按钮，或执行【工具】|【评估】|【性能评估】菜单命令，系统弹出【性能评估】对话框，如图 4-7 所示。

图 4-6 打开装配体

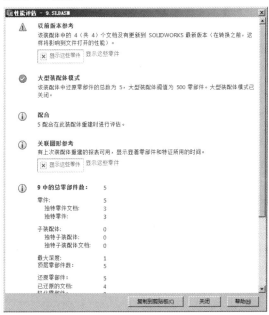

图 4-7 【性能评估】对话框

（3）在【性能评估】对话框中，▓图标下列出了装配体的所有相关统计信息。

4.5 装配体中零部件的压缩状态

根据某段时间内的工作范围，可以指定合适的零部件压缩状态，这样可以减少工作时装入和计算的数据量，装配体的显示和重建速度会更快，也可以更有效地使用系统资源。

4.5.1 压缩状态的种类

装配体零部件共有 3 种压缩状态。

1. 还原

还原是装配体零部件的正常状态。完全还原的零部件会完全装入内存，可以使用所有功能及模型数据，并可以完全访问、选取、参考、编辑、在配合中使用其实体。

2. 压缩

（1）可以使用压缩状态暂时将零部件从装配体中移除（而不是删除），零部件不装入内存，也不再是装配体中有功能的部分，用户无法看到压缩的零部件，也无法选择这个零部件的实体。

（2）一个压缩的零部件将从内存中移除，所以装入速度、重建模型速度和显示性能均有提高，由于减少了复杂程度，其余的零部件计算速度会更快。

（3）压缩零部件包含的配合关系也被压缩，因此装配体中零部件的位置可能变为"欠定义"。

3. 轻化

可以在装配体中激活的零部件完全还原或者轻化时将其装入装配体，零件和子装配体都可以为轻化状态。

（1）当零部件完全还原时，其所有模型数据被装入内存。

（2）当零部件为轻化状态时，只有部分模型数据被装入内存，其余的模型数据根据需要被装入。

零部件的完整模型数据只有在需要时才被装入，所以轻化零部件的效率很高。只有受当前编辑进程中所做更改影响的零部件才被完全还原，可以对轻化零部件不还原而进行多项装配体操作，包括添加（或者移除）配合、干涉检查、边线选择、零部件选择、碰撞检查、插入装配体特征、插入注解、插入测量、插入尺寸、显示截面属性、显示装配体参考几何体、显示质量属性、插入剖面视图、插入爆炸视图、物理模拟、高级显示（或者隐藏）零部件等。零部件压缩状态的比较如表 4-1 所示。

表 4-1   压缩状态比较表

装配体项目	还原	轻化	压缩	隐藏
装入内存	是	部分	否	是
可见	是	是	否	否
在 FeatureManager 设计树中可以使用的特征	是	否	否	否
可以添加配合关系的面和边线	是	是	否	否
解出的配合关系	是	是	否	是
解出的关联特征	是	是	否	是
解出的装配体特征	是	是	否	是
在整体操作时考虑	是	是	否	是

装配体项目	还原	轻化	压缩	隐藏
可以在关联中编辑	是	是	否	否
装入和重建模型的速度	正常	较快	较快	正常
显示速度	正常	正常	较快	较快

4.5.2 压缩零部件的方法

压缩零部件的方法如下。

（1）在装配体窗口中，在 FeatureManager 设计树中用鼠标右键单击零部件名称，或者在图形区域中单击零部件。

（2）在弹出的菜单中选择【压缩】命令，选择的零部件被压缩，在图形区域中该零部件被隐藏。

4.6 爆炸视图

通过装配体的爆炸视图可以分离其中的零部件以便查看该装配体。一个爆炸视图由一个或者多个爆炸步骤组成，每一个爆炸视图保存在所生成的装配体配置中，而每一个配置都可以有一个爆炸视图。

生成爆炸视图的操作方法如下。

（1）打开一个装配体文件，如图 4-8 所示。

（2）单击【装配体】工具栏中的 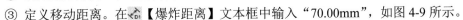【爆炸视图】按钮，或执行【插入】|【爆炸视图】菜单命令，系统弹出【爆炸】属性管理器。

（3）创建第一个零部件的爆炸视图。

① 在【设定】选项组中的【爆炸步骤零部件】选择框中，选择图形区域中的摇臂。

② 确定爆炸方向。在【爆炸方向】选择框中，选取 Z 轴为移动方向。

图 4-8 打开装配体

③ 定义移动距离。在【爆炸距离】文本框中输入"70.00mm"，如图 4-9 所示。

（4）单击【应用】按钮，出现预览视图，再单击【完成】按钮，完成一个零部件的爆炸视图，如图 4-10 所示。

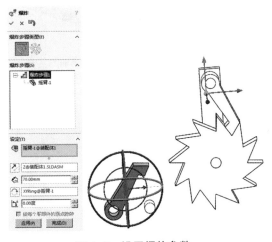

图 4-9 设置爆炸参数

图 4-10 显示爆炸效果

4.7 轴测剖视图

　　隐藏零部件、更改零件透明度等是观察装配体模型的常用手段，但在许多产品中零部件之间的空间关系非常复杂，具有多重嵌套关系，需要进行剖切才能便于观察其内部结构。借助 SolidWorks 中的装配体特征可以实现轴测剖视图的功能。

　　生成轴测剖视图的操作方法如下。

　　（1）打开一个装配体文件，如图 4-11 所示。

　　（2）用鼠标右键单击 FeatureManager 设计树中的【前视基准面】图标，单击 按钮，进入草图绘制状态。单击【草图】工具栏中的 【矩形】按钮，绘制矩形，如图 4-12 所示。

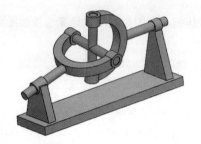
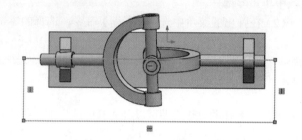

图 4-11　打开装配体　　　　　　　　　图 4-12　绘制矩形

　　（3）在装配体窗口中，选择【插入】|【装配体特征】|【切除】|【拉伸】菜单命令，弹出【切除 - 拉伸】属性管理器。在【方向 1】选项组中，设置【终止条件】为【完全贯穿】，如图 4-13 所示。

　　（4）单击【确定】按钮，装配体将生成轴测剖视图，如图 4-14 所示。

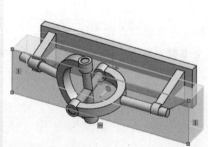

图 4-13　设置选项　　　　　　　　　　图 4-14　生成轴测剖视图

4.8 压力机装配范例

　　本范例讲解压力机模型的装配过程，模型如图 4-15 所示。

　　本范例的主要步骤如下。

　　（1）装配第一部分。

　　（2）装配第二部分。

图 4-15　压力机模型

4.8.1　装配第一部分

（1）启动中文版 SolidWorks，单击快速访问工具栏中的 【新建】按钮，弹出【新建 SolidWorks 文件】对话框，单击【装配体】按钮，选择装配体模板，如图 4-16 所示。

（2）单击【确定】按钮，弹出【开始装配体】属性管理器。单击【浏览】按钮，弹出【打开】对话框，选择【零件 14】，单击【打开】按钮，如图 4-17 所示，单击 【确定】按钮。选择【文件】|【另存为】菜单命令，弹出【另存为】对话框，在【文件名】文本框中键入装配体名称"压力机"，单击【保存】按钮。

扫码看视频

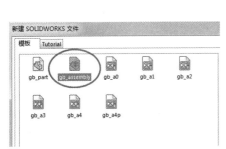

图 4-16　选择装配体模板

图 4-17　插入零件

（3）右击 FeatureManager 设计树中的【零件 14】，在弹出的快捷菜单中选择【浮动】命令，此时零件由固定状态变为浮动状态，【零件 14】前出现（-）图标，如图 4-18 所示。

（4）单击【装配体】工具栏中的 【配合】按钮，弹出【配合】属性管理器。激活【标准配合】选项组中的 【重合】按钮。单击 图标，展开特征树，如图 4-19 所示，在 【要配合的实体】选择框中，选择如图 4-20 所示的前视基准面和零件表面，其他保持默认，单击 【确定】按钮，完成重合的配合。

（5）单击【装配体】工具栏中的 【插入零部件】按钮，弹出【插入零部件】属性管理器。单击【浏览】按钮，弹出【打开】对话框，选择【零件 10】，单击【打开】按钮，在视图区域合适位置单击，插入零件 10，如图 4-21 所示。

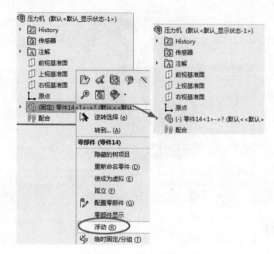

图 4-18　浮动基体零件

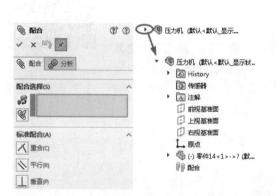

图 4-19　展开特征树

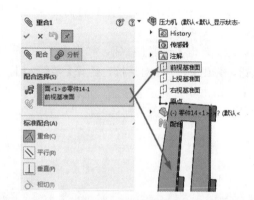

图 4-20　重合配合

（6）单击【装配体】工具栏中的 【配合】按钮，弹出【配合】属性管理器。激活【标准配合】选项组中的 【重合】按钮。在 【要配合的实体】选择框中，选择如图 4-22 所示的面，其他保持默认，单击 【确定】按钮，完成重合的配合。

图 4-21　插入零件 15

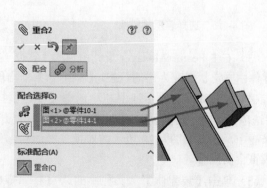

图 4-22　重合配合

（7）在【配合】选项卡中，激活【标准配合】选项组中的　【重合】按钮。在　【要配合的实体】文本框中，选择如图4-23所示的面，其他保持默认，单击　【确定】按钮，完成重合的配合。

（8）单击【装配体】工具栏中的　【插入零部件】按钮，弹出【插入零部件】属性管理器。单击【浏览】按钮，弹出【打开】对话框，选择【零件8】，单击【打开】按钮，在视图区域合适位置单击，插入零件8，如图4-24所示。

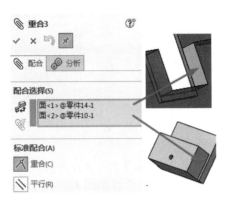

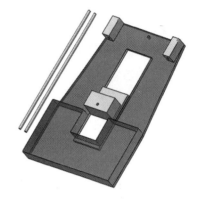

图 4-23　重合配合　　　　　　　　　　图 4-24　插入零件 8

（9）单击【装配体】工具栏中的　【配合】按钮，弹出【配合】属性管理器，激活【标准配合】选项组中的　【同轴心】按钮。在　【要配合的实体】选择框中，选择如图4-25所示的两个面，其他保持默认，单击　【确定】按钮，完成同轴心的配合。

（10）重复步骤（9），将零件8<1>与零件14上另一侧的圆孔进行同轴心配合，配合完成的结果如图4-26所示。

图 4-25　同轴心配合　　　　　　　　　图 4-26　完成同轴心配合

（11）单击【装配体】工具栏中的　【插入零部件】按钮，弹出【插入零部件】属性管理器。单击【浏览】按钮，弹出【打开】对话框，选择【零件9】，单击【打开】按钮，在视图区域合适位置单击，插入零件9，如图4-27所示。

（12）单击【装配体】工具栏中的　【配合】按钮，弹出【配合】属性管理器，激活【标准配合】选项组中的　【重合】按钮。在　【要配合的实体】选择框中，选择如图4-28所示的边线和圆弧，其他保持默认，单击 ✅【确定】按钮，完成重合的配合。

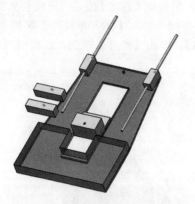

图 4-27　插入零件 9

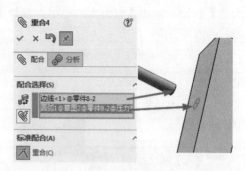

图 4-28　重合配合

（13）单击【装配体】工具栏中的 ◎【配合】按钮，弹出【配合】属性管理器。激活【标准配合】选项组中的 ◣【平行】按钮。在 ▦【要配合的实体】选择框中，选择如图 4-29 所示的面，其他保持默认，单击 ✅【确定】按钮，完成平行的配合。

（14）重复上述步骤，将零件 9<1> 与零件 8<1> 以及零件 14 进行配合，配合完成的结果如图 4-30所示。

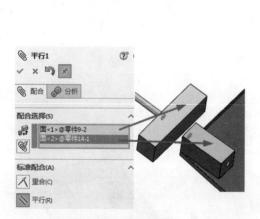

图 4-29　平行配合

图 4-30　完成重合与平行配合

（15）单击【装配体】工具栏中的 ◎【插入零部件】按钮，弹出【插入零部件】属性管理器。单击【浏览】按钮，弹出【打开】对话框，选择【零件 6】，单击【打开】按钮，在视图区域合适位置单击，插入零件 6，如图 4-31 所示。

（16）单击【装配体】工具栏中的 ◎【配合】按钮，弹出【配合】属性管理器。激活【标准配合】选项组中的 ◣【平行】按钮。在 ▦【要配合的实体】选择框中，选择如图 4-32 所示的面，其他保持默认，单击 ✅【确定】按钮，完成平行的配合。

（17）激活【标准配合】选项组中的 ⚞【重合】按钮。在 ▦【要配合的实体】选择框中，选择如图 4-33 所示的线，其他保持默认，单击 ✅【确定】按钮，完成重合的配合。

（18）重复步骤（17），将零件 8<1> 与零件 6 进行重合配合，完成配合的结果如图 4-34 所示。

图 4-31 插入零件 6

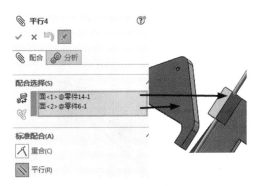

图 4-32 平行配合

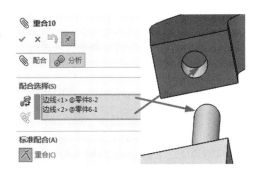

图 4-33 重合配合

图 4-34 完成重合配合

4.8.2 装配第二部分

扫码看视频

（1）单击【装配体】工具栏中的【插入零部件】按钮，弹出【插入零部件】属性管理器。单击【浏览】按钮，弹出【打开】对话框，选择【零件 3】，单击【打开】按钮，在视图区域合适位置单击，插入零件 3，如图 4-35 所示。

（2）单击【装配体】工具栏中的【配合】按钮，弹出【配合】属性管理器。激活【标准配合】选项组中的【重合】按钮。在【要配合的实体】选择框中，选择如图 4-36 所示的面，其他保持默认，单击【确定】按钮，完成重合的配合。

（3）激活【标准配合】选项组中的【同轴心】按钮。在【要配合的实体】选择框中，选择如图 4-37 所示的两个圆形边线，其他保持默认，单击【确定】按钮，完成同轴心的配合。

（4）单击【装配体】工具栏中的【插入零部件】按钮，弹出【插入零部件】属性管理器。单击【浏览】按钮，弹出【打开】对话框，选择【零件 4】，单击【打开】按钮，在视图区域合适位置单击，插入零件 4，如图 4-38 所示。

（5）单击【装配体】工具栏中的【配合】按钮，弹出【配合】属性管理器。激活【标准配合】选项组中的【重合】按钮。在【要

图 4-35 插入零件 3

配合的实体】选择框中，选择如图 4-39 所示的两个面，其他保持默认，单击 ✓【确定】按钮，完成重合的配合。

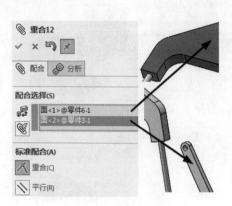

图 4-36　重合配合

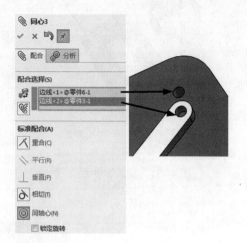

图 4-37　同轴心配合

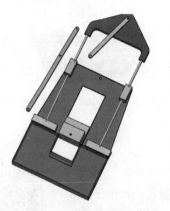

图 4-38　插入零件 4

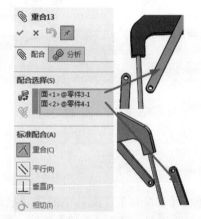

图 4-39　重合配合

（6）激活【标准配合】选项组中的 ◎【同轴心】按钮。在 【要配合的实体】选择框中，选择如图 4-40 所示的两个圆形边线，其他保持默认，单击 ✓【确定】按钮，完成同轴心的配合。

（7）激活【标准配合】选项组中的 ﾍ【重合】按钮。在 【要配合的实体】选择框中，选择如图 4-41 所示的两个面，其他保持默认，单击 ✓【确定】按钮，完成重合的配合。

（8）激活【标准配合】选项组中的 ◎【同轴心】按钮。在 【要配合的实体】选择框中，选择如图 4-42 所示的两个圆形边线，其他保持默认，单击 ✓【确定】按钮，完成同轴心的配合。

（9）单击【装配体】工具栏中的 【插入零部件】按钮，弹出【插入零部件】属性管理器。单击【浏览】按钮，弹出【打开】对话框，选择【零件 5】，单击【打开】按钮，在视图区域合适位置单击，插入零件 5，如图 4-43 所示。

（10）单击【装配体】工具栏中的 【配合】按钮，弹出【配合】属性管理器。激活【标准配合】选项组中的 ﾍ【重合】按钮。在 【要配合的实体】选择框中，选择如图 4-44 所示的两个圆形边线，其他保持默认，单击 ✓【确定】按钮，完成重合的配合。

（11）激活【标准配合】选项组中的 ◎【同轴心】按钮。在 【要配合的实体】选择框中，选择如图 4-45 所示的两个圆形边线，其他保持默认，单击 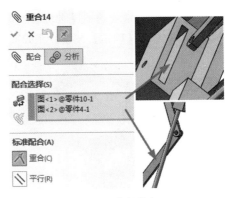【确定】按钮，完成同轴心的配合。

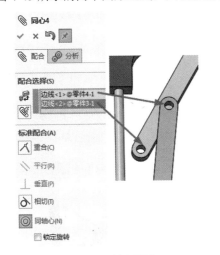

图 4-40　同轴心配合

图 4-41　重合配合

图 4-42　同轴心配合

图 4-43　插入零件 5

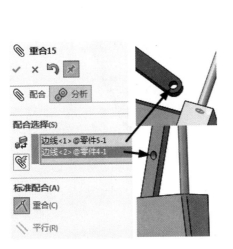

图 4-44　重合配合

图 4-45　同轴心配合

（12）单击【装配体】工具栏中的 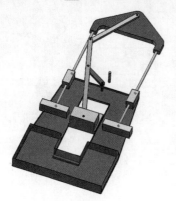 【插入零部件】按钮，弹出【插入零部件】属性管理器。单击【浏览】按钮，弹出【打开】对话框，选择零件【零件12】，单击【打开】按钮，视图区域合适 位置单击，插入零件12，如图4-46所示。

（13）单击【装配体】工具栏中的 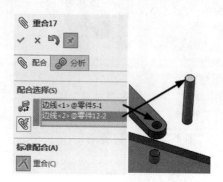 【配合】按钮，弹出【配合】属性管理器。激活【标准配合】选项组中的 【重合】按钮。在 【要配合的实体】选择框中，选择如图4-47所示的两个圆形边线，其他保持默认，单击 【确定】按钮，完成重合的配合。

图 4-46　插入零件 12

图 4-47　重合配合

（14）在 FeatureManager 设计树中单击【配合】前的图标 ，可以查看装配体的配合情况，如图4-48所示。

（15）压力机配合完成的结果如图4-49所示。

图 4-48　查看装配体配合

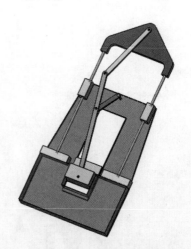

图 4-49　完成压力机配合

4.9　曲柄滑块机构装配范例

本范例讲解曲柄滑块机构的装配过程，模型如图4-50所示。

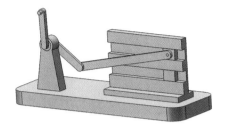

图 4-50 装配体模型

本范例的主要步骤如下。

（1）装配第一部分。

（2）装配第二部分。

4.9.1 装配第一部分

（1）启动中文版 SolidWorks，单击快速访问工具栏中的 【新建】按钮，弹出【新建 SolidWorks 文件】对话框，单击【装配体】按钮，单击【确定】按钮。

（2）弹出【开始装配体】属性管理器，单击【浏览】按钮，弹出【打开】对话框，选择【底座】零件，单击【打开】按钮，单击 【确定】按钮。选择【文件】|【另存为】菜单命令，弹出【另存为】对话框，在【文件名】文本框中键入装配体名称"高级配合应用"，单击【保存】按钮。

扫码看视频

（3）右击 FeatureManager 设计树中的零件【底座】，在弹出的快捷菜单中选择【浮动】命令，此时零件由固定状态变为浮动状态，零件【底座】前出现（-）图标，如图 4-51 所示。

（4）单击【装配体】工具栏中的 【配合】按钮，弹出【配合】属性管理器。激活【标准配合】选项组中的 【重合】按钮。单击 ▶ 图标，展开特征树，在 【要配合的实体】选择框中，选择如图 4-52 所示的前视基准面和零件表面，其他保持默认，单击 【确定】按钮，完成重合的配合。

图 4-51 浮动基体零件

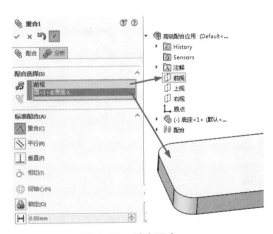

图 4-52 重合配合

（5）单击【装配体】工具栏中的 【插入零部件】按钮，弹出【插入零部件】属性管理器。

单击【浏览】按钮，弹出【打开】对话框，选择零件【导轨】，单击【打开】按钮，在视图区域合适位置单击，插入导轨，如图 4-53 所示。

（6）单击【装配体】工具栏中的 🖉 【配合】按钮，弹出【配合】属性管理器。激活【标准配合】选项组中的 人【重合】按钮。在 🖧 【要配合的实体】选择框中，选择如图 4-54 所示的零件表面，其他保持默认，单击 ✔ 【确定】按钮，完成重合的配合。

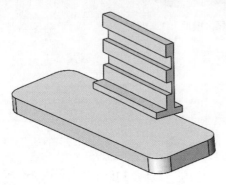

图 4-53　插入导轨

图 4-54　重合配合

（7）在【配合】选项卡中，激活【高级配合】选项组中的 ⁄⁄⁄ 【宽度】按钮，【约束】选择【中心】。在 🖧 【宽度选择】选择框中，选择如图 4-55 所示的零件【底座】的两侧面，在【薄片选择】选择框中，选择如图 4-55 所示的零件【导轨】的两侧面，其他保持默认，单击 ✔ 【确定】按钮，完成宽度的配合。

（8）在【配合】选项卡中，激活【标准配合】选项组中的 ⊢⊣ 【距离】按钮。在 🖧 【要配合的实体】选择框中，选择如图 4-56 所示的两个面，在【距离】文本框中输入"10.00mm"，其他保持默认，单击 ✔ 【确定】按钮，完成距离的配合。

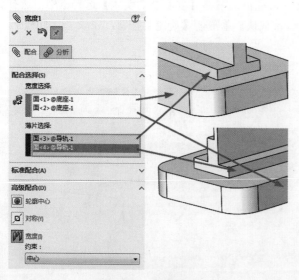

图 4-55　宽度配合

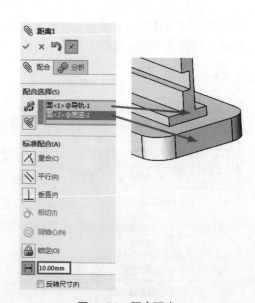

图 4-56　距离配合

（9）单击【装配体】工具栏中的 🖉 【插入零部件】按钮，弹出【插入零部件】属性管理器。单击【浏览】按钮，弹出【打开】对话框，选择零件【支撑架】，单击【打开】按钮，在视图区域合适位置单击，插入支撑架，如图 4-57 所示。

（10）单击【装配体】工具栏中的 🔗【配合】按钮，弹出【配合】属性管理器。激活【标准配合】选项组中的 ∠【重合】按钮。在 🔗【要配合的实体】选择框中，选择如图 4-58 所示的面，其他保持默认，单击 ✅【确定】按钮，完成重合的配合。

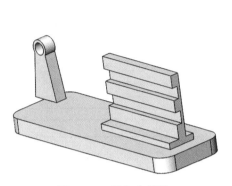

图 4-57　插入支撑架

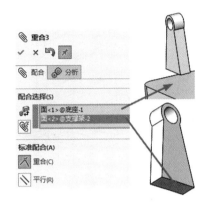

图 4-58　重合配合

（11）在【配合】选项卡中，激活【标准配合】选项组中的 ⊬【距离】按钮。在 🔗【要配合的实体】选择框中，选择如图 4-59 所示的边线与面，在【距离】文本框中输入"17.00mm"，勾选【反转尺寸】复选框，其他保持默认，单击 ✅【确定】按钮，完成距离的配合。

（12）单击【装配体】工具栏中的 🔗【插入零部件】按钮，弹出【插入零部件】属性管理器。单击【浏览】按钮，弹出【打开】对话框，选择零件【滑块 1】和【滑块 2】，单击【打开】按钮，在视图区域合适位置单击，插入滑块 1 和滑块 2，如图 4-60 所示。

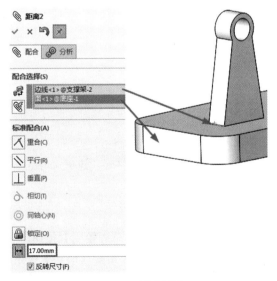

图 4-59　距离配合

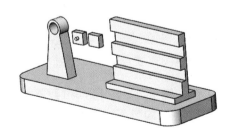

图 4-60　插入滑块 1 和滑块 2

（13）接下来为滑块与导轨的路径配合进行准备工作，包括创建两条运动轨迹和创建与路径相配合的点。选中零件【导轨】，单击【装配体】工具栏中的 🔗【编辑零部件】按钮，进入零件【导轨】的编辑页面，如图 4-61 所示。

（14）右键单击零件【导轨】表面，在弹出的快捷菜单中单击 【草图绘制】按钮，进入草图绘制界面。在导轨零件的两个导槽中绘制如图 4-62 所示的两条直线，位于导槽的中央，单击 【确定】按钮。

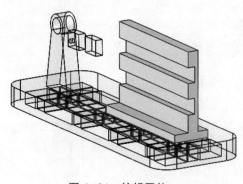

图 4-61　编辑零件

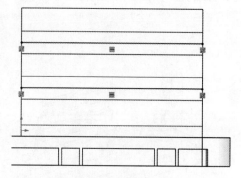

图 4-62　绘制等距直线

（15）单击【草图】工具栏中的 【退出草图】按钮，退出草图的绘制。再次单击【装配体】工具栏中的 【编辑零部件】按钮，退出零件【导轨】的编辑。此时可以看到零件【导轨】的两条导槽中央各有一条直线，如图 4-63 所示。

（16）选中零件【滑块 1】，单击【装配体】工具栏中的 【编辑零部件】按钮，进入零件【滑块 1】的编辑页面，如图 4-64 所示。

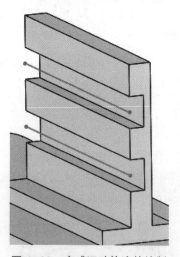

图 4-63　完成运动轨迹的绘制

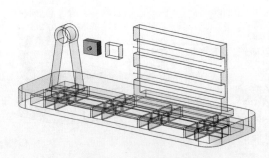

图 4-64　编辑零件

（17）右键单击零件【滑块 1】表面，在弹出的快捷菜单中单击 【草图绘制】按钮，进入草图绘制界面。在如图 4-65 所示面上绘制一点，位于该表面的中心位置，单击 【确定】按钮。

（18）单击【草图】工具栏中的 【退出草图】按钮，退出草图的绘制。再次单击【装配体】工具栏中的 【编辑零部件】按钮，退出零件【滑块 1】的编辑。

（19）重复上述绘制"点"的步骤，在零件【滑块 2】表面的中心绘制圆点。绘制完成的结果如图 4-66 所示。

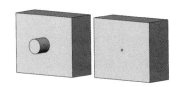

图 4-65　绘制圆点　　　　　　　　图 4-66　完成圆点绘制

（20）单击【装配体】工具栏中的🖇【配合】按钮，弹出【配合】属性管理器。激活【高级配合】选项组中的↗【路径配合】按钮。在🖧【零部件顶点】选择框中选择位于【滑块 1】表面中心的点。单击【路径选择】选择框下的【SelectionManager】按钮，在弹出的选项栏中单击↰【选择开环】按钮，然后选择如图 4-67 所示的直线，单击选项栏中的✔按钮，选择好直线。在【俯仰/偏航控制】下选择【随路径变化】，并选择【Z 轴】，在【滚转控制】下选择【上向量】，在【上向量】选择框选中如图 4-67 所示的面，并选择【X 轴】，其他保持默认，单击✅【确定】按钮，完成路径配合。

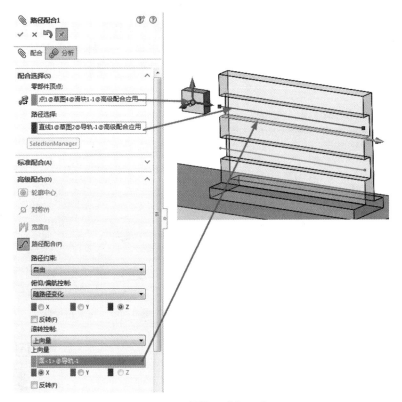

图 4-67　滑块 1 路径配合

（21）重复上述路径配合的步骤，完成滑块 2 与另一条运动轨迹的路径配合，如图 4-68 所示。

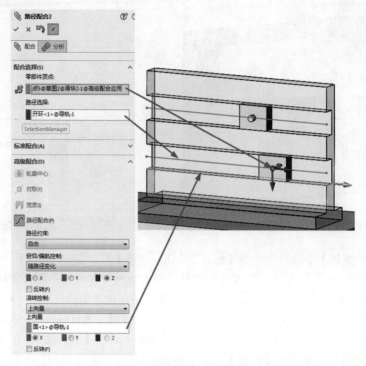

图 4-68　滑块 2 路径配合

（22）在 FeatureManager 设计树中单击零件【导轨】前的 ▶ 图标，展开零件【导轨】的设计树，右键单击运动轨迹所在的【草图 2】，在弹出的快捷菜单中单击 🚫【隐藏】按钮，如图 4-69 所示，将运动轨迹隐藏。用同样的操作将滑块 1 和滑块 2 中所创建的点隐藏，完成的路径配合如图 4-70 所示。

图 4-69　隐藏草图

图 4-70　完成路径配合

4.9.2　装配第二部分

（1）单击【装配体】工具栏中的 🔧【插入零部件】按钮，弹出【插入零部件】属性管理器。单击【浏览】按钮，弹出【打开】对话框，选择零件【手柄】、【曲柄】和【摇杆】，单击【打开】按钮，在视图区域合适位置单击，

扫码看视频

插入手柄、曲柄和摇杆，如图 4-71 所示。

（2）单击【装配体】工具栏中的 ◎【配合】按钮，弹出【配合】属性管理器。激活【高级配合】
选项组中的 ◎【轮廓中心】按钮。在 ◎【配合选择】选择框中，选择如图 4-72 所示的圆环，其他
保持默认，单击 ✓【确定】按钮，完成轮廓中心的配合。

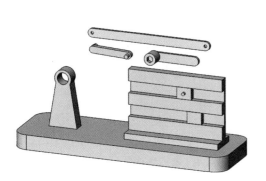

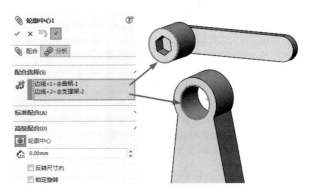

图 4-71　插入手柄、曲柄和摇杆　　　　　　　　图 4-72　轮廓中心配合

（3）在【配合】选项卡中，激活【高级配合】选项组中的 ◎【轮廓中心】按钮。在 ◎【配合选择】
选择框中，选择【曲柄】零件上的正六边形轮廓与【手柄】零件上的正六边形轮廓，如图 4-73 所示，
其他保持默认，单击 ✓【确定】按钮，完成轮廓中心的配合。

（4）在【配合】选项卡中，激活【高级配合】选项组中的 ◎【轮廓中心】按钮。在 ◎【配合
选择】选择框中，选择如图 4-74 所示的两个轮廓，其他保持默认，单击 ✓【确定】按钮，完成轮
廓中心的配合。

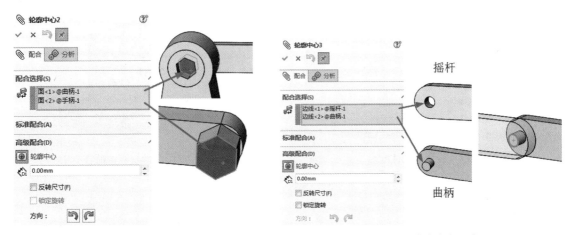

图 4-73　轮廓中心配合　　　　　　　　　　　图 4-74　轮廓中心配合

（5）重复上述轮廓中心配合步骤，将摇杆另一端与滑块 1 进行轮廓中心配合，配合完成的结果
如图 4-75 所示。

（6）单击【装配体】工具栏中的 ◎【配合】按钮，弹出【配合】属性管理器。激活【高级配合】
选项组中的 ◢【线性耦合】按钮。在 ◎【配合选择】选择框中，选择【滑块 1】和【滑块 2】的侧面，
如图 4-76 所示，设置【比率】为【2.00mm：1.00mm】，这样滑块 1 和滑块 2 运动时的比率即为 2：1，
其他保持默认，单击 ✓【确定】按钮，完成线性耦合配合。

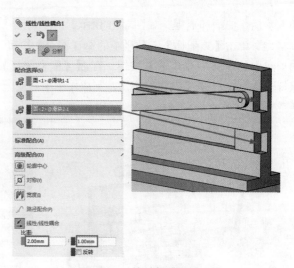

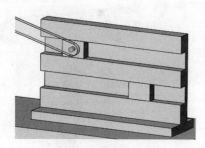

图 4-75 轮廓中心配合

图 4-76 线性耦合配合

（7）在 FeatureManager 设计树中单击【配合】前的图标 ▶，可以查看装配体的配合情况，如图 4-77 所示。

（8）曲柄滑块机构配合完成的结果如图 4-78 所示。

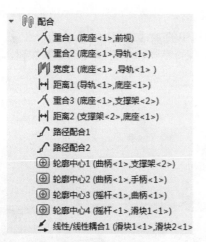

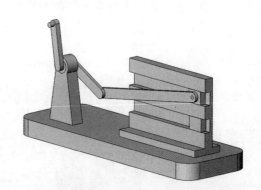

图 4-77 查看装配体配合

图 4-78 完成曲柄滑块机构配合

Chapter
5

第 5 章
工程图设计

　　工程图设计是 SolidWorks 软件三大功能之一。工程图文件是 SolidWorks 设计文件的一种。在一个 SolidWorks 工程图文件中，可以包含多张图纸，这使得用户可以利用同一个文件生成一个零件的多张图纸或者多个零件的工程图。本章主要介绍工程图基本设置、建立工程视图、标注尺寸以及添加注释等内容。

重点与难点

- 基本设置
- 建立视图
- 标注尺寸
- 添加注释

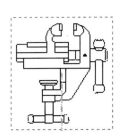

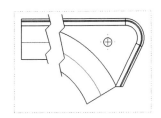

5.1 基本设置

5.1.1 图纸格式的设置

1. 标准图纸格式

SolidWorks 提供了各种标准图纸大小的图纸格式。可以在【图纸格式 / 大小】属性管理器的【标准图纸大小】列表框中进行选择。单击【浏览】按钮，可以加载用户自定义的图纸格式。【图纸格式 / 大小】属性管理器如图 5-1 所示，其中勾选【显示图纸格式】选项可以显示边框、标题栏等。

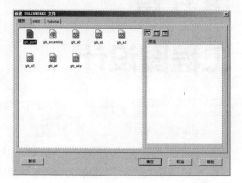

图 5-1 【图纸格式 / 大小】窗口

2. 使用图纸格式的操作方法

（1）单击【标准】工具栏中的【新建】按钮，在【新建 SolidWorks 文件】属性管理器中选择【工程图】，并单击【确定】按钮，弹出【图纸格式 / 大小】属性管理器，选中【标准图纸大小】单选项，在列表框中选择【A1】选项，单击【确定】按钮，如图 5-2 所示。

（2）在【特征管理器设计树】中单击 ✖ 【取消】按钮，然后在图形区域中即可出现 A1 格式的图纸，如图 5-3 所示。

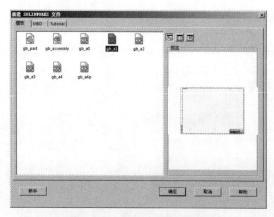

图 5-2 标准图纸格式设置

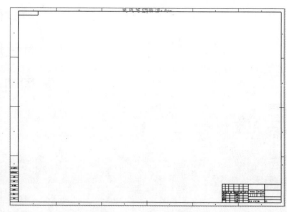

图 5-3 A1 格式图纸

5.1.2 线型设置

对于视图中图线的线色、线粗、线型、颜色显示模式等，可以利用【线型】工具栏进行设置。【线型】工具栏如图 5-4 所示，其中的工具按钮介绍如下。

🖉【图层属性】：设置图层属性（如颜色、厚度、样式等）。可以将实体移动到图层中，然后为新的实体选择图层。

✏【线色】：可以对图线颜色进行设置。

▤【线粗】：单击该按钮，会弹出如图 5-5 所示的【线粗】列表，可以对图线粗细进行设置。

▦【线条样式】：单击该按钮，会弹出如图 5-6 所示的【线条样式】列表，可以对图线样式进行设置。

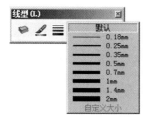

图 5-4　【线型】工具栏　　　图 5-5　【线粗】列表　　　　　图 5-6　【线条样式】列表

🔲【隐藏和显示边线】：单击此按钮，在隐藏边线和显示边线之间进行切换。

🔲【颜色显示模式】：单击该按钮，线色会在所设置的颜色中进行切换。

在工程图中如果需要对线型进行设置，一般在绘制草图实体之前，先利用【线型】工具栏中的【线色】、【线粗】和【线条样式】按钮对将要绘制的图线设置所需的格式，这样可以使被添加到工程图中的草图实体均使用指定的线型格式，直到重新设置另一种格式为止。

5.1.3　图层设置

在工程图文件中，可以根据用户需求建立图层，并为每个图层上生成的新实体指定线条颜色、线条粗细和线条样式。

图层的操作方法如下。

（1）新建一张空白的工程图。

（2）在工程图中，单击【线型】工具栏中的 📄【图层属性】按钮，弹出如图 5-7 所示的【图层】对话框。

（3）单击【新建】按钮，输入新图层名称"中心线"，如图 5-8 所示。

图 5-7　【图层】对话框　　　　　　　　　图 5-8　新建图层

（4）更改图层默认图线的颜色、样式和粗细等。

①【颜色】：单击【颜色】下的方框，弹出【颜色】对话框，可以选择或者设置颜色，这里选择红色，单击【确定】按钮，如图 5-9 所示。

②【样式】：单击【样式】下的图线，在弹出的列表中选择图线样式，这里选择【中心线】样式，如图 5-10 所示。

③【厚度】：单击【厚度】下的直线，在弹出的列表中选择图线的粗细，这里选择【0.18mm】所对应的线宽，如图 5-11 所示。

（5）单击【确定】按钮，如图 5-12 所示，即完成为文件建立新图层的操作。

图 5-9 【颜色】对话框

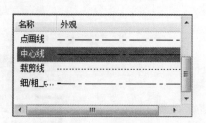

图 5-10 选择样式

图 5-11 选择厚度

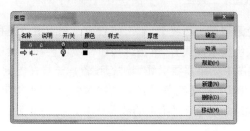

图 5-12 新建的图层

5.1.4 删除图纸

删除图纸的方法如下。

（1）右键单击 FeatureManager 设计树中要删除的图纸图标，在弹出的菜单中选择【删除】命令。

（2）弹出【确认删除】对话框，单击【是】按钮即可删除图纸，如图 5-13 所示。

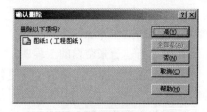

图 5-13 【确认删除】对话框

5.2 建立视图

5.2.1 标准三视图

在标准三视图中，主视图、俯视图及左视图有固定的对齐关系。主视图与俯视图长度方向对齐，主视图与左视图高度方向对齐，俯视图与左视图宽度相等。俯视图可以竖直移动，左视图可以水平移动。

生成标准三视图的操作方法如下。

（1）新建一张空白 A3 格式的工程图。

（2）单击【工程图】工具栏中的 昌 【标准三视图】按钮，或执行【插入】|【工程图视图】|【标准三视图】菜单命令，弹出【标准三视图】属性管理器，单击【浏览】按钮打开一个零件文件，工程图中出现了三视图，如图 5-14 所示。

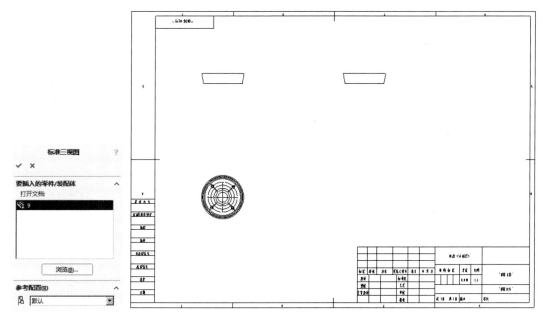

图 5-14　创建标准三视图

5.2.2　投影视图

投影视图是根据已有视图利用正交投影生成的视图。投影视图的投影方法是根据在【图纸属性】属性管理器中所设置的第一视角或者第三视角投影类型而确定。

生成投影视图的操作方法如下。

（1）打开一张带有模型的工程图，如图 5-15 所示。

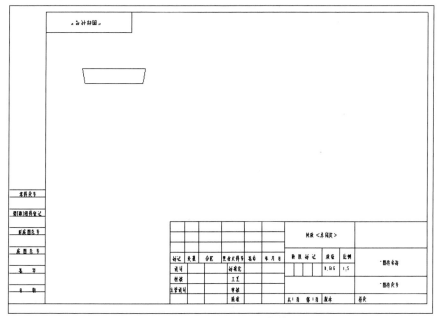

图 5-15　打开工程图文件

（2）单击【工程图】工具栏中的 【投影视图】按钮，或执行【插入】|【工程图视图】|【投影

视图】菜单命令,弹出【投影视图】属性管理器,点选要投影的视图,移动指针到视图适当位置放置,如图 5-16 所示。

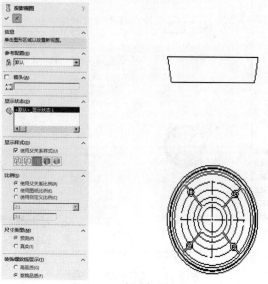

图 5-16　创建投影视图

5.2.3　剖面视图

剖面视图是通过一条剖切线切割父视图而生成的,属于派生视图,可以显示模型内部的形状和尺寸。剖面视图可以是剖切面或者是用阶梯剖切线定义的等距剖面视图,并可以生成半剖视图。

生成剖面视图的操作方法如下。

(1)打开一张带有模型的工程图。

(2)单击【工程图】工具栏中的 【剖面视图】按钮,或执行【插入】|【工程图视图】|【剖面视图】菜单命令,弹出【剖面视图 A-A】属性管理器,在需要剖切的位置绘制一条直线,如图 5-17 所示。

图 5-17　剖面视图属性设置

（3）移动指针，放置视图到适当的位置，得到剖面视图，如图 5-18 所示。

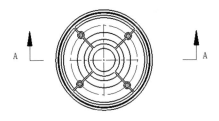

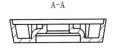

图 5-18　创建剖面视图

5.2.4　辅助视图

　　辅助视图类似于投影视图，它的投影方向垂直于所选视图的参考边线，但参考边线一般不能为水平或者垂直，否则生成的就是投影视图。辅助视图相当于技术制图表达方法中的斜视图，可以用来表达零件的倾斜结构。

　　生成辅助视图的操作方法如下。

（1）打开一张带有模型的工程图，如图 5-19 所示。

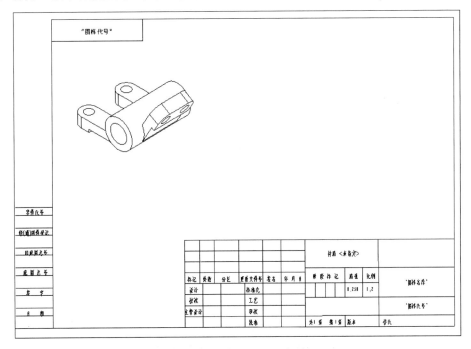

图 5-19　打开工程图文件

（2）单击【工程图】工具栏中的 <img> 【辅助视图】按钮，或执行【插入】|【工程图视图】|【辅

助视图】菜单命令，弹出【辅助视图】属性管理器，然后单击参考视图的边线（参考边线不能是水平或垂直的边线，否则生成的就是标准投影视图），移动指针到视图适当的位置，然后单击放置，如图 5-20 所示。

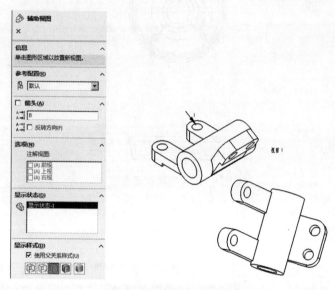

图 5-20　创建辅助视图

5.2.5　剪裁视图

在 SolidWorks 工程图中，剪裁视图是由已有的工程视图经剪裁而生成的。剪裁视图类似于局部视图，但是剪裁视图没有生成新的视图，也没有放大原视图。

生成剪裁视图的操作方法如下。

（1）打开一张带有模型的工程图，使用草图绘制工具在视图上绘制一个圆（也可以是其他的封闭图形），如图 5-21 所示。

（2）单击【工程图】工具栏中的🖿【剪裁视图】按钮，或执行【插入】|【工程图视图】|【剪裁视图】菜单命令，得到剪裁视图，如图 5-22 所示。

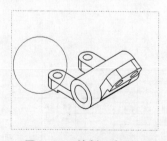

图 5-21　绘制一个圆

图 5-22　创建剪裁视图

（3）如果要取消剪裁，用鼠标右键单击剪裁视图边框或 FeatureManager 设计树中视图的名称，然后在快捷菜单中选择【剪裁视图】|【移除剪裁视图】命令，就可以取消剪裁操作，如图 5-23 所示。

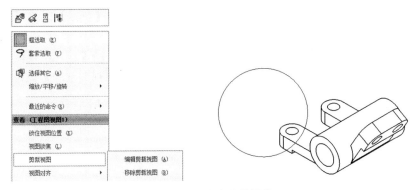

图 5-23　移除剪裁操作

5.2.6　局部视图

局部视图是一种派生视图，可以用来显示父视图的某一局部形状，通常采用放大比例显示。局部视图的父视图可以是正交视图、空间（等轴测）视图、剖面视图、剪裁视图、爆炸装配体视图或者另一局部视图，但不能在透视图中生成模型的局部视图。

生成局部视图的操作方法如下。

（1）打开一张带有模型的工程图。

（2）单击【工程图】工具栏中的 🅐【局部视图】按钮，或执行【插入】|【工程图视图】|【局部视图】菜单命令，在需要局部视图的位置绘制一个圆，弹出【局部视图】属性管理器，在【比例】选项组中可以选择不同的缩放比例，这里选择【1∶2】缩小比例，如图 5-24 所示。

（3）移动指针，放置视图到适当位置，得到局部视图，如图 5-25 所示。

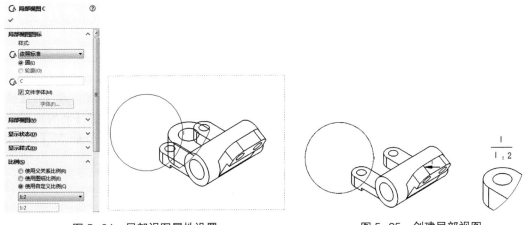

图 5-24　局部视图属性设置　　　　　图 5-25　创建局部视图

5.2.7　旋转剖视图

旋转剖视图可以用来表达具有回转轴的零件模型的内部形状，生成旋转剖视图的剖切线必须由两条连续的线段构成，并且这两条线段必须具有一定的夹角。

生成旋转剖视图的操作方法如下。

（1）打开一张带有模型的工程图，使用【草图】工具栏中的 ∕ 【直线】或 ∕° 【中心线】按钮绘制折线，如图 5-26 所示。

（2）按住 Ctrl 键，选中两条线段，单击【工程图】工具栏中的 ↿⌐ 【旋转剖视图】按钮，或执行【插入】|【工程图视图】|【旋转剖视图】菜单命令，弹出【剖面视图辅助】属性管理器。移动指针，放置视图到适当位置，得到旋转剖视图，如图 5-27 所示。

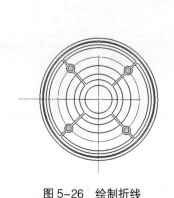

图 5-26　绘制折线

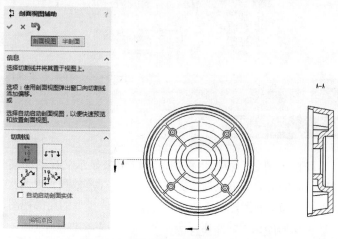

图 5-27　创建旋转剖视图

5.2.8　断裂视图

对于一些较长的零件（如轴、杆、型材等），如果沿着长度方向的形状一致（或者按一定规律变化）时，可以用折断显示的断裂视图来表达，这样就可以将零件以较大比例显示在较小的工程图纸上。断裂视图可以应用于多个视图，并可根据要求撤销断裂视图。

生成断裂视图的操作方法如下。

（1）打开一张带有模型的工程图，如图 5-28 所示。

（2）选择要断裂的视图，然后单击【工程图】工具栏中的 ⇖⇗ 【断裂视图】按钮，或执行【插入】|【工程图视图】| ⇖⇗ 【断裂视图】菜单命令，弹出【断裂视图】属性管理器。在【断裂视图设置】选项组中，选择 ⇖⇗ 【添加竖直折断线】选项，在【缝隙大小】数值框中输入"10mm"，【折断线样式】选择【锯齿线切断】，在图形区域中出现了折线，如图 5-29 所示。

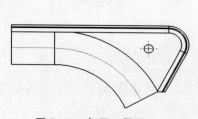

图 5-28　打开工程图

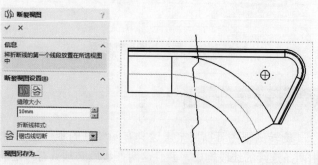

图 5-29　断裂视图属性设置

（3）移动指针，选择两个位置单击放置折断线，得到断裂视图，如图 5-30 所示。

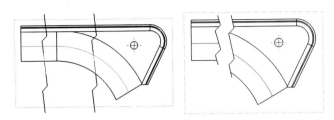

图 5-30　创建断裂视图

5.3 标注尺寸

5.3.1 绘制草图尺寸

工程图中的尺寸标注是与模型相关联的，而且模型中的变更将直接反映到工程图中。

- 模型尺寸。通常在生成每个零件特征时即生成尺寸，然后将这些尺寸插入各个工程视图中。
- 参考尺寸。也可以在工程图文档中添加尺寸，但是这些尺寸是参考尺寸。
- 颜色。在默认情况下，模型尺寸标注为黑色。
- 箭头。尺寸被选中时，尺寸箭头上出现圆形控标。
- 隐藏和显示尺寸。可使用【注解】工具栏上的【隐藏 / 显示注解】按钮，或通过【视图】菜单来隐藏和显示尺寸。

添加尺寸标注的操作步骤如下。

（1）单击【尺寸 / 几何关系】工具栏中的 ◇ 【智能尺寸】按钮，或执行【工具】|【尺寸】|【智能尺寸】菜单命令。

（2）单击要标注尺寸的几何体。不同标注项目所单击的对象如表 5-1 所示。

表 5-1　　　　　　　　　　　　　　标注尺寸

标 注 项 目	单击的对象
直线或边线的长度	直线
两直线之间的角度	两条直线或一直线和模型上的一边线
两直线之间的距离	两条平行直线，或一条直线与一条平行的模型边线
点到直线的垂直距离	点以及直线或模型边线
两点之间的距离	两个点
圆弧半径	圆弧
圆弧真实长度	圆弧及两个端点
圆的直径	圆周
一个或两个实体为圆弧或圆时的距离	圆心或圆弧 / 圆的圆周及其他实体（直线、边线、点等）
线性边线的中点	用右键单击要标注中点尺寸的边线，然后单击选择中点；接着选择第二个要标注尺寸的实体

（3）在合适位置单击以放置尺寸。

5.3.2　添加尺寸标注的操作方法

（1）打开一张带有模型的工程图，如图 5-31 所示。

（2）单击【注解】工具栏中的 ✎【尺寸标注】按钮，弹出【尺寸】属性管理器，保持各个选项的默认设置，在绘图区域单击图纸的边线，将自动生成直线标注尺寸，如图 5-32 所示。

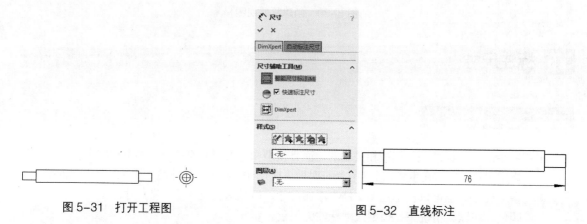

图 5-31　打开工程图

图 5-32　直线标注

（3）在绘图区域继续单击圆形边线，将自动生成直径标注尺寸，如图 5-33 所示。

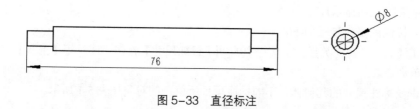

图 5-33　直径标注

5.4 添加注释

　　利用注释工具可以在工程图中添加文字信息和一些特殊要求的标注形式。注释文字可以独立浮动，也可以指向某个对象（如面、边线或者顶点等）。注释中可以包含文字、符号、参数文字或者超文本链接。如果注释中包含引线，则引线可以是直线、折弯线或者多转折引线。

　　添加注释的操作方法如下。

（1）打开一张带有模型的工程图，如图 5-34 所示。

（2）单击【注解】工具栏中的 **A**【注释】按钮，弹出【注释】属性管理器，保持默认设置，如图 5-35 所示。

（3）移动指针，在绘图区域空白处单击，出现文字输入框，在其内输入文字，形成注释，如图 5-36 所示。

图 5-34 打开工程图

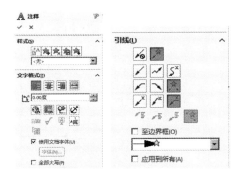

图 5-35 注释属性设置

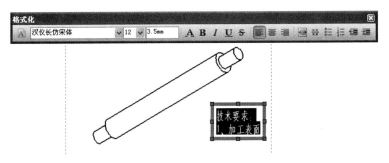

图 5-36 填写注释

5.5 缸体零件图范例

本例生成一个缸体零件模型（如图 5-37 所示）的工程图，如图 5-38 所示。

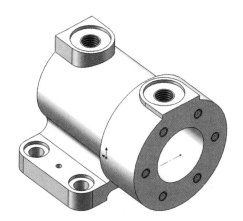

图 5-37 缸体零件模型

本范例的主要步骤如下。

（1）绘制图纸。

（2）标注尺寸。

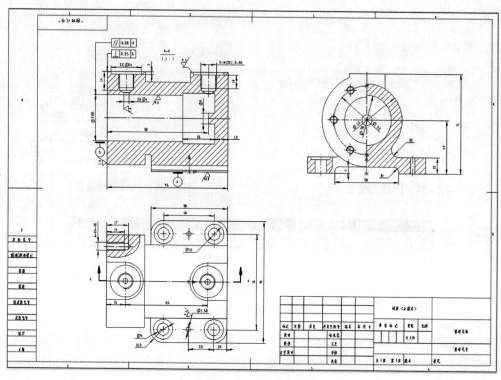

图 5-38 缸体零件工程图

5.5.1 绘制图纸

（1）在生成零件工程图之前，应首先生成缸体零件模型，具体建模过程
不再赘述。启动中文版 SolidWorks，单击快速访问工具栏中的 ·【打开】按
钮，弹出【打开】对话框，选择要生成工程图的零件文件，并单击【打开】
按钮，如图 5-39 所示。

扫码看视频

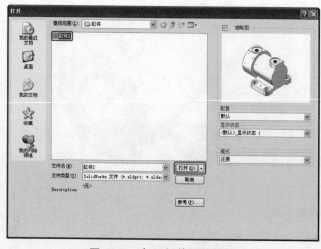

图 5-39 打开缸体零件模型

（2）选择【文件】|【从零件制作工程图】菜单命令，在弹出的【SolidWorks】提示框中单击【确定】按钮，使用一个空模板，如图 5-40 所示。

（3）在弹出的【图纸格式 / 大小】对话框中，取消选中【只显示标准格式】复选框，在列表框中根据绘图需要选择【A3(GB)】图纸，如图 5-41 所示，单击【确定】按钮。

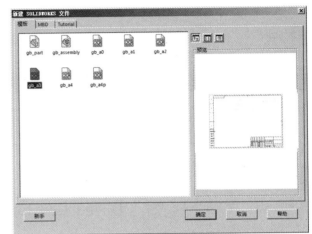

图 5-40　【SolidWorks】提示框　　　　　　　图 5-41　选择【A3（GB）】图纸

（4）选择好图纸之后，图形区域出现一张空白的 A3 图纸，如图 5-42 所示。单击快速访问工具栏中的 【选项】按钮，弹出【系统选项】对话框，选择其中的【文档属性】选项卡，将【总绘图标准】由【ISO】修改为【GB】，然后单击【确定】按钮，如图 5-43 所示。

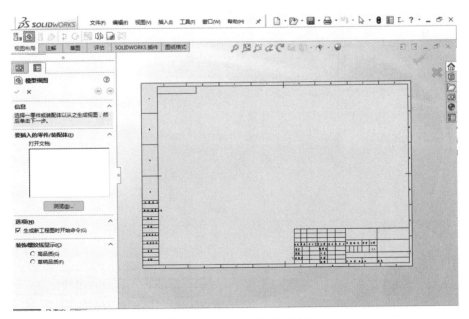

图 5-42　生成一张 A3 图纸

（5）单击图形区域右侧任务窗格中的【视图调色板】按钮，显示【视图调色板】任务标签，如图 5-44 所示。在标签的下部，自动生成了可供选择的 8 个视图预览图，分别为【前视图】、【上视图】、【右视图】、【后视图】、【左视图】、【下视图】、【当前视图】和【等轴测图】，能更方便地观察到零件在图纸中的状态。取消选中【选项】选项组中的【自动开始投影视图】复选框。

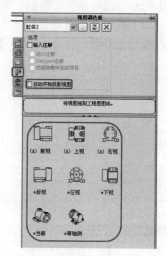

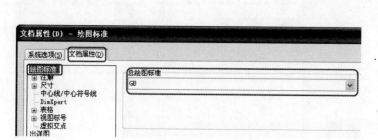

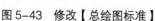

图 5-43　修改【总绘图标准】　　　　　　图 5-44　【视图调色板】任务标签

（6）单击选择【前视图】作为主视图，按住鼠标左键不放拖动到工程图图纸中，如图 5-45 所示。此时左侧窗格中弹出【工程图视图 1】属性管理器，通过其可以改变视图的【输入选项】、【显示状态】、【显示样式】、【比例】、【尺寸类型】和【装饰螺纹线显示】等选项。

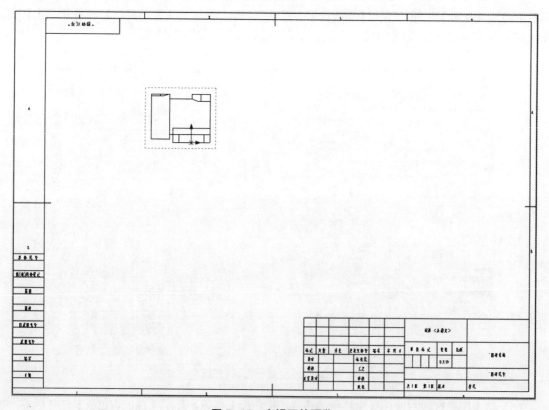

图 5-45　主视图的预览

（7）由于主视图占图纸中的比例偏小，不符合工程图的要求，所以在【工程图视图 1】属性管

理器的【比例】选项组中选择【使用自定义比例】单选按钮，在【使用自定义比例】列表框中选择
【用户定义】选项，在文本框中将视图的比例修改为【1.1:1】，如图 5-46 所示。

（8）移动鼠标在空白处单击一下，此时图纸中显示的预览视图大小适中，比例符合工程图要
求，如图 5-47 所示。将鼠标移动到视图附近，当光标显示为 时，按住鼠标左键不放拖动，即可
将主视图移动到合适的位置上，最后单击 【确定】按钮，初步生成主视图。

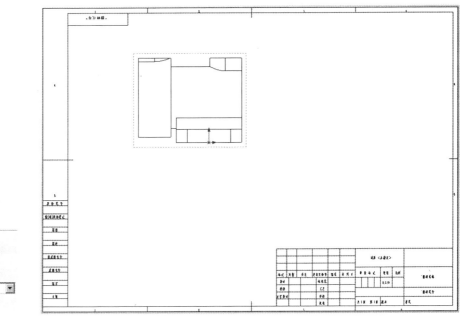

图 5-46　修改视图比例　　　　　　　　　　图 5-47　初步生成的主视图预览

（9）单击【视图布局】选项卡中的 【投影视图】按钮，鼠标指针变成 形状，并弹出【投
影视图】属性管理器，如图 5-48 所示。

（10）根据【投影视图】属性管理器中的信息，单击选择已生成的主视图为投影所用的工程视
图，然后向主视图的正上方拖动鼠标，如图 5-49 所示，生成对应于主视图的俯视图。将俯视图拖
到适当的位置单击放置。拖动调整两个视图的位置，将主视图置于图纸左上部分，俯视图位于其正
下方，如图 5-50 所示。

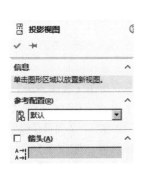

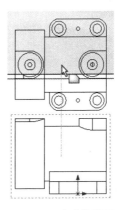

图 5-48　【投影视图】属性管理器　　　　　　图 5-49　生成俯视图

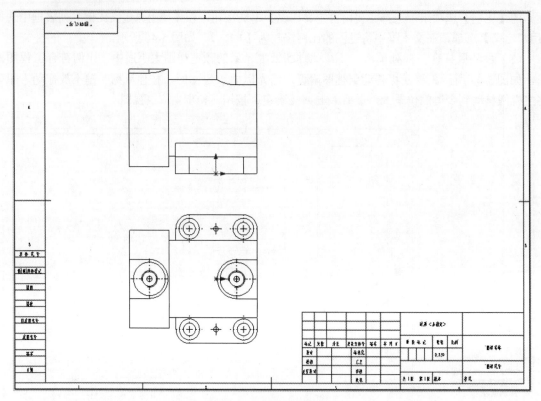

图 5-50　调整后的视图

（11）单击【视图布局】选项卡中的 【投影视图】按钮，鼠标指针变成 形状，并弹出【投影视图】属性管理器。根据【投影视图】属性管理器中的信息，单击选择已生成的主视图为投影所用的工程视图，然后向主视图的正左方拖动鼠标，如图 5-51 所示，生成对应于主视图的右视图。将右视图拖到适当的位置单击放置。拖动调整两个视图的位置，将主视图置于图纸左上部分，右视图位于其正右方，如图 5-52 所示。

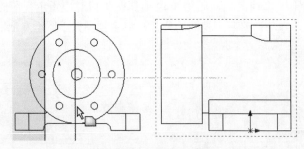

图 5-51　生成右视图

（12）为了体现缸体的内部结构，在主视图上生成全剖视图。单击【视图布局】选项卡中的 【剖面视图】按钮，鼠标指针变成画笔形 并弹出【剖面视图辅助】属性管理器。根据【剖面视图辅助】属性管理器中的信息，在俯视图中部绘制一条水平的剖切线（注意：剖切线一定要贯穿模型），如图 5-53 所示。

（13）剖切线绘制完毕后，弹出【剖面视图 A-A】属性管理器，如图 5-54 所示，可根据需要设置剖面视图的【切除线】、【剖面视图】、【剖面深度】、【显示状态】、【显示样式】、【比例】、【尺寸类型】、【装饰螺纹线显示】等选项。

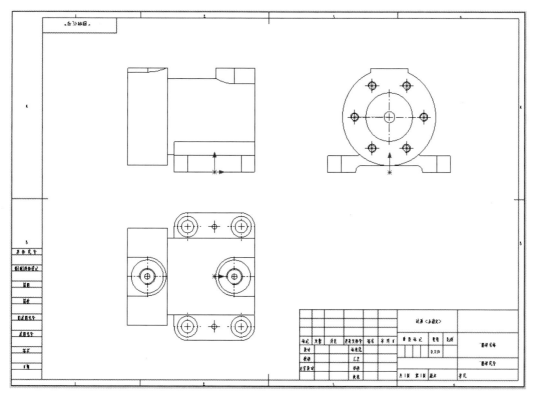

图 5-52　调整后的视图位置

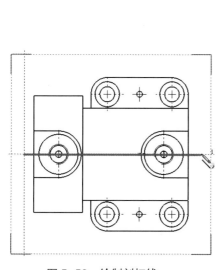

图 5-53　绘制剖切线

图 5-54　【剖面视图 A–A】属性管理器

（14）移动鼠标，从俯视图拖出生成全剖主视图。由于从俯视图自动生成的全剖主视图方向相反，所以在【剖面视图 A–A】属性管理器的【切除线】选项组中，单击【反转方向】按钮，将全剖视图调整为正确的方向，如图 5-55 所示。

（15）移动鼠标指针将全剖主视图放置到合适位置，并单击确定。然后单击选择之前生成的主视图，按下 Del 键将其删除，以全剖主视图替代原主视图，如图 5-56 所示。

（16）下面生成缸体俯视图中法兰内部螺纹孔部分的局部剖视图，以显示螺纹孔的内部结构。单击【视图布局】选项卡中的 【断开的剖视图】按钮，鼠标指针变成 形状，在俯视图中绘制一闭环样条曲线，如图 5-57 所示。

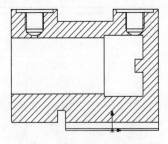

图 5-55　全剖主视图

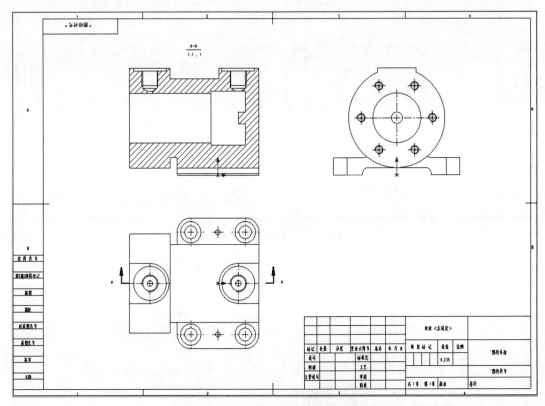

图 5-56　以全剖主视图替代原主视图

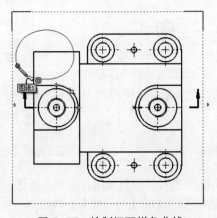

图 5-57　绘制闭环样条曲线

（17）闭环样条曲线绘制完毕，弹出【断开的剖视图】属性管理器，根据其中的信息提示，在【深度】文本框中输入"35.00mm"来指定剖切深度，并勾选【预览】复选框，如图 5-58 所示，此时在图纸上能够看到俯视图的局部剖预览图，如图 5-59 所示。单击 ✔【确定】按钮，生成俯视图的局部剖视图。

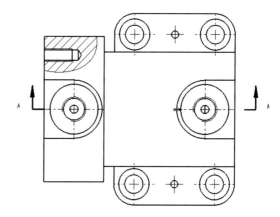

图 5-58　设置剖切深度　　　　　图 5-59　局部剖的俯视图

（18）下面生成缸体右视图底座阶梯孔部分的局部剖视图，以显示其内部结构。单击【草图】选项卡中的【直线】按钮，在阶梯孔附近绘制规则的剖切线，绘制完毕后，按下 Ctrl 键，同时单击选择绘制好的剖切轮廓线，最后按 Enter 键确定，如图 5-60 所示。

（19）单击【视图布局】选项卡中的【断开的剖视图】按钮，弹出【断开的剖视图】属性管理器。在【深度】文本框中输入"45.00mm"来指定断开的剖视图深度，并勾选【预览】复选框，如图 5-61 所示，此时在图纸上能够看到阶梯孔部分的局部剖预览图，如图 5-62 所示。单击 ✔【确定】按钮，生成阶梯孔部分的局部剖视图。

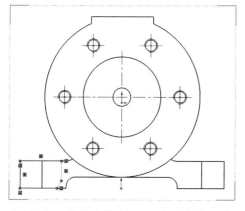

图 5-60　绘制阶梯孔局部剖的剖切轮廓线　　　图 5-61　设置阶梯孔局部剖深度

（20）由于右视图是对称结构，为了显示右视图中的内部结构，只需要进行半剖切即可。单击【草图】选项卡中的【直线】按钮，在右视图的右半边部分绘制一个矩形作为剖切线，绘制完毕后，按下 Ctrl 键，同时单击选择绘制好的剖切轮廓线，最后按 Enter 键确定，如图 5-63 所示。

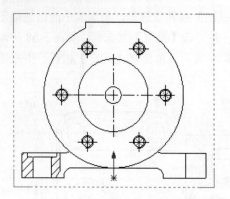

图 5-62　阶梯孔部分的局部剖视图

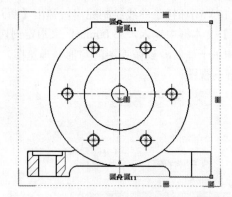

图 5-63　绘制右视图半剖视图的剖切轮廓线

　　（21）单击【视图布局】选项卡中的 【断开的剖视图】按钮，弹出【断开的剖视图】属性管理器。在【深度】文本框中输入"65.00mm"，并勾选【预览】复选框，如图 5-64 所示，此时在图纸上能够看到缸体右视图的半剖切预览图，如图 5-65 所示。单击 ✔【确定】按钮，生成缸体右视图的半剖视图。

图 5-64　设置右视图半剖切的深度

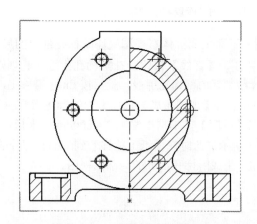

图 5-65　右视图的半剖视图

5.5.2　标注尺寸

　　（1）单击【注解】选项卡里的 [⊞ 中心线]【中心线】按钮，弹出【中心线】属性管理器，在【自动插入】选项组中勾选【选择视图】复选框，如图 5-66 所示。

扫码看视频

　　（2）分别选取主视图、俯视图和右视图，单击 ✔【确定】按钮，完成中心线的添加，如图 5-67 所示。

　　（3）下面添加法兰上布置圆孔位置的中心线。单击【草图】选项卡中的 ⊙·【圆】按钮，以右视图缸体中心孔的圆心为圆心，以该圆心到圆周阵列圆孔圆心的距离为半径绘制圆，如图 5-68 所示。

　　（4）单击【草图】选项卡中的 ＊【点】按钮，选择新绘制的圆与中心圆孔竖直中心线的两个交点，完成点的添加，如图 5-69 所示。删除上一步中绘制的圆。

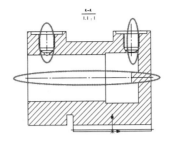

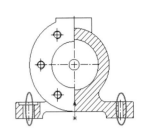

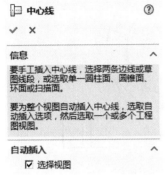

图 5-66　【中心线】属性管理器

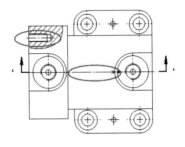

图 5-67　添加中心线

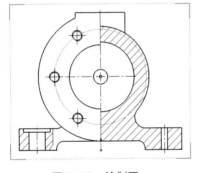

图 5-68　绘制圆

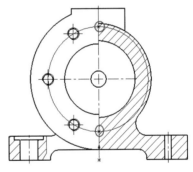

图 5-69　添加点

（5）单击【草图】选项卡中的![图标]【圆弧】按钮，在【圆弧】属性管理器的【圆弧类型】选项组中单击【三点圆弧】按钮。分别选择两个添加点和法兰左半部分水平线上圆孔的圆心，绘制出的圆弧如图 5-70 所示。在【圆弧】属性管理器中选择【选项】选项组，勾选【作为构造线】选项，法兰上布置圆孔位置的中心线如图 5-71 所示。

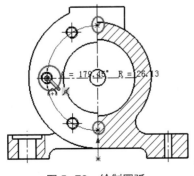

图 5-70　绘制圆弧

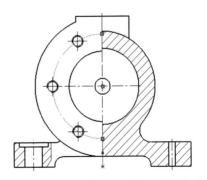

图 5-71　法兰上布置圆孔位置的中心线

（6）单击【注解】选项卡里的 ✎【智能尺寸】按钮，弹出【尺寸】属性管理器，如图 5-72 所示。

（7）移动鼠标，分别单击模型中的圆边线或者圆弧边线，出现尺寸标注，移动鼠标指针到合适的地方单击，即可完成圆尺寸或圆弧尺寸的标注。对右视图进行的圆弧尺寸标注如图 5-73 所示。

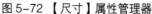

图 5-72 【尺寸】属性管理器

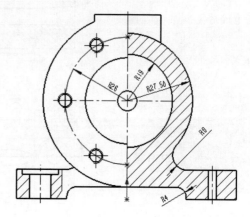

图 5-73　圆弧尺寸标注

（8）修改圆弧标注的引线。单击圆弧尺寸标注，在左侧的【尺寸】属性管理器中，单击【引线】选项卡，勾选【自定义文字位置】选项组，单击其中的 ✎【折断引线，水平文字】按钮，如图 5-74 所示。修改后的圆弧标注引线如图 5-75 所示。

图 5-74　修改圆弧标注引线

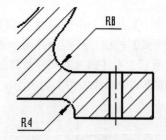

图 5-75　修改后的圆弧标注引线

（9）修改标注中的文字。单击选择半剖圆孔的尺寸标注，如 *R*19、*R*26、*R*27.50，这里以 *R*19 的修改为例。拖动 *R*19 的标注尺寸线，将其延长至大于圆半径且小于直径，并在【尺寸】属性管理器中选择【数值】标签，在【标注尺寸文字】文本框中原有文字【R<DIM>】的前面添加直径符号，即在文本框下面单击 ⌀【直径】按钮，文本框中的文字变为【<MOD-DIAM>R <DIM>】，然后，将其中的【R】删除，文本框中的文字变为【<MOD-DIAM> <DIM>】，如图 5-76 所示。

注意

在 <MOD-DIAM> 和 <DIM> 中间要保留一个空格。

（10）在【尺寸】属性管理器中选择【数值】标签，勾选【主要值】选项组中的【覆盖数值】复选框，在该选项下面的文本框中输入"38"，如图 5-77 所示。尺寸标注 *R*19 被修改为 *ϕ*38，如图 5-78 所示。

图 5-76　将半径符号修改为直径符号

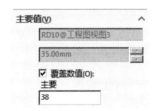

图 5-77　将半径值修改为直径值

（11）单击【注解】选项卡里【智能尺寸】下拉菜单中的 <kbd>竖直尺寸</kbd>【竖直尺寸】按钮，分别选择右视图中缸体上表面和底座下表面、中心圆孔和底座下表面、底座上下表面、凹槽上下表面标注缸体的高度、圆孔距底面的距离、底座高度和凹槽深度，如图 5-79 所示。

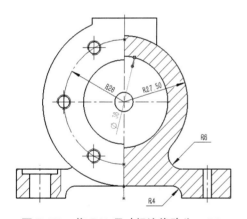

图 5-78　将 *R*19 尺寸标注修改为 *ϕ*38

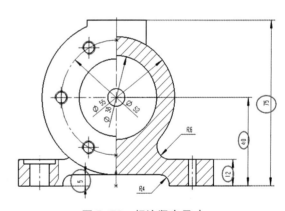

图 5-79　标注竖直尺寸

（12）单击【注解】选项卡里【智能尺寸】下拉菜单中的 <kbd>水平尺寸</kbd>【水平尺寸】按钮，选择凹槽底面左右两边线标注凹槽宽度，如图 5-80 所示。

（13）单击【注解】选项卡里的 <kbd>⟋</kbd>【智能尺寸】按钮，选择俯视图中螺纹孔的上下两条螺纹线，标注螺纹孔尺寸，如图 5-81 所示。然后，在【尺寸】属性管理器中选择【数值】标签，在【标注尺寸文字】文本框中【M<DIM>】前输入【6-】，在其后输入【-6H】，则文本框中文字修改为【6-M<DIM>-6H】，如图 5-82 所示。修改后的尺寸标注如图 5-83 所示。

（14）单击【注解】选项卡里的 <kbd>⟋</kbd>【智能尺寸】按钮，分别选择螺纹孔的螺纹线和螺纹孔上下任意一条边界线，出现尺寸标注，拖动鼠标指针将其移动到合适位置，完成螺纹孔深度和螺纹长度标注，如图 5-84 所示。尺寸标注后，在【尺寸】属性管理器中选择【引线】标签，在【尺寸界线／引线设置】中单击【里面】按钮，将箭头置于尺寸线里面，如图 5-85 所示。

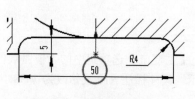
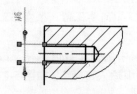

图 5-80　标注水平尺寸　　　图 5-81　标注螺纹孔尺寸　　　图 5-82　修改标注文字

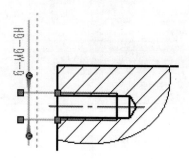
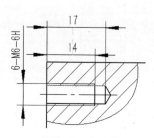
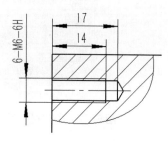

图 5-83　修改后的螺纹孔标注　　图 5-84　螺纹孔深度和螺纹长度标注　　图 5-85　修改标注箭头

（15）分别对主视图、俯视图和右视图进行尺寸标注，如图 5-86 所示。

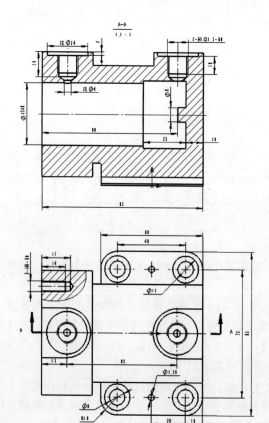
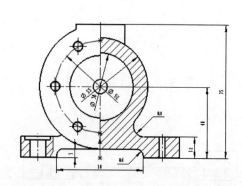

图 5-86　所有视图的尺寸标注

（16）缸体中心孔的中心轴线与缸体底座下表面的平行度具有一定的精度要求。单击【注解】选项卡中的 📐形位公差 【形位公差】按钮，弹出【属性】对话框。在【符号】下拉列表中选择∥【平行度】，在【公差 1】中输入"0.06"，勾选【公差 2】复选框，并在【公差 2】中输入"A"，如图 5-87 所示。

（17）拖动鼠标，将自动生成的平行度几何公差放置到垂直于缸体中心孔直径标注 φ35 的引线上，单击【确定】按钮。根据放置的需要，在弹出的【形位公差】属性管理器中对公差放置的引线进行设置，如图 5-88 所示。放置好的平行几何公差如图 5-89 所示。

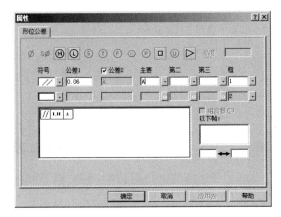

图 5-87　设置平行度公差

图 5-88　设置公差放置的引线

（18）添加基准特征。单击【注解】选项卡中的 🅰基准特征 【基准特征】按钮，将自动生成的基准特征 A 放置到缸体底座下表面处，基准特征会根据位置自动调整放置的角度，单击【确定】按钮放置，如图 5-90 所示。

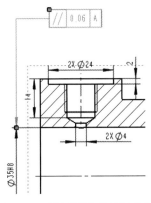

图 5-89　放置平行几何公差

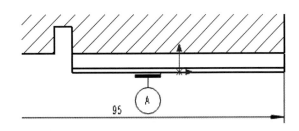

图 5-90　添加基准特征 A

（19）缸体法兰的端面与中心轴线的垂直度也有一定的精度要求，按照上述方法添加垂直度几何公差和其相应的基准特征，添加后的结果如图 5-91 所示。

（20）对缸体添加表面粗糙度。单击【注解】选项卡中的 ✓表面粗糙度符号 【表面粗糙度符号】按钮，弹出【表面粗糙度】属性管理器。在【符号】选项组中单击 ✓ 按钮，在【符号布局】的空格里输入"0.8"，如图 5-92 所示。

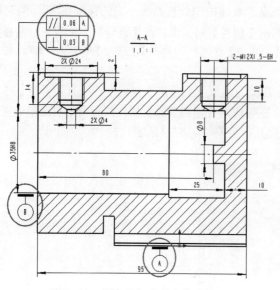

图 5-91 所有几何公差和基准特征

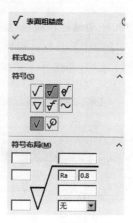

图 5-92 粗糙度设置

（21）对粗糙度的字体进行修改。文档字体相对于视图偏大，在【格式】选项组中取消选中【使用文档字体】复选框，如图5-93所示。单击【字体】按钮，弹出【选择字体】对话框，在【高度】选项组中选择【点】单选按钮，在下拉列表中选择【五号】，单击【确定】按钮，如图5-94所示。

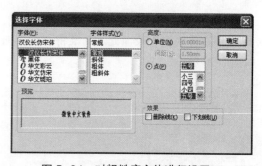

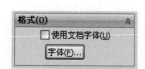

图 5-93 修改粗糙度格式

图 5-94 对粗糙度字体进行设置

（22）对粗糙度的放置角度进行修改。根据各表面的方向放置粗糙度符号，在【角度】文本框中输入"180度"，如图5-95所示，移动鼠标给缸体主视图的中心孔内表面添加粗糙度符号，如图5-96所示。

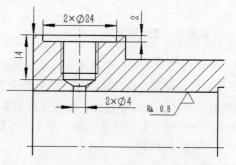

图 5-95 修改粗糙度放置角度

图 5-96 添加缸体中心孔内表面粗糙度标注

（23）按上述方法分别给主视图、俯视图和肋板剖视图添加粗糙度标注。

（24）单击快速访问工具栏中的 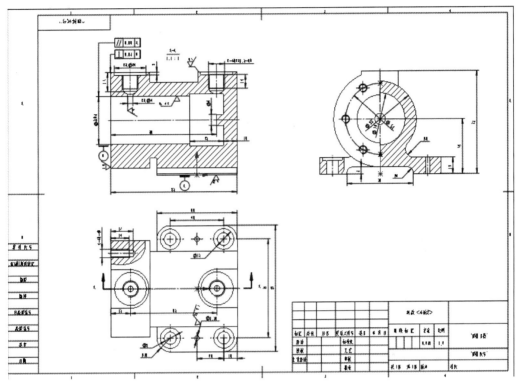 【保存】按钮，弹出【另存为】对话框，选择保存位置并输入文件名，单击【保存】按钮，完成工程图的创建。最终完成的工程图如图 5-97 所示。

图 5-97　完成的工程图

5.6　虎钳装配图范例

本例生成一个台虎钳（装配体模型如图 5-98 所示）的装配图，如图 5-99 所示。

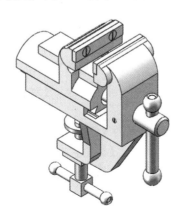

图 5-98　台虎钳装配体模型

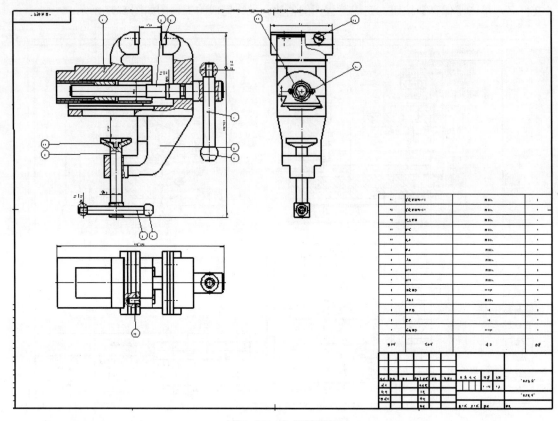

图 5-99　台虎钳装配图

本范例主要步骤如下。

（1）绘制图纸。

（2）标注尺寸。

5.6.1　绘制图纸

（1）选择【文件】|【新建】菜单命令，弹出【新建 SolidWorks 文件】对话框，单击【工程图】按钮，单击【高级】按钮，选择 SolidWorks 的图纸模板，本例中选取【gb_a2】图纸格式，单击【确定】按钮。

（2）选择【工具】|【选项】菜单命令，弹出【系统选项】对话框，单击【文档属性】选项卡。

（3）将【总绘图标准】由【ISO】修改为【GB】，单击【确定】按钮。

（4）单击【模型视图】属性管理器中的【浏览】按钮，如图 5-100 所示。

扫码看视频

（5）在弹出的【打开】对话框中选择【台虎钳】文件，在【文件类型】中选择【装配体】选项，单击【打开】按钮。

（6）选择合适的位置单击，放置的主视图如图 5-101 所示。

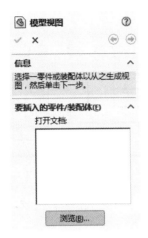

图 5-100　【模型视图】属性管理器

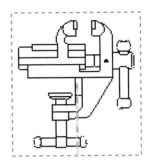

图 5-101　放置主视图

（7）鼠标指针向下移动，图纸上会显示俯视图预览效果图，单击即可将俯视图放置在图纸的左下方，如图 5-102 所示。

（8）鼠标指针往右移动，会显示与主视图所对应的左视图，单击放置左视图，如图 5-103 所示。

（9）按住 Ctrl 键，选择三个视图的边框，即将三个视图全部选中，在属性管理器的【比例】选项组中，选择【使用自定义比例】单选按钮，然后在下拉列表中选择【1∶1】的比例，如图 5-104 所示。单击 ✅【确定】按钮，结果如图 5-105 所示。

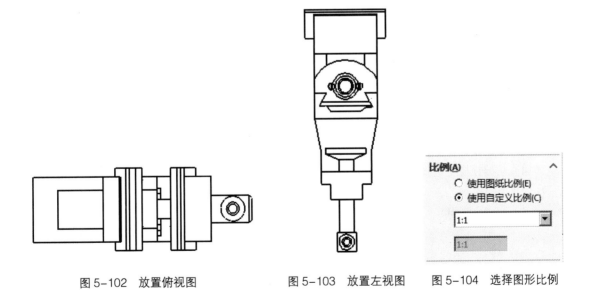

图 5-102　放置俯视图　　　　　　图 5-103　放置左视图　　图 5-104　选择图形比例

（10）单击【草图】选项卡中的 ∿【样条曲线】按钮，绘制剖面视图的边线，如图 5-106 所示。

（11）单击俯视图，弹出【工程图视图】属性管理器，在【显示样式】选项组中，将 🗖【消除隐藏线】改为 🗖【隐藏线可见】，单击 ✅【确定】按钮。

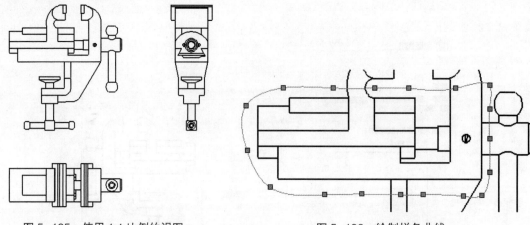

图 5-105　使用 1:1 比例的视图　　　　　　　　图 5-106　绘制样条曲线

（12）选中刚绘制的样条曲线，单击【视图布局】选项卡中的 ▨【断开的剖视图】按钮，弹出【剖面视图】对话框。勾选【自动打剖面线】和【不包括扣件】复选框，在【不包括零部件 / 筋特征】中选择【台虎钳 <1>/ 丝杠 <1>】，如图 5-107 所示。

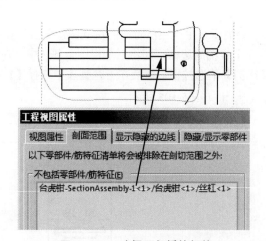

图 5-107　选择不包括的扣件

（13）单击【确定】按钮继续，弹出【断开的剖视图】属性管理器，如图 5-108 所示。

（14）从俯视图中选择一条隐藏线，视图将会剖切至此隐藏线的深度，如图 5-109 所示。

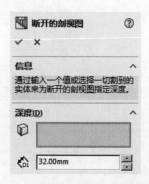

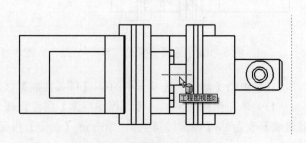

图 5-108　【断开的剖视图】属性管理器　　　　　图 5-109　设置剖面线深度

（15）在【断开的剖视图】属性管理器中，单击 ✅【确定】按钮。单击主视图，在【工程图视图】属性管理器的【显示样式】选项组中，将 ⊞【隐藏线可见】改为 ⬜【消除隐藏线】。单击 ✅【确定】按钮，生成的局部剖视图如图 5-110 所示。

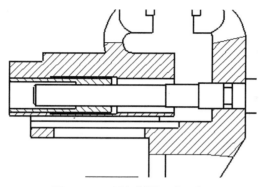

图 5-110　局部剖视图（一）

（16）采用同样的方法绘制局部剖视图（二），效果如图 5-111 所示。

（17）图中的螺钉不需要进行剖切，所以要对此处的螺钉进行适当的处理。单击螺钉的剖面线区域，如图 5-112 所示，弹出【断开的剖视图】属性管理器，如图 5-113 所示。

（18）不勾选【材质剖面线】复选框，选中【无】单选按钮，单击 ✅【确定】按钮，效果如图 5-114 所示。

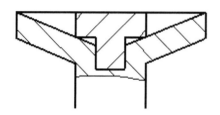

图 5-111　局部剖视图（二）

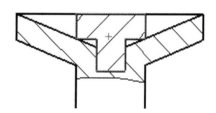

图 5-112　选中螺钉剖面线

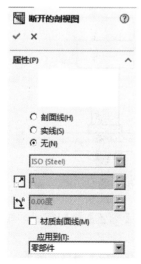

图 5-113　【断开的剖视图】属性管理器

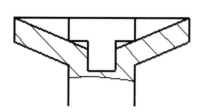

图 5-114　修改后的局部剖视图（二）

（19）采用同样的方法绘制其余局部剖视图。

5.6.2 标注尺寸

扫码看视频

（1）单击【注解】选项卡中 [中心线] 按钮，弹出【中心线】属性管理器，如图 5-115 所示，不勾选【选择视图】复选框。

（2）单击主视图，添加中心线的效果如图 5-116 所示。

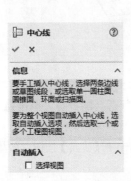

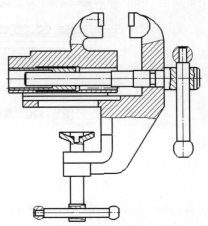

图 5-115　【中心线】属性管理器　　　　图 5-116　主视图中心线标注效果

（3）单击【注解】选项卡中的 [中心线] 按钮，弹出【中心线】属性管理器，不勾选【选择视图】复选框，单击如图 5-117 所示的两条直线，即可手工添加中心线。

（4）添加中心线后的效果如图 5-118 所示。

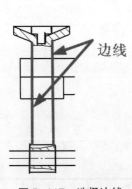

边线

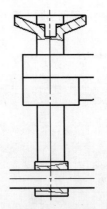

图 5-117　选择边线　　　　　　图 5-118　添加中心线效果

（5）用同样方法在俯视图和左视图中添加中心线，单击 ✔ 【确定】按钮完成，效果如图 5-119 所示。

（6）单击【注解】选项卡中的 [中心符号线] 按钮，弹出【中心符号线】属性管理器，如图 5-120 所示。单击【手工插入选项】选项组中的 ┼ 【单一中心符号线】按钮。

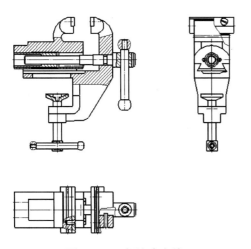

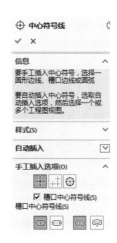

图 5-119　标注中心线　　　　　　　　　图 5-120　【中心符号线】属性管理器

（7）单击所有圆的轮廓线，如图 5-121 所示。

（8）单击 ✅【确定】按钮，标注中心符号线后的效果如图 5-122 所示。

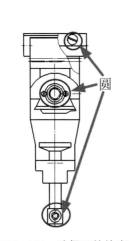

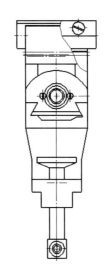

图 5-121　选择圆的轮廓线　　　　　　　　图 5-122　标注中心符号线

（9）单击【注解】选项卡中的 ✎【智能尺寸】按钮，选择要标注的图线，进行简单尺寸标注，如图 5-123 所示。

（10）下面标注孔轴配合尺寸。单击【注解】选项卡中的 ✎【智能尺寸】按钮，选择两条边线，如图 5-124 所示。

（11）在合适位置单击放置尺寸，在【尺寸】属性管理器的【公差 / 精度】选项组的 ⌸【公差类型】中选择【与公差套合】选项，在 ⬡【孔套合】中选择【H8】，在 ⬯【轴套合】中选择【h7】，单击 ⌸【以直线显示层叠】按钮，编辑后的【公差 / 精度】选项组如图 5-125 所示。

（12）单击 ✅【确定】按钮，效果如图 5-126 所示。

（13）单击【注解】选项卡中的 ✎【智能尺寸】按钮，选择要标注的图线，进行简单尺寸标注，如图 5-127 所示。

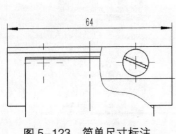

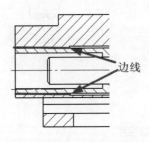

图 5-123　简单尺寸标注　　　　图 5-124　选择边线　　　　图 5-125　编辑公差

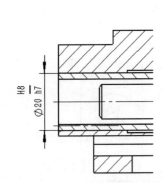

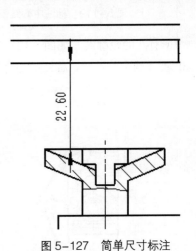

图 5-126　标注孔轴配合尺寸　　　　　　图 5-127　简单尺寸标注

（14）在【尺寸】属性管理器的【主要值】选项组中，勾选【覆盖数值】复选框，在文本框中输入 "0～34"，如图 5-128 所示。单击 ✔【确定】按钮，标注效果如图 5-129 所示。

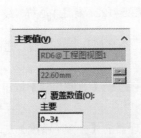

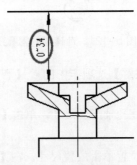

图 5-128　【主要值】选项组　　　　图 5-129　标注效果

（15）按照上述方法进行其余的尺寸标注。

（16）单击【注解】选项卡中的 ▦【表格】按钮，弹出下拉菜单，选择【材料明细表】命令，弹出【材料明细表】属性管理器，如图 5-130 所示。

（17）单击主视图，单击 ✔【确定】按钮，生成零件表，如图 5-131 所示。

项目号	零件号	说　明	数　量
1	固定钳身		1
2	螺杆		1
3	手柄		1
4	球12		2
5	托杯		1
6	活动钳身		1
7	螺母		1
8	丝杠		1
9	钳口铁		2
10	沉头螺钉		4
11	手柄2		1
12	球18		2
13	紧定螺钉 M5-20		1
14	紧定螺钉 M5-15		2

图 5-130　【材料明细表】属性管理器　　　　　　图 5-131　生成零件表

（18）生成的零件表没在正确的位置，需要稍加改动。将鼠标指针放到材料明细表的左下角，出现如图 5-132 所示的控件，然后将其拖到与标题栏对齐的位置，如图 5-133 所示。

（19）再将鼠标指针放到材料明细表的右下角，将其拖到右下角对应的位置，如图 5-134 所示。

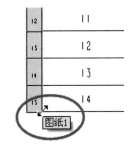

　　图 5-132　拖动表格 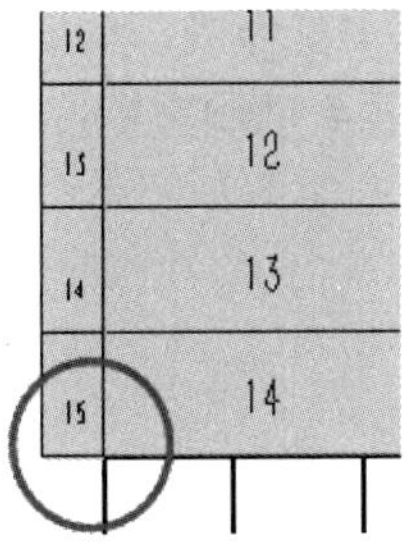　　　　　图 5-133　拖动到对齐位置 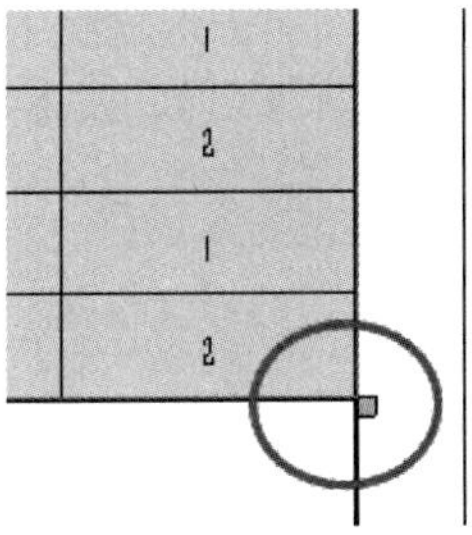　　　　图 5-134　右下角对应位置

（20）将鼠标指针移动到此表格任意位置单击，弹出表格工具，如图 5-135 所示。

图 5-135　表格工具

（21）单击 【表格标题在上】按钮，便可出现如图 5-136 所示符合国标的排序。

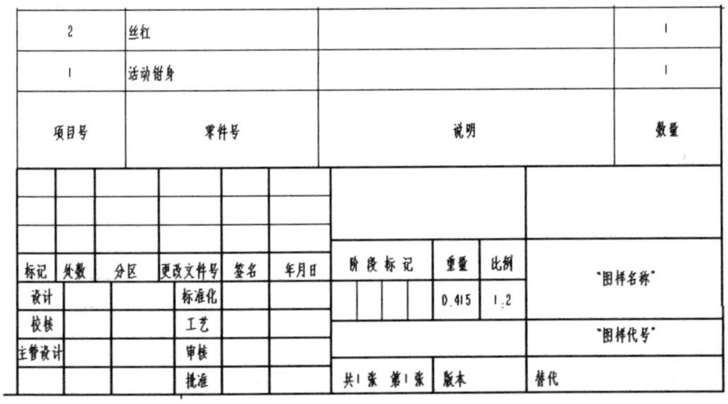

2	丝杠		1
1	活动钳身		
项目号	零件号	说明	数量

图 5-136　排序后的表格

（22）下面添加零件材料说明。双击说明的空白处，如图 5-137 所示。

13	2	丝杠		1
14	1	活动钳身		1
15				
项目号		零件号	说明	数量

标记	处数	分区	更改文件号	签名	年月日	阶段标记		重量	比例	"图样名称"	
设计			标准化					0.415	1.2		
校核			工艺								
主管设计			审核							"图样代号"	

图 5-137　双击空白处

（23）弹出提示对话框，单击【断开连接】按钮，然后即可输入文字。输入零件所对应的材料，如图 5-138 所示。

（24）单击【注解】选项卡中的 【自动零件序号】按钮，弹出【自动零件序号】属性管理器。在【零件序号布局】选项组中，根据工程图的布局，单击选择【布置零件序号到方形】按钮，【引线附加点】选择【面】。在【零件序号设定】选项组中，【样式】选择【圆形】，【大小】选择【4 个字符】，【零件序号文】选择【项目数】，如图 5-139 所示。

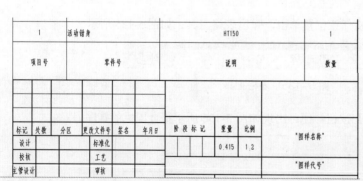

1	活动钳身	HT150	1
项目号	零件号	说明	数量

标记	处数	分区	更改文件号	签名	年月日	阶段标记		重量	比例	"图样名称"	
设计			标准化					0.415	1.2		
校核			工艺								
主管设计			审核							"图样代号"	

图 5-138　添加零件材料说明　　　　　　图 5-139　【自动零件序号】属性管理器

（25）根据提示单击主视图和左视图图纸，单击 ✓【确定】按钮，生成零件序号，如图 5-140 所示。

（26）选中左视图中与主视图重复的零件序号，右键单击，在弹出的快捷菜单中选择【删除】命令。至此，工程图绘制完毕，如图 5-141 所示。

（27）选择【文件】【另存为】菜单命令，弹出【另存为】对话框。在【保存类型】中选择【*.dwg】选项，单击【保存】按钮进行保存。

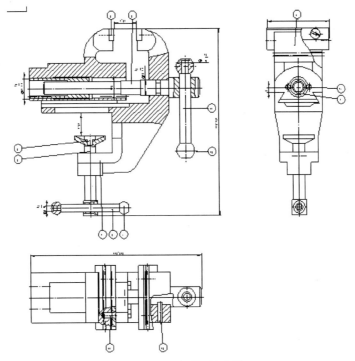

图 5-140　生成零件序号

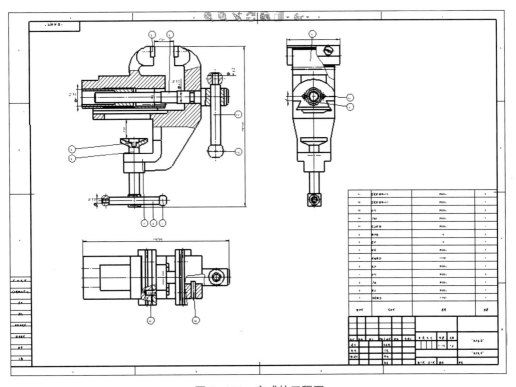

图 5-141　完成的工程图

Chapter

6

第 6 章
曲线与曲面设计

　　曲线与曲面功能也是 SolidWorks 软件的亮点之一。SolidWorks 可以轻松地生成复杂的曲面与曲线模型。本章介绍曲线与曲面的设计功能，包括的主要内容有生成曲线的基本方法、生成曲面的基本方法和编辑曲面的基本方法。

重点与难点

- ● 生成曲线的方法
- ● 生成曲面的方法
- ● 编辑曲面的方法

6.1　生成曲线

曲线是组成不规则实体模型的最基本要素，SolidWorks 提供了绘制曲线的工具栏和菜单命令。通过【插入】│【曲线】菜单命令可以绘制相应类型的曲线，如图 6-1 所示。

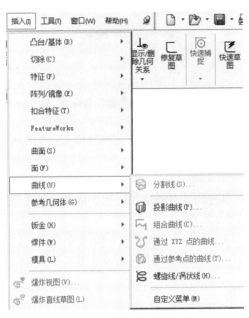

图 6-1　【曲线】菜单命令

6.1.1　分割线

分割线通过将实体投影到曲面或者平面上而生成。它将所选的面分割为多个分离的面，从而可以选择其中一个分离面进行操作。分割线也可以通过将草图投影到曲面实体而生成，投影的实体可以是草图、模型实体、曲面、面、基准面或者曲面样条曲线。

生成分割线的操作方法如下。

1. 生成【轮廓】类型的分割线

（1）单击【曲线】工具栏中的 🔲【分割线】按钮，或者选择【插入】│【曲线】│【分割线】菜单命令，弹出【分割线】属性管理器。

（2）在【分割类型】选项组中，单击【轮廓】单选按钮，在图形区域中选择图 6-2 中的基准面。

（3）单击【要分割的面】选择框，在图形区域中选择面 1，其他设置如图 6-3 所示，单击 ✔【确定】按钮，生成分割线，如图 6-4 所示。

2. 生成【投影】类型的分割线

（1）单击【曲线】工具栏中的 🔲【分割线】按钮，或者选择【插入】│【曲线】│【分割线】菜单命令，弹出【分割线】属性管理器。

（2）在【分割类型】选项组中，单击【投影】单选按钮；在【选择】选项组中，单击【要投影的草图】选择框，在图形区域中选择如图 6-5 所示的草图 2。

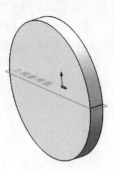

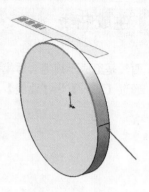

图 6-2　选择面　　　　　　图 6-3　【分割线】属性管理器　　　　图 6-4　生成分割线

（3）单击【要分割的面】选择框，在图形区域中选择面 1，其他设置如图 6-6 所示，单击 ✔【确定】按钮，生成分割线，如图 6-7 所示。

3. 生成【交叉点】类型的分割线

（1）单击【曲线】工具栏中的 ⬡【分割线】按钮，或者选择【插入】|【曲线】|【分割线】菜单命令，弹出【分割线】属性管理器。

（2）在【分割类型】选项组中，单击【交叉点】单选按钮；在【选择】选项组中，单击【分割实体 / 面 / 基准面】选择框，在图形区域中选择如图 6-8 所示的基准面。

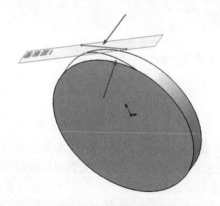

图 6-5　选择草图和面　　　　　　　　　图 6-6　【分割线】属性管理器

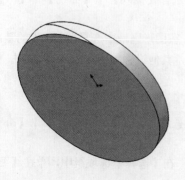

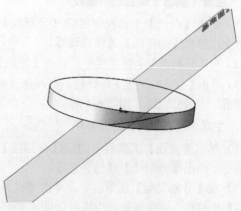

图 6-7　生成分割线　　　　　　　　　图 6-8　选择面

（3）单击【要分割的面 / 实体】选择框，选择图形区域中的面 1，其他设置如图 6-9 所示，单击 ✔【确定】按钮，生成分割线，如图 6-10 所示（分割线位于分割面和目标面的交叉处）。

图 6-9　【分割线】属性管理器　　　　　　图 6-10　生成分割线

6.1.2　投影曲线

可以通过将绘制的曲线投影到模型面上的方式生成一条三维投影曲线，即"面上草图"的投影类型，也可以使用另一种方式生成投影曲线，即"草图上草图"的投影类型。

生成投影曲线的操作方法如下。

1. 生成投影类型为【草图上草图】的投影曲线

（1）单击【标准】工具栏中的 📄【新建】按钮，新建零件文件。

（2）选择前视基准面为草图绘制平面，单击【草图】工具栏中的 ∿【样条曲线】按钮，绘制一条样条曲线。

（3）选择上视基准面为草图绘制平面，单击【草图】工具栏中的 ∿【样条曲线】按钮，再次绘制一条样条曲线。

（4）单击【标准视图】工具栏中的 ⬡【等轴测】按钮，将视图以等轴测方向显示，如图 6-11 所示。

（5）单击【曲线】工具栏中的 🗑【投影曲线】按钮，或者选择【插入】|【曲线】|【投影曲线】菜单命令，弹出【投影曲线】属性管理器。在【选择】选项组中，选择【草图上草图】投影类型。

（6）单击 ⊏【要投影的一些草图】选择框，在图形区域中选择第（2）步和第（3）步绘制的草图，如图 6-12 所示，此时在图形区域中可以预览生成的投影曲线，单击 ✔【确定】按钮，生成投影曲线，如图 6-13 所示。

图 6-11　以等轴测方向显示视图　　　　　图 6-12　【投影曲线】属性管理器

2. 生成投影类型为【面上草图】的投影曲线

（1）单击【标准】工具栏中的 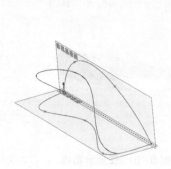【新建】按钮，新建零件文件。

（2）选择前视基准面为草图绘制平面，绘制一个折线，单击【曲面】工具栏中的 【拉伸曲面】按钮，拉伸出一个宽为 25mm 的曲面，如图 6-14 所示。

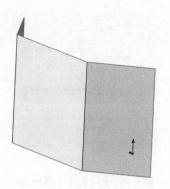

图 6-13　生成投影曲线　　　　　　　　　图 6-14　生成拉伸曲面

（3）单击【参考几何体】工具栏中的【基准面】按钮，弹出【基准面】属性管理器。在【第一参考】选项组中，单击【参考实体】选择框，在 FeatureManager 设计树中单击【上视基准面】图标，设置【距离】为"50.00mm"，如图 6-15 所示，在图形区域中上视基准面上方 50mm 处生成基准面 1，如图 6-16 所示。

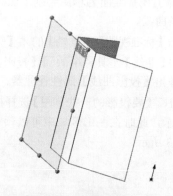

图 6-15　【基准面】属性管理器　　　　　　图 6-16　生成基准面 1

（4）选择基准面 1 为草图绘制平面，单击【草图】工具栏中的 【样条曲线】按钮，绘制一条样条曲线。

（5）单击【标准视图】工具栏中的 【等轴测】按钮，将视图以等轴测方向显示，如图 6-17 所示。

（6）单击【曲线】工具栏中的 【投影曲线】按钮，或者选择【插入】|【曲线】|【投影

曲线】菜单命令，弹出【投影曲线】属性管理器。在【选择】选项组中，选择【面上草图】投影类型。单击【要投影的一些草图】选择框，在图形区域中选择第 4 步绘制的草图，单击【投影面】选择框，在图形区域中选择步骤 2 中生成的拉伸曲面，勾选【反转投影】选项，确定曲线的投影方向，如图 6-18 所示，此时在图形区域中可以预览生成的投影曲线，单击 ✓【确定】按钮，生成投影曲线，如图 6-19 所示。

　　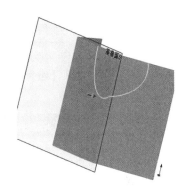

图 6-17　以等轴测方向显示视图　　　图 6-18　【投影曲线】属性管理器　　　图 6-19　生成投影曲线

6.1.3　组合曲线

组合曲线通过将曲线、草图几何体和模型边线组合为一条单一曲线而生成。组合曲线可以作为生成放样特征或者扫描特征的引导线或者轮廓线。

生成组合曲线的操作方法如下。

（1）单击【标准】工具栏中的 □【新建】按钮，新建零件文件。

（2）选择前视基准面作为草图绘制平面，绘制如图 6-20 所示的草图。

（3）单击【特征】工具栏中的 @【拉伸凸台 / 基体】按钮，弹出【拉伸】属性管理器。在【方向 1】选项组中，设置【深度】为"25.00mm"，将刚绘制的草图拉伸为实体。

（4）单击【曲线】工具栏中的 ⌐【组合曲线】按钮，或者选择【插入】|【曲线】|【组合曲线】菜单命令，弹出【组合曲线】属性管理器。在【要连接的实体】选项组中，单击 ∪【要连接的草图、边线以及曲线】选择框，在图形区域中依次选择如图 6-21 所示的边线 1～边线 5，如图 6-22 所示，此时在图形区域中可以预览生成的组合曲线，单击 ✓【确定】按钮，生成组合曲线，如图 6-23 所示。

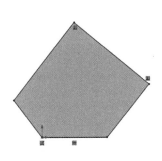　　　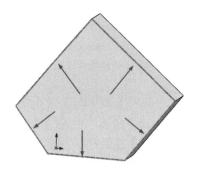

图 6-20　绘制草图　　　　　　　　图 6-21　选择边线

图 6-22 【组合曲线】属性管理器

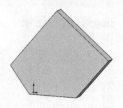

图 6-23 生成组合曲线

6.1.4 通过 *XYZ* 点的曲线

可以通过用户定义的点生成样条曲线，以这种方式生成的曲线被称为通过 *XYZ* 点的曲线。在 SolidWorks 中，用户既可以自定义样条曲线通过的点，也可以利用点坐标文件生成样条曲线。

生成通过 *XYZ* 点的曲线的操作方法如下。

1. 键入坐标生成通过 *XYZ* 点的曲线

（1）单击【标准】工具栏中的 【新建】按钮，新建零件文件。

（2）单击【曲线】工具栏中的 【通过 XYZ 点的曲线】按钮，或者选择【插入】|【曲线】|【通过 XYZ 点的曲线】菜单命令，弹出【曲线文件】对话框。

（3）在【X】、【Y】、【Z】的单元格中键入生成曲线的坐标点的数值，如图 6-24 所示，单击【确定】按钮，结果如图 6-25 所示。

图 6-24 【曲线文件】对话框

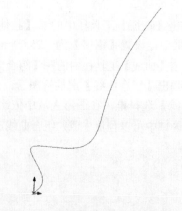

图 6-25 生成通过 *XYZ* 点的曲线

2. 导入坐标点文件生成通过 *XYZ* 点的曲线

（1）单击【标准】工具栏中的 【新建】按钮，新建零件文件。

（2）单击【曲线】工具栏中的 【通过 XYZ 点的曲线】按钮，或者选择【插入】|【曲线】|【通过 XYZ 点的曲线】菜单命令，弹出【曲线文件】对话框。

（3）单击【浏览】按钮，弹出如图 6-26 所示的【打开】对话框，选择需要的点坐标文件。

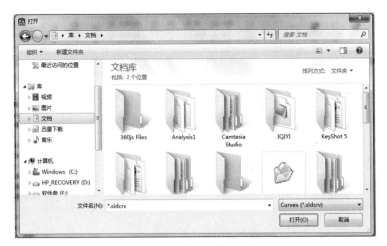

图 6-26 【打开】对话框

（4）单击【打开】按钮，此时所选择的文件的路径和文件名会出现在【曲线文件】对话框上方的空白框中，如图 6-27 所示，单击【确定】按钮，结果如图 6-28 所示。

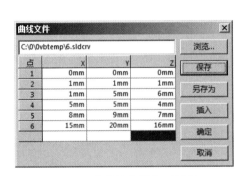

图 6-27 【曲线文件】对话框

图 6-28 生成通过 *XYZ* 点的曲线

6.1.5 通过参考点的曲线

通过参考点的曲线是通过一个或者多个平面上的点而生成的曲线。

生成通过参考点的曲线的操作方法如下。

（1）单击【曲线】工具栏中的 👌【通过参考点的曲线】按钮，或者选择【插入】|【曲线】|【通过参考点的曲线】菜单命令，弹出【通过参考点的曲线】属性管理器。

（2）在图形区域中选择如图 6-29 所示的顶点 1 ～顶点 3，此时在图形区域中可以预览到生成的曲线，单击 ✔【确定】按钮，生成通过参考点的曲线，如图 6-30 所示。

（3）用鼠标右键单击 FeatureManager 设计树中的【曲线 1】（即上一步生成的曲线）图标，在弹出的快捷菜单中选择【编辑特征】命令，如图 6-31 所示；弹出【曲线 1】属性管理器，勾选【闭环曲线】复选框，如图 6-32 所示；单击 ✔【确定】按钮，生成的通过参考点的曲线自动变为闭合曲线，如图 6-33 所示。

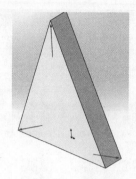

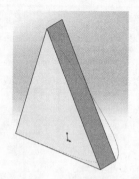

图 6-29　选择顶点　　　　　　　　图 6-30　生成通过参考点的曲线

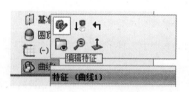

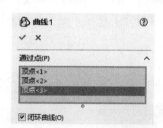

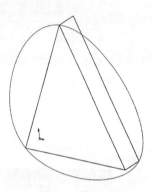

图 6-31　快捷菜单　　　　图 6-32　【曲线 1】属性管理器　　　图 6-33　生成闭合曲线

6.1.6　螺旋线和涡状线

螺旋线和涡状线可以作为扫描特征的路径或者引导线，也可以作为放样特征的引导线，通常用来生成螺纹、弹簧和发条等零件，也可以在工业设计中作为装饰使用。

1. 生成螺旋线的操作方法

（1）单击【标准】工具栏中的 ▯【新建】按钮，新建零件文件。

（2）选择前视基准面为草图绘制平面，绘制一个直径为 100mm 的圆形草图并标注尺寸，如图 6-34 所示。

（3）单击【曲线】工具栏中的 ❙❙【螺旋线 / 涡状线】按钮，或者选择【插入】|【曲线】|【螺旋线 / 涡状线】菜单命令，弹出【螺旋线 / 涡状线】属性管理器。在【定义方式】选项组中，选择【螺距和圈数】选项；在【参数】选项组中，单击【恒定螺距】单选按钮，设置【螺距】为"10.00mm"，【圈数】为"10"，如图 6-35 所示，单击 ✓【确定】按钮，生成螺旋线。

（4）单击【标准视图】工具栏中的 ▣【等轴测】按钮，将视图以等轴测方式显示，如图 6-36 所示。

（5）用鼠标右键单击 FeatureManager 设计树中的【螺旋线 / 涡状线 1】图标，在弹出的快捷菜单中选择【编辑特征】命令，如图 6-37 所示，弹出【螺旋线 / 涡状线 1】属性管理器，对生成的螺旋线进行编辑。

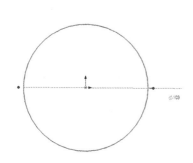

图 6-34　绘制草图并标注尺寸

图 6-35　【螺旋线 / 涡状线】属性管理器

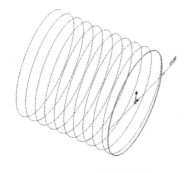

图 6-36　生成螺旋线

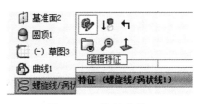

图 6-37　快捷菜单

（6）在【锥形螺纹线】选项组中，设置【锥形角度】为"5.00 度"，如图 6-38 所示，单击 【确定】按钮，生成锥形螺旋线，如图 6-39 所示。

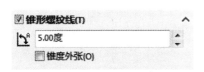

图 6-38　设置【锥形角度】数值

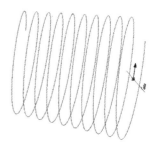

图 6-39　生成锥形螺旋线

（7）在【锥形螺纹线】选项组中，设置【锥形角度】为"5.00 度"，勾选【锥度外张】复选框，如图 6-40 所示，单击 【确定】按钮，生成锥形螺旋线，如图 6-41 所示。

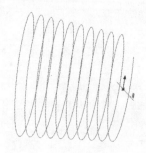

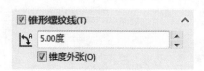

图 6-40　勾选【锥度外张】复选框　　　　图 6-41　生成锥形螺旋线

2. 生成涡状线的操作方法

（1）单击【标准】工具栏中的 【新建】按钮，新建零件文件。

（2）选择前视基准面为草图绘制平面，绘制一个直径为 100mm 的圆形草图并标注尺寸。

（3）单击【曲线】工具栏中的 【螺旋线 / 涡状线】按钮，或者选择【插入】|【曲线】|【螺旋线 / 涡状线】菜单命令，弹出【螺旋线 / 涡状线】属性管理器。在【定义方式】选项组中，选择【涡状线】选项；在【参数】选项组中，设置【螺距】为"10.00mm"，【圈数】为"10"，【起始角度】为"45.00度"，单击【顺时针】单选按钮，如图 6-42 所示，单击 【确定】按钮，生成涡状线，如图 6-43 所示。

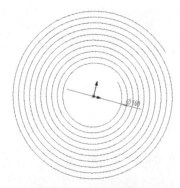

图 6-42　【螺旋线 / 涡状线】属性管理器　　　　图 6-43　生成涡状线

（4）用鼠标右键单击 FeatureManager 设计树中的【螺旋线 / 涡状线 1】图标，在弹出的快捷菜单中选择【编辑特征】命令，如图 6-44 所示，弹出【螺旋线 / 涡状线 1】属性管理器，对生成的涡状线进行编辑，单击【逆时针】单选按钮，单击 【确定】按钮，生成涡状线，如图 6-45 所示。

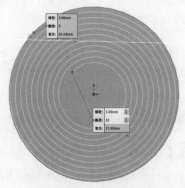

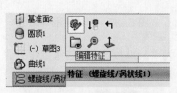

图 6-44　快捷菜单　　　　图 6-45　生成涡状线

6.2 生成曲面

曲面是一种可以用来生成实体特征的几何体（如圆角曲面等）。一个零件中可以有多个曲面实体。

SolidWorks 提供了生成曲面的工具栏和菜单命令。通过【插入】|【曲面】菜单命令可以生成相应类型的曲面，如图 6-46 所示。选择【视图】|【工具栏】|【曲面】菜单命令，可以调出【曲面】工具栏，如图 6-47 所示。

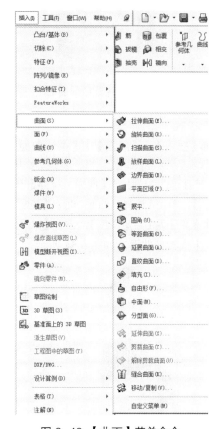

图 6-46 【曲面】菜单命令

图 6-47 【曲面】工具栏

6.2.1 拉伸曲面

拉伸曲面是将一条曲线拉伸为曲面。

生成拉伸曲面的操作方法如下。

1. 生成【开始条件】为【草图基准面】的拉伸曲面

（1）选择前视基准面为草图绘制平面，绘制如图 6-48 所示的曲线。

（2）单击【曲面】工具栏中的 ◆【拉伸曲面】按钮，或者选择【插入】|【曲面】|【拉伸曲面】菜单命令，弹出【曲面 - 拉伸】属性管理器。在【从】选项组中，设置【开始条件】为【草图基准面】；在【方向 1】选项组中，设置【终止条件】为【给定深度】，设置【深度】为 "10.00mm"，其他设置如图 6-49 所示，单击 ✅【确定】按钮，生成拉伸曲面，如图 6-50 所示。

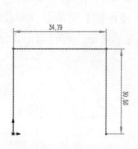

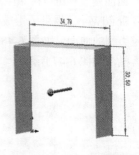

图 6-48　绘制曲线　　　　　图 6-49　【曲面 – 拉伸】属性管理器　　　　图 6-50　生成拉伸曲面

2. 生成【开始条件】为【曲面 / 面 / 基准面】的拉伸曲面

（1）单击【曲面】工具栏中的 【拉伸曲面】按钮，或者选择【插入】|【曲面】|【拉伸曲面】菜单命令，弹出【拉伸】属性设置的信息框，如图 6-51 所示。

（2）在图形区域中选择如图 6-52 所示的草图一（即选择一个现有草图），弹出【曲面 - 拉伸】属性管理器。在【从】选项组中，设置【开始条件】为【曲面 / 面 / 基准面】，单击【选择一曲面 / 面 / 基准面】选择框，在图形区域中选择曲面；在【方向 1】选项组中，设置【终止条件】为【给定深度】，设置【深度】为"30.00mm"，其他设置如图 6-53 所示，单击 ✅【确定】按钮，生成拉伸曲面，如图 6-54 所示。

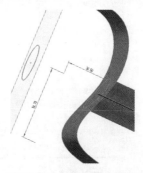

图 6-51　【拉伸】属性设置的信息框　　　　　图 6-52　选择草图和曲面

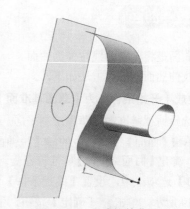

图 6-53　【曲面 – 拉伸】属性管理器　　　　　图 6-54　生成拉伸曲面

3. 生成【开始条件】为【顶点】的拉伸曲面

（1）单击【曲面】工具栏中的 ✨【拉伸曲面】按钮，或者选择【插入】|【曲面】|【拉伸曲面】菜单命令。

（2）在图形区域中选择如图 6-55 所示的曲线（即选择一个现有草图），弹出【曲面 - 拉伸】属性管理器。在【从】选项组中，设置【开始条件】为【顶点】，单击 ⬢【选择一顶点】选择框，在图形区域中选择顶点 1；在【方向 1】选项组中，设置【终止条件】为【成形到一顶点】，单击【顶点】选择框，在图形区域中选择顶点 2，其他设置如图 6-56 所示，单击 ✔【确定】按钮，生成拉伸曲面，如图 6-57 所示。

4. 生成【开始条件】为【等距】的拉伸曲面

（1）单击【曲面】工具栏中的 ✨【拉伸曲面】按钮，或者选择【插入】|【曲面】|【拉伸曲面】菜单命令。

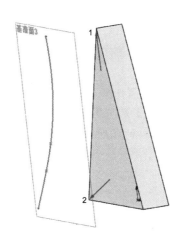

图 6-55　选择曲线和顶点

图 6-56　【曲面 - 拉伸】属性管理器

（2）在图形区域中选择如图 6-58 所示的草图（即选择一个现有草图），弹出【曲面 - 拉伸】属性管理器。在【从】选项组中，设置【开始条件】为【等距】,【输入等距值】为"20.00mm"；在【方向 1】选项组中，设置【终止条件】为【给定深度】,【深度】为"30.00mm"，其他设置如图 6-59 所示，单击 ✔【确定】按钮，生成拉伸曲面，如图 6-60 所示。

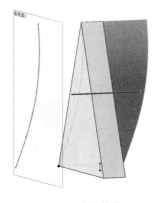

图 6-57　生成拉伸曲面

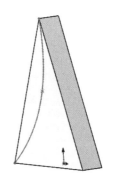

图 6-58　选择草图

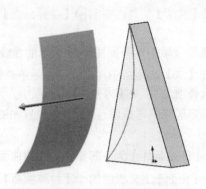

图 6-59 【曲面－拉伸】属性管理器　　　　图 6-60　生成拉伸曲面

6.2.2　旋转曲面

从交叉或者非交叉的草图中选择不同的草图，并用所选轮廓生成的旋转的曲面，即为旋转曲面。生成旋转曲面的操作方法如下。

（1）单击【曲面】工具栏中的 🔴【旋转曲面】按钮，或者选择【插入】|【曲面】|【旋转曲面】菜单命令，弹出【曲面－旋转】属性管理器。在【旋转轴】选项组中，单击 🖊️【旋转轴】选择框，在图形区域中选择如图 6-61 所示的中心线，其他设置如图 6-62 所示，单击 ✅【确定】按钮，生成旋转曲面，如图 6-63 所示。

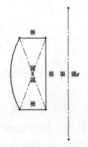

图 6-61　选择中心线　　　图 6-62【旋转】属性管理器　　　图 6-63　生成旋转曲面

（2）改变旋转类型，可以生成不同的旋转曲面。在【方向 1】选项组中，设置【旋转类型】为【两侧对称】，如图 6-64 所示，单击 ✅【确定】按钮，生成旋转曲面，如图 6-65 所示。

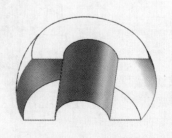

图 6-64　设置【旋转类型】为【两侧对称】　　　图 6-65　生成旋转曲面

（3）在【方向 1】选项组中，设置【方向 1 角度】为"270.00 度"，如图 6-66 所示，单击 【确定】按钮，生成旋转曲面，如图 6-67 所示。

图 6-66　设置【方向 1 角度】为"270.00 度"　　　图 6-67　生成旋转曲面

6.2.3　扫描曲面

利用轮廓和路径生成的曲面被称为扫描曲面。扫描曲面和扫描特征类似，也可以通过引导线生成。

生成扫描曲面的操作方法如下。

单击【曲面】工具栏中的 【扫描曲面】按钮，或者选择【插入】|【曲面】|【扫描曲面】菜单命令，弹出【曲面 - 扫描】属性管理器。在【轮廓和路径】选项组中，单击 【轮廓】选择框，在图形区域中选择如图 6-68 所示上视基准面上的草图，单击 【路径】选择框，在图形区域中选择前视基准面上的草图，其他设置如图 6-69 所示，单击 【确定】按钮，生成扫描曲面，如图 6-70 所示。

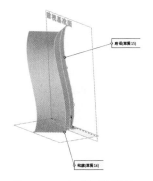

图 6-68　选择草图　　　图 6-69　【曲面 - 扫描】属性管理器　　　图 6-70　生成扫描曲面

6.2.4　放样曲面

通过曲线之间的平滑过渡生成的曲面被称为放样曲面。放样曲面由放样的轮廓曲线组成，也可以根据需要使用引导线。

生成放样曲面的操作方法如下。

（1）选择前视基准面为草图绘制平面，绘制一条样条曲线，如图 6-71 所示。

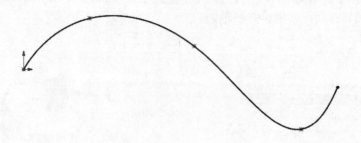

图 6-71　绘制草图

　　（2）单击【参考几何体】工具栏中的 【基准面】按钮，弹出【基准面】属性管理器，如图 6-72 所示，新生成基准面 1。

　　（3）单击【标准视图】工具栏中的 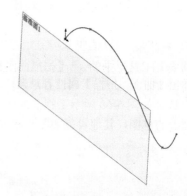【等轴测】按钮，将视图以等轴测方式显示，如图 6-73 所示。

图 6-72　【基准面】属性管理器　　　　　　图 6-73　以等轴测方式显示视图

　　（4）选择基准面 1 为草图绘制平面，绘制一条曲线，如图 6-74 所示。

　　（5）重复步骤 2 的操作，在基准面 1 左侧 100mm 处生成基准面 2，如图 6-75 所示。

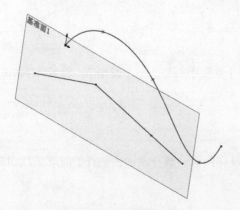

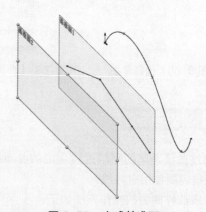

图 6-74　绘制草图　　　　　　　　　　　图 6-75　生成基准面 2

（6）选择基准面 2 为草图绘制平面，绘制一条样条曲线，如图 6-76 所示。

（7）选择【视图】|【基准面】菜单命令，取消视图中基准面的显示。

（8）单击【曲面】工具栏中的 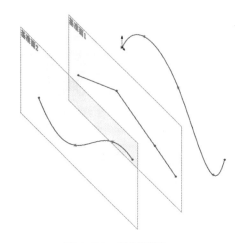【放样曲面】按钮（或者选择【插入】|【曲面】|【放样曲面】菜单命令），弹出【曲面 - 放样】属性管理器。在【轮廓】选项组中，单击【轮廓】选择框，在图形区域中依次选择如图 6-77 所示的草图 1 ～草图 3，其他设置如图 6-78 所示，单击 ✓【确定】按钮，生成放样曲面，如图 6-79 所示。

图 6-76　绘制草图

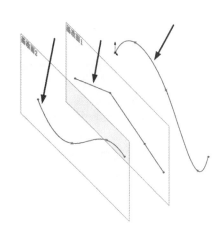
图 6-77　选择草图

图 6-78　【曲面 - 放样】属性管理器

图 6-79　生成放样曲面

6.3　编辑曲面

6.3.1　等距曲面

将已经存在的曲面以指定距离生成的另一个曲面被称为等距曲面。该曲面既可以是模型的轮廓面，也可以是绘制的曲面。

生成等距曲面的操作方法如下。

单击【曲面】工具栏中的 【等距曲面】按钮，或者选择【插入】|【曲面】|【等距曲面】菜单命令，弹出【等距曲面】属性管理器。在【等距参数】选项组中，单击 【要等距的曲面或面】选择框，在图形区域中选择如图 6-80 所示的曲面，设置【等距距离】为"20.00mm"，其他设置如图 6-81 所示，单击 【确定】按钮，生成等距曲面，如图 6-82 所示。

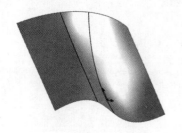
图 6-80　选择曲面

图 6-81　【等距曲面】属性管理器

图 6-82　生成等距曲面

6.3.2　延展曲面

通过沿所选平面方向延展实体或者曲面的边线而生成的曲面被称为延展曲面。

生成延展曲面的操作方法如下。

选择【插入】|【曲面】|【延展曲面】菜单命令，弹出【延展曲面】属性管理器。在【延展参数】选项组中，单击【延展方向参考】选择框，在图形区域中选择如图 6-83 所示的面，单击 【要延展的边线】选择框，在图形区域中选择如图 6-83 所示的边线，设置 【延展距离】为"15.00mm"，其他设置如图 6-84 所示，单击 【确定】按钮，生成延展曲面，如图 6-85 所示。

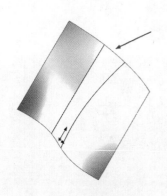
图 6-83　选择面和边线

图 6-84　【延伸曲面】属性管理器

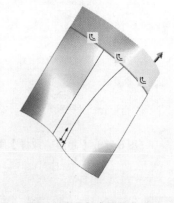
图 6-85　生成延展曲面

6.3.3　圆角曲面

使用圆角将曲面实体中以一定角度相交的两个相邻面之间的边线进行平滑过渡，则生成的曲面被称为圆角曲面。

生成圆角曲面的操作方法如下。

（1）单击【曲面】工具栏中的 【圆角】按钮，或者选择【插入】|【曲面】|【圆角】菜单命令，弹出【圆角】属性管理器。在【圆角类型】选项组中，单击【面圆角】按钮；在【圆角项目】选项组中，单击【面组1】选择框，在图形区域中选择如图6-86所示的面1、面3、面4和面5，单击【面组2】选择框，在图形区域中选择如图6-86所示的面2，其他设置如图6-87所示。

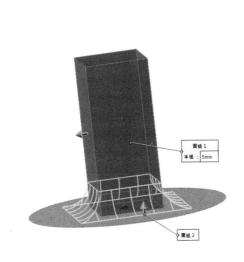

图 6-86　选择曲面

图 6-87　【圆角】属性管理器

（2）此时在图形区域中会显示圆角曲面的预览，注意箭头指示的方向，如果方向不正确，系统会提示错误或者生成不同效果的面圆角，单击 【确定】按钮，生成圆角曲面。

（3）图6-88所示为面圆角箭头指示的方向，图6-89所示为其生成圆角曲面后的图形；图6-90所示为面圆角箭头指示的另一方向，图6-91所示为其生成圆角曲面后的图形。

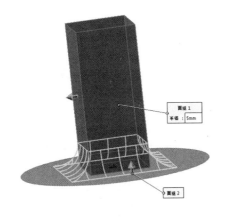

图 6-88　面圆角箭头指示的方向

图 6-89　生成圆角曲面

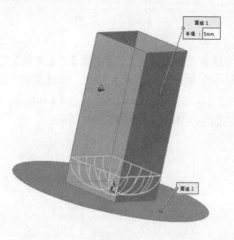

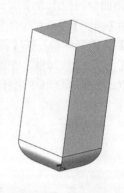

图 6-90　面圆角箭头指示的方向　　　　　　　　图 6-91　生成圆角曲面

6.3.4　填充曲面

在现有模型边线、草图或者曲线定义的边界内生成带任何边数的曲面修补，被称为填充曲面。填充曲面可以用来构造填充模型中缝隙的曲面。

生成填充曲面的操作方法如下。

（1）单击【曲面】工具栏中的 【填充曲面】按钮，或者选择【插入】|【曲面】|【填充】菜单命令，弹出【填充曲面】属性管理器。在【修补边界】选项组中，单击 【修补边界】选择框，在图形区域中选择如图 6-92 所示的边线 1，其他设置如图 6-93 所示，单击 【确定】按钮，生成填充曲面，如图 6-94 所示。

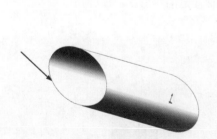

图 6-92　选择边线　　　　　图 6-93　【填充曲面】属性管理器　　　　图 6-94　生成填充曲面

（2）在生成填充曲面时，可以选择不同的曲率控制类型，使填充曲面更加平滑。在【修补边界】选项组中，设置【曲率控制】类型为【曲率】，如图 6-95 所示，单击 【确定】按钮，生成填充曲面，如图 6-96 所示。

（3）在【修补边界】选项组中，单击【交替面】按钮，单击 【确定】按钮，生成填充曲面，如图 6-97 所示。

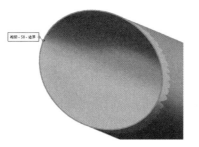

图 6-95 设置【曲率控制】
类型为【曲率】

图 6-96 生成填充曲面

图 6-97 生成填充曲面

6.3.5 中面

在实体上选择合适的双对面，在双对面之间可以生成中面。合适的双对面必须处处等距，且属于同一实体。在 SolidWorks 中可以生成以下中面。

- 单个：在图形区域中选择单个等距面生成中面。
- 多个：在图形区域中选择多个等距面生成中面。
- 所有：单击【中面】属性管理器中的【查找双对面】按钮，系统会自动选择模型上所有合适的等距面，以生成所有等距面的中面。

生成中面的操作方法如下。

选择【插入】|【曲面】|【中面】菜单命令，弹出【中面】属性管理器。在【选择】选项组中，单击【面1】选择框，在图形区域中选择如图 6-98 所示的小圆柱面，单击【面2】选择框，在图形区域中选择如图 6-98 所示的大圆孔面，设置【定位】为 50%，单击 ✓【确定】按钮，生成中面，如图 6-99 所示。

图 6-98 选择面

图 6-99 生成中面

6.3.6 延伸曲面

将现有曲面的边缘沿着切线方向进行延伸所形成的曲面被称为延伸曲面。

生成延伸曲面的操作方法如下。

（1）单击【曲面】工具栏中的  【延伸曲面】按钮，或者选择【插入】|【曲面】|【延伸曲面】菜单命令，弹出【延伸曲面】属性管理器。在【拉伸的边线 / 面】选项组中，单击【所选面 / 边线】选择框，在图形区域中选择如图 6-100 所示的边线 1；在【终止条件】选项组中，单击【距离】单选按钮，设置【距离】为 "21.00mm"；在【延伸类型】选项组中，单击【同一曲面】单选按钮，其他设置如图 6-101 所示，单击 ✓ 【确定】按钮，生成延伸曲面，如图 6-102 所示。

图 6-100　选择边线　　　　　　图 6-101　【延伸曲面】属性管理器

（2）在【延伸类型】选项组中，单击【线性】单选按钮，单击 ✓ 【确定】按钮，生成延伸曲面，如图 6-103 所示。

图 6-102　生成延伸曲面　　　　图 6-103　生成延伸曲面

6.3.7　剪裁曲面

可以使用曲面、基准面或者草图作为剪裁工具剪裁相交曲面，也可以将曲面和其他曲面配合使用，相互作为剪裁工具。

生成剪裁曲面的操作方法如下。

（1）单击【曲面】工具栏中的 【剪裁曲面】按钮，或者选择【插入】|【曲面】|【剪裁曲面】菜单命令，弹出【剪裁曲面】属性管理器。

（2）在【剪裁类型】选项组中，单击【标准】单选按钮；在【选择】选项组中，单击 【剪裁工具】选择框，在图形区域中选择如图 6-104 所示的曲面。

（3）单击【保留选择】单选按钮，再单击 【保留的部分】选择框，在图形区域中选择如图 6-104 所示的另一曲面，其他设置如图 6-105 所示，单击 ✓ 【确定】按钮，生成剪裁曲面，如图 6-106 所示。

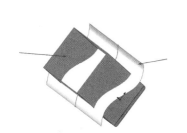

图 6-104　选择曲面　　图 6-105　【剪裁曲面】属性管理器　　图 6-106　生成剪裁曲面

6.3.8　替换面

利用新曲面实体替换曲面或者实体中的面，这种方式被称为替换面。替换曲面实体不必与旧的面具有相同的边界。在替换面时，原来实体中的相邻面自动延伸并剪裁到替换曲面实体。

生成替换面的操作方法如下。

（1）单击【曲面】工具栏中的 🗋【替换面】按钮，或者选择【插入】|【面】|【替换】菜单命令，弹出【替换面】属性管理器。在【替换参数】选项组中，单击【替换的目标面】选择框，在图形区域中选择如图 6-107 所示的圆柱面，单击【替换曲面】选择框，在图形区域中选择如图 6-107 所示的波浪曲面，其他设置如图 6-108 所示，单击 ✅【确定】按钮，生成替换面，如图 6-109 所示。

（2）用鼠标右键单击替换面，在弹出的快捷菜单中选择【隐藏】命令，替换的目标面被隐藏，如图 6-110 所示。

图 6-107　选择面　　　　　　图 6-108　【替换面】属性管理器

图 6-109　生成替换面　　　　　　图 6-110　隐藏面

6.3.9 删除面

删除面是将存在的面删除并进行编辑。

删除面的操作方法如下。

（1）单击【曲面】工具栏中的 🔲【删除面】按钮，或者选择【插入】|【面】|【删除】菜单命令，弹出【删除面】属性管理器。在【选择】选项组中，单击【要删除的面】选择框，在图形区域中选择如图 6-111 所示的面 1；在【选项】选项组中，单击【删除】单选按钮，如图 6-112 所示，单击 ✓【确定】按钮，将选择的面删除，如图 6-113 所示。

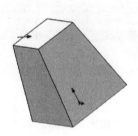

图 6-111　选择面　　　　　　　　　图 6-112　【删除面】属性管理器

（2）在 FeatureManager 设计树中用鼠标右键单击【删除面 2】图标，在弹出的快捷菜单中选择【编辑特征】命令，如图 6-114 所示。

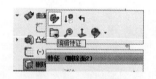

图 6-113　删除面　　　　　　　　　图 6-114　快捷菜单

（3）弹出【删除面 2】属性管理器，在【选项】选项组中，单击【删除并修补】单选按钮，如图 6-115 所示，其他设置保持不变，单击 ✓【确定】按钮，删除并修补选择的面，如图 6-116 所示。

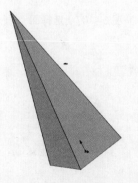

图 6-115　【删除面 2】属性管理器　　　　　図 6-116　删除并修补面

（4）重复步骤（2）的操作，弹出【删除面 2】属性管理器，在【选项】选项组中，单击【删除并填充】单选按钮，如图 6-117 所示，其他设置保持不变，单击 ✔【确定】按钮，删除并填充选择的面，如图 6-118 所示。

图 6-117　【删除面 2】属性管理器　　　　图 6-118　删除并填充面

6.4　风扇三维建模范例

下面应用本章所讲解的知识完成一个风扇曲面模型的制作，最终效果如图 6-119 所示。本范例的建模主要包括框架和叶片两个部分。

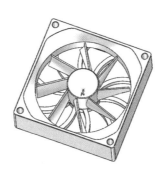

图 6-119　风扇曲面模型

6.4.1　框架部分

（1）单击 FeatureManager 设计树中的【前视基准面】图标，使其成为草图绘制平面。单击【标准视图】工具栏中的 ↧【正视于】按钮，并单击【草图】工具栏中的 ⎧【草图绘制】按钮，进入草图绘制状态。使用【草图】工具栏中的 ╱【直线】、⊙【圆】、⌒【圆心 / 起 / 终点画弧】、╱【中心线】、⟋【智能尺寸】工具，绘制如图 6-120 所示的草图并标注尺寸。单击 ⟳【退出草图】按钮，退出草图绘制状态。

扫码看视频

（2）单击【特征】工具栏中的 ⬛【拉伸凸台 / 基体】按钮，弹出【凸台 - 拉伸】属性管理器。在【方向 1】选项组中，设置【终止条件】为【两侧对称】，⬧【深度】为 "25.00mm"，单击 ✔【确定】按钮，生成拉伸特征，如图 6-121 所示。

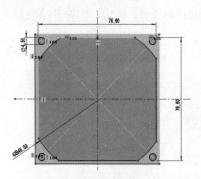

图 6-120　绘制草图并标注尺寸

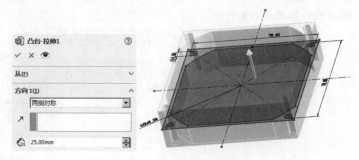

图 6-121　生成拉伸特征

（3）单击【特征】工具栏中的 【圆角】按钮，弹出【圆角】属性管理器。在【要圆角化的项目】选项组中，单击 【边线、面、特征和环】选择框，在图形区域中选择模型的 8 条边线，设置 【半径】为"10.00mm"，单击 【确定】按钮，生成圆角特征，如图 6-122 所示。

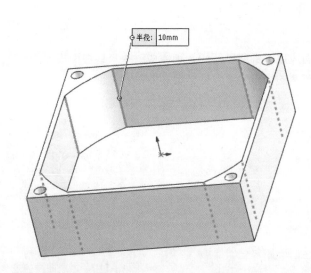

图 6-122　生成圆角特征

（4）单击 FeatureManager 设计树中的【前视基准面】图标，使其成为草图绘制平面。单击【草图】工具栏中的 【草图绘制】按钮，进入草图绘制状态。使用【草图】工具栏中的 【圆】、【智能尺寸】工具，绘制如图 6-123 所示的草图并标注尺寸。单击 【退出草图】按钮，退出草图绘制状态。

（5）单击【曲面】工具栏中的 【拉伸曲面】按钮，弹出【曲面 - 拉伸】属性管理器，在【方向 1】选项组中，设置【终止条件】为【两侧对称】，【深度】为"10.00mm"，如图 6-124 所示，单击 【确定】按钮，生成曲面拉伸特征。

（6）单击【曲面】工具栏中的 【等距曲面】按钮，弹出【曲面 - 等距】属性管理器，在 【要等距的面】选择框中选择模型的内表面，在 【等距距离】中输入"0.00mm"，单击 【确定】按钮，生成等距曲面，如图 6-125 所示。

（7）单击 FeatureManager 设计树中的【前视基准面】图标，使其成为草图绘制平面。单击【草图】工具栏中的【草图绘制】按钮，进入草图绘制状态。使用【草图】工具栏中的【转换实体引用】工具，绘制如图 6-126 所示的草图。单击【退出草图】按钮，退出草图绘制状态。

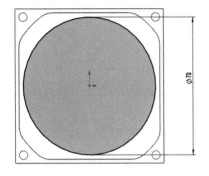

图 6-123　绘制草图并标注尺寸

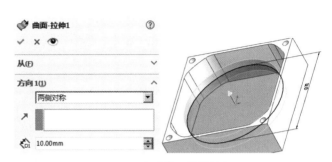

图 6-124　生成曲面拉伸特征

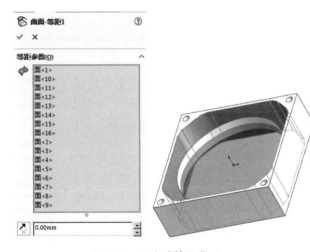

图 6-125　生成等距曲面

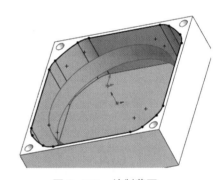

图 6-126　绘制草图

（8）单击【曲面】工具栏中的【放样曲面】按钮，弹出【曲面 - 放样】属性管理器，在【轮廓】选择框中选择草图 3 和边线 1，单击【确定】按钮，生成放样曲面，如图 6-127 所示。

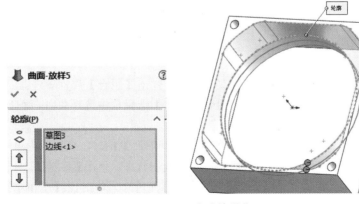

图 6-127　生成放样曲面

（9）单击【特征】工具栏中的 器器【镜像】按钮，弹出【镜像】属性管理器。在【镜像面 / 基准面】选项组中，单击 ┌◇┐【镜像面 / 基准面】选择框，在绘图区域中选择上视基准面；在【要镜像的实体】选项组中，单击 ◈【要镜像的实体】选择框，在绘图区域中选择曲面 - 放样 5，单击 ✔【确定】按钮，生成镜像特征，如图 6-128 所示。

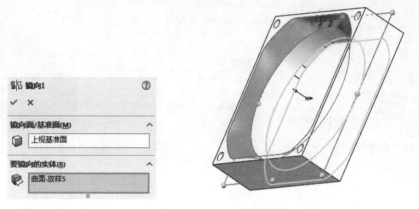

图 6-128　生成镜像特征

（10）单击【曲面】工具栏中的 ❖【缝合曲面】按钮，弹出【曲面 - 缝合】属性管理器。单击 ◈【选择】选择框，在图形区域中选择 4 个曲面，勾选【创建实体】复选框，设置【缝合公差】为 "0.0025mm"，如图 6-129 所示，单击 ✔【确定】按钮，生成缝合曲面特征。

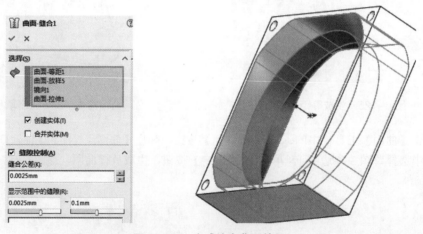

图 6-129　生成缝合曲面特征

（11）选择【插入】|【特征】|【组合】菜单命令，弹出【组合】属性管理器。在【操作类型】选项组中，选择【添加】单选按钮，在【要组合的实体】选择框中选择曲面 - 缝合 1 和圆角 1，如图 6-130 所示，单击 ✔【确定】按钮，生成组合特征。

（12）单击【FeatureManager 设计树】中的【前视基准面】图标，使其成为草图绘制平面。单击【草图】工具栏中的 ┌┐【草图绘制】按钮，进入草图绘制状态。使用【草图】工具栏中的 ⊙【圆】、 ✎【智能尺寸】工具，绘制如图 6-131 所示的草图并标注尺寸。单击 ⏎【退出草图】按钮，退出草图绘制状态。

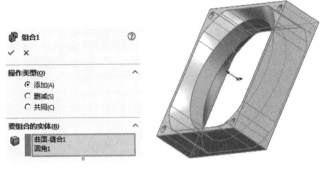

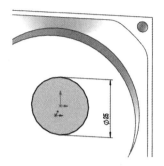

图 6-130　生成组合特征　　　　　　　图 6-131　绘制草图并标注尺寸

（13）单击【特征】工具栏中的 ⓐ【拉伸凸台 / 基体】按钮，弹出【凸台 - 拉伸】属性管理器。在【方向 1】选项组中，设置【终止条件】为【给定深度】，ⓐ【深度】为 "5.00mm"，单击 ✔【确定】按钮，生成拉伸特征，如图 6-132 所示。

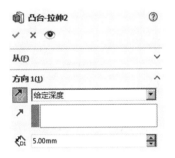

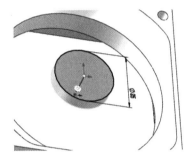

图 6-132　生成拉伸特征

6.4.2　叶片部分

（1）单击 FeatureManager 设计树中的【前视基准面】图标，使其成为草图绘制平面。单击【草图】工具栏中的 ⓒ【草图绘制】按钮，进入草图绘制状态。使用【草图】工具栏中的 ⓐ【直线】、ⓐ【圆心 / 起 / 终点画弧】、ⓐ【智能尺寸】工具，绘制如图 6-133 所示的草图并标注尺寸。单击 ⓐ【退出草图】按钮，退出草图绘制状态。

扫码看视频

（2）单击【特征】工具栏中的 ⓐ【拉伸凸台 / 基体】按钮，弹出【凸台 - 拉伸】属性管理器。在【方向 1】选项组中，设置【终止条件】为【给定深度】，ⓐ【深度】为 "5.00mm"，单击 ✔【确定】按钮，生成拉伸特征，如图 6-134 所示。

（3）单击【特征】工具栏中的 ⓐ【圆周阵列】按钮，弹出【圆周阵列】属性管理器。在【方向 1】选项组中，单击 ⓒ【阵列轴】选择框，选择面 <1>，设置 ⓐ【实例数】为 "10"，选择【等间距】单选按钮；在【实体】选项组中，单击 ⓐ【要阵列的实体】选择框，在图形区域中选择凸台 - 拉伸 3，单击 ✔【确定】按钮，生成圆周阵列特征，如图 6-135 所示。

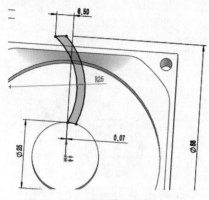

图 6-133　绘制草图并标注尺寸

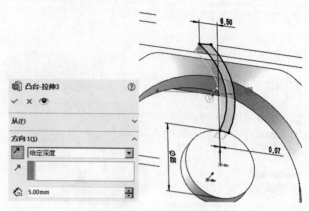

图 6-134　生成拉伸特征

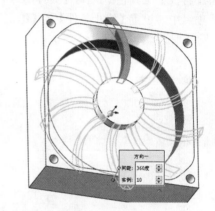

图 6-135　生成圆周阵列特征

（4）选择【插入】|【特征】|【组合】菜单命令，弹出【组合】属性管理器。在【操作类型】选项组中，选择【添加】单选按钮，在【要组合的实体】选择框中选择刚建立的圆周阵列实体以及凸台 - 拉伸 3、凸台 - 拉伸 2 实体，如图 6-136 所示，单击　【确定】按钮，生成组合特征。

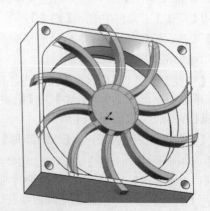

图 6-136　生成组合特征

（5）单击 FeatureManager 设计树中的【前视基准面】图标，使其成为草图绘制平面。单击【草图】工具栏中的 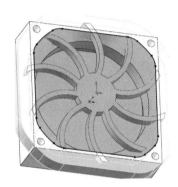【草图绘制】按钮，进入草图绘制状态。使用【草图】工具栏中的 【转换实体引用】工具，绘制如图 6-137 所示的草图。单击 【退出草图】按钮，退出草图绘制状态。

（6）单击【特征】工具栏中的 【拉伸凸台 / 基体】按钮，弹出【凸台 - 拉伸】属性管理器。在【方向 1】选项组中，设置【终止条件】为【给定深度】， 【深度】为 "10.00mm"；勾选【薄壁特征】复选框，设置【终止条件】为【单向】， 【厚度】为 "10.00mm"，单击 【确定】按钮，生成拉伸特征，如图 6-138 所示。

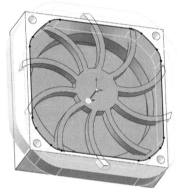

图 6-137　绘制草图　　　　　　　　　　图 6-138　生成拉伸特征

（7）选择【插入】|【特征】|【组合】菜单命令，弹出【组合】属性管理器。在【操作类型】选项组中，选择【删减】单选按钮，在【主要实体】中选择组合 2，在【要组合的实体】中选择凸台 - 拉伸 4，如图 6-139 所示，单击 【确定】按钮，生成组合特征。

图 6-139　生成组合特征

（8）选择【插入】|【特征】|【组合】菜单命令，弹出【组合】属性管理器。在【操作类型】选项组中，选择【添加】单选按钮，在【要组合的实体】中选择组合 3 和组合 1，如图 6-140 所示，单击 【确定】按钮，生成组合特征。

（9）单击 FeatureManager 设计树中的【前视基准面】图标，使其成为草图绘制平面。单击【草图】工具栏中的 【草图绘制】按钮，进入草图绘制状态。使用【草图】工具栏中的 【圆】、

 【智能尺寸】工具，绘制如图 6-141 所示的草图并标注尺寸。单击 【退出草图】按钮，退出草图绘制状态。

图 6-140   生成组合特征

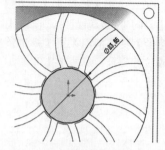
图 6-141   绘制草图并标注尺寸

（10）单击【特征】工具栏中的 【拉伸凸台 / 基体】按钮，弹出【凸台 - 拉伸】属性管理器。在【方向 1】选项组中，设置【终止条件】为【成形到一面】，在图形区域选择模型的上表面，单击 ✔【确定】按钮，生成拉伸特征，如图 6-142 所示。

（11）单击 FeatureManager 设计树中的【前视基准面】图标，使其成为草图绘制平面。单击【草图】工具栏中的 【草图绘制】按钮，进入草图绘制状态。使用【草图】工具栏中的 【圆】、【智能尺寸】工具，绘制如图 6-143 所示的草图并标注尺寸。单击 【退出草图】按钮，退出草图绘制状态。

图 6-142   生成拉伸特征

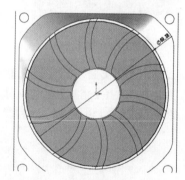
图 6-143   绘制草图并标注尺寸

（12）单击【曲面】工具栏中的 【拉伸曲面】按钮，弹出【曲面 - 拉伸】属性管理器，在【方向 1】选项组中，设置【终止条件】为【成形到一面】，在图形区域选择模型的上表面，单击 ✔【确定】按钮，生成曲面拉伸特征，如图 6-144 所示。

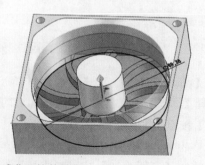
图 6-144   生成曲面拉伸特征

（13）单击 FeatureManager 设计树中的【前视基准面】图标，使其成为草图绘制平面。单击【草图】工具栏中的 【草图绘制】按钮，进入草图绘制状态。使用【草图】工具栏中的 【圆心 / 起 / 终点画弧】、 【智能尺寸】工具，绘制如图 6-145 所示的草图并标注尺寸。单击 【退出草图】按钮，退出草图绘制状态。

（14）选择【插入】|【曲线】|【投影曲线】菜单命令，在 【要投影的草图】选择框中选择草图 9，在 【要投影的面】选择框中选择模型的圆柱面，如图 6-146 所示，单击 【确定】按钮。

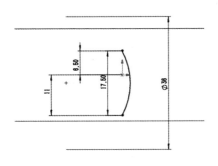

图 6-145　绘制草图并标注尺寸

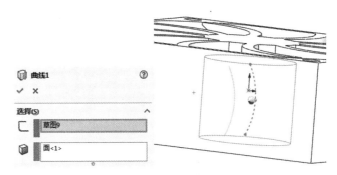

图 6-146　生成分割线特征

（15）单击【参考几何体】工具栏中的 【基准轴】按钮，弹出【基准轴】属性管理器。单击 【两平面】按钮，在 【选择】选择框中选择右视基准面和前视基准面，单击 【确定】按钮，生成基准轴，如图 6-147 所示。

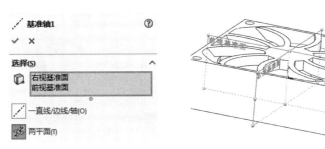

图 6-147　生成基准轴

（16）单击【参考几何体】工具栏中的 【基准面】按钮，弹出【基准面】属性管理器。在【第一参考】选择框中选择前视基准面，单击 【角度】按钮，在文本栏中输入 "20.00 度"；在【第二参考】选择框中选择基准轴 1，如图 6-148 所示，在图形区域中显示出新建基准面的预览，单击 【确定】按钮，生成基准面。

（17）单击 FeatureManager 设计树中的【基准面 1】图标，使其成为草图绘制平面。单击【草图】工具栏中的 【草图绘制】按钮，进入草图绘制状态。使用【草图】工具栏中的 【圆心 / 起 / 终点画弧】、 【智能尺寸】工具，绘制如图 6-149 所示的草图并标注尺寸。单击 【退出草图】按钮，退出草图绘制状态。

（18）选择【插入】|【曲线】|【投影曲面】菜单命令，在 【要投影的草图】选择框中选择草图 10，在 【要投影的面】中选择面 1，如图 6-150 所示，单击 【确定】按钮。

（19）选择【插入】|【特征】|【删除 / 保留实体】菜单命令，弹出【实体删除 / 保留实体】属性管理器。单击 【要删除实体】选择框，在图形区域中选择曲面 - 拉伸 2，如图 6-151 所示，单

击 ✔【确定】按钮，生成删除实体特征。

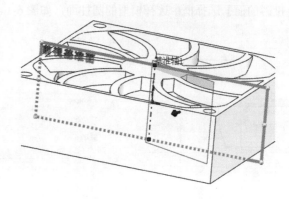

图 6-148　生成基准面

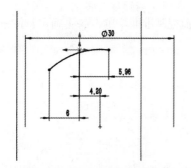

图 6-149　绘制草图并标注尺寸

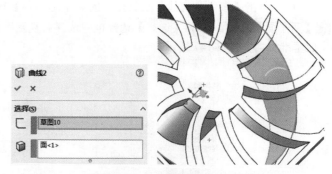

图 6-150　生成分割线特征

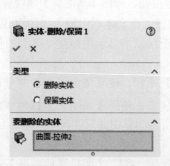

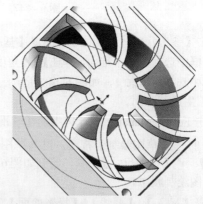

图 6-151　生成删除实体特征

（20）单击【曲面】工具栏中的 ⬇【放样曲面】按钮，弹出【曲面 - 放样】属性管理器，在【轮廓】选择框中选择曲线 2 和曲线 1，单击 ✔【确定】按钮，生成放样曲面，如图 6-152 所示。

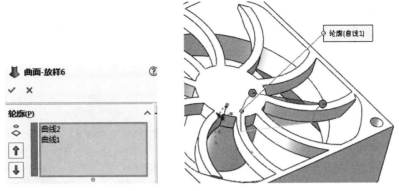

图 6-152　生成放样曲面

（21）选择【插入】|【凸台 / 基体】|【加厚】菜单命令，弹出【加厚】属性管理器，在【加厚参数】选项组中，在 ◈【要加厚的曲面】选择框中选择曲面 - 放样 6，在 ⛏【厚度】中输入 "1.00mm"。单击 ✔【确定】按钮，加厚曲面，如图 6-153 所示。

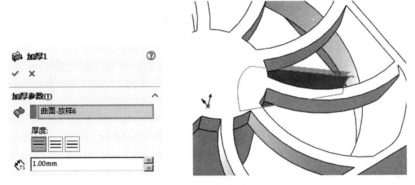

图 6-153　加厚曲面

（22）单击【特征】工具栏中的 ⊞【圆周阵列】按钮，弹出【圆周阵列】属性管理器。在【方向 1】选项组中，单击 ⟳【阵列轴】选择框，选择面 1，设置 ❋【实例数】为 "8"，选择【等间距】单选按钮；在【实体】选项组中，单击 ⬡【要阵列的实体】选择框，在图形区域中选择加厚 1，单击 ✔【确定】按钮，生成圆周阵列特征，如图 6-154 所示。

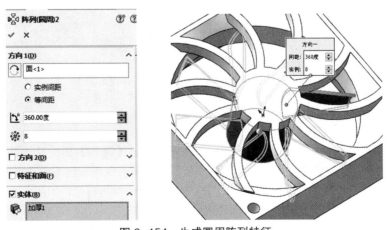

图 6-154　生成圆周阵列特征

（23）选择【插入】|【特征】|【组合】菜单命令，弹出【组合】属性管理器。在【操作类型】选项组中，选择【添加】单选按钮，在【要组合的实体】选择框中选择凸台 - 拉伸 4 和组合 4，如图 6-155 所示，单击 ✔【确定】按钮，生成组合特征。

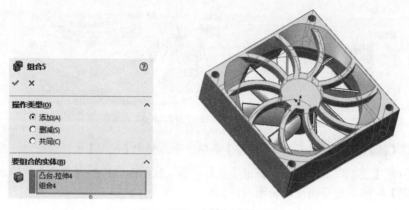

图 6-155　生成组合特征

（24）单击【特征】工具栏中的 🔲【圆角】按钮，弹出【圆角】属性管理器。在【要圆角化的项目】选项组中，单击 🔲【边线、面、特征和环】选择框，在图形区域中选择模型的 4 条边线，设置 🔾【半径】为"2.00mm"，单击 ✔【确定】按钮，生成圆角特征，如图 6-156 所示。

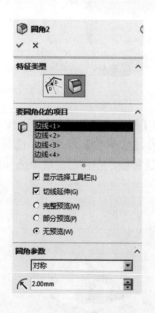
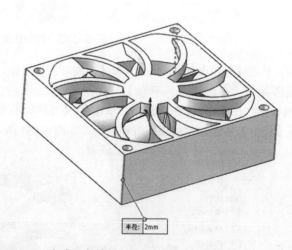

图 6-156　生成圆角特征

（25）单击【特征】工具栏中的 🔲【圆角】按钮，弹出【圆角】属性管理器。在【要圆角化的项目】选项组中，单击 🔲【边线、面、特征和环】选择框，在图形区域中选择模型的一条边线，设置 🔾【半径】为"0.50mm"，单击 ✔【确定】按钮，生成圆角特征，如图 6-157 所示。

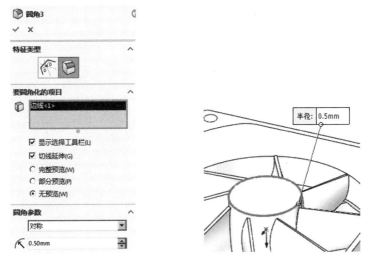

图 6-157　生成圆角特征

（26）单击【特征】工具栏中的 圆角 【圆角】按钮，弹出【圆角】属性管理器。在【要圆角化的项目】选项组中，单击 【边线、面、特征和环】选择框，在图形区域中选择模型的两个面，设置 【半径】为"0.30mm"，单击 【确定】按钮，生成圆角特征，如图 6-158 所示。

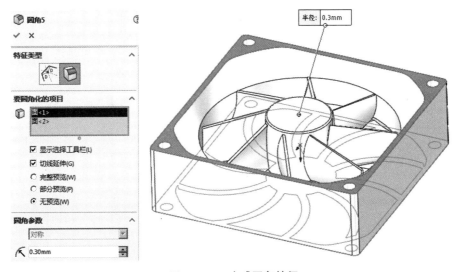

图 6-158　生成圆角特征

Chapter 7

第 7 章
钣金设计

钣金是针对金属薄板（厚度通常在 6mm 以下）的一种综合冷加工工艺，包括剪、冲 / 切 / 复合、折、焊接、铆接、拼接、成型（如汽车车身）等，其显著的特征就是同一零件厚度一致。SolidWorks 可以独立设计钣金零件，也可以在包含此内部零部件的关联装配体中设计钣金零件。本章主要介绍钣金基础知识、生成钣金的特征和编辑钣金的特征。

重点与难点

- 基础知识
- 生成钣金特征
- 编辑钣金特征

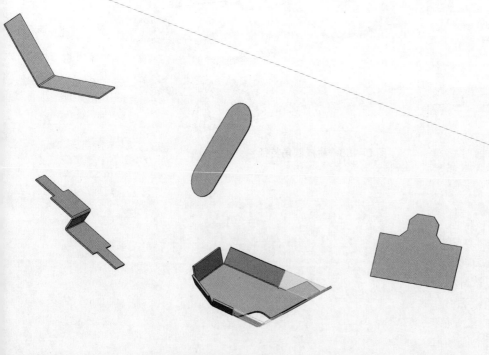

7.1 基础知识

在钣金零件设计中经常涉及一些术语，包括折弯系数、K 因子和折弯扣除等。

7.1.1 折弯系数

折弯系数是沿材料中性轴所测量的圆弧长度。在生成折弯时，可以给任何一个钣金折弯键入数值以指定明确的折弯系数。以下方程式用来决定使用折弯系数数值时的总平展长度。

$$L_t = A + B + BA$$

式中：L_t 表示总平展长度；A 和 B 的含义如图 7-1 所示；BA 表示折弯系数值。

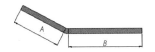

7.1.2 K 因子

图 7-1　折弯系数中 A 和 B 的含义

K 因子代表中立板相对于钣金零件厚度的位置的比率。包含 K 因子的折弯系数使用以下计算公式。

$$BA = \Pi (R + KT) \alpha / 180$$

式中：BA 表示折弯系数值；R 表示内侧折弯半径；K 表示 K 因子；T 表示材料厚度；α 表示折弯角度（经过折弯材料的角度）。

7.1.3 折弯扣除

折弯扣除通常是指回退量，也是一种描述钣金折弯过程的简单算法。在生成折弯时，可以给任何一个钣金折弯键入数值以指定明确的折弯扣除。以下方程式用来决定使用折弯扣除数值时的总平展长度。

$$L_t = A + B - BD$$

式中：L_t 表示总平展长度；A 和 B 的含义如图 7-2 所示；BD 表示折弯扣除值。

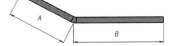

图 7-2　折弯扣除中 A 和 B 的含义

7.2 生成钣金特征

两种基本方法可以生成钣金零件，一是利用钣金命令直接生成，二是将现有零件进行转换。下面介绍利用钣金命令直接生成钣金零件的方法。

7.2.1 基体法兰

基体法兰是钣金零件的第一个特征。当基体法兰被添加到 SolidWorks 零件后，系统会将该零件标记为钣金零件，并且在 FeatureManager 设计树中显示特定的钣金特征。

生成基体法兰的操作方法如下。

（1）绘制一个草图，如图 7-3 所示。

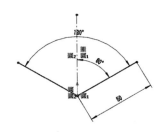

图 7-3　绘制草图

（2）单击【钣金】工具栏中的 🖐【基体法兰】按钮，或执行【插入】|【钣金】|【基体法兰】菜单命令，弹出【基体法兰】属性管理器。

（3）设置基体法兰的属性，如图 7-4 所示。在【方向 1】选项组中，在【终止条件】下拉列表中选择【给定深度】，在 🔧【深度】文本框中输入"20.00mm"。在【钣金参数】选项组中，在 🔧【厚度】文本框中输入"1.00mm"，在 📐【折弯半径】文本框中输入"0.7366mm"。在【折弯系数】选项组的下拉列表中选择【K 因子】选项，在 **K**【K 因子】文本框中输入"0.5"。在【自动切释放槽】选项组的下拉列表中选择【矩形】选项，勾选【使用释放槽比例】复选框，在【比例】文本框中输入"0.5"。

（4）单击 ✔【确定】按钮，完成基体法兰特征的创建，如图 7-5 所示。

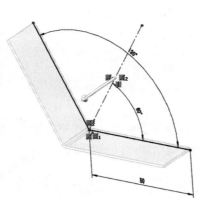

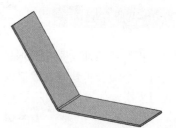

图 7-4　基体法兰属性设置　　　　　　　　图 7-5　创建基体法兰特征

7.2.2　边线法兰

在一条或者多条边线上可以添加边线法兰。

生成边线法兰的操作方法如下。

（1）新建一个基体法兰，如图 7-6 所示。

（2）单击【钣金】工具栏中的 🖐【边线法兰】按钮，或执行【插入】|【钣金】|【边线法兰】菜单命令，弹出【边线 - 法兰】属性管理器。

（3）在【法兰参数】选项组的【边线】选择框中，选取模型边缘为边线法兰的附着边，如图 7-7 中右侧的边线所示。

（4）在【角度】选项组的 📐【法兰角度】文本框中输入"90.00 度"。在【法兰长度】选项组下，在【长度终止条件】下拉列表中选择【给定深度】选项，在 🔧【长度】文本框中输入"28.00mm"，单击 📐【外部虚拟交点】按钮。在【法兰位置】选项组下，单击 📐【材料在外】按钮，勾选【等距】复选框，如图 7-8 所示。

（5）单击 ✅【确定】按钮，完成边线法兰特征的创建，如图7-9所示。

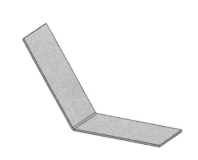

图 7-6　建立模型

图 7-7　选取边线法兰附着边

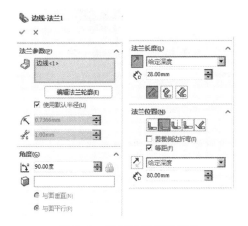

图 7-8　边线法兰属性设置

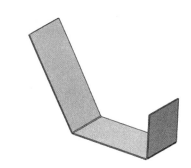

图 7-9　创建边线法兰

7.2.3　斜接法兰

斜接法兰特征可将一系列法兰添加到钣金零件的一条或多条边线上。

生成斜接法兰的操作方法如下。

（1）建立一个基体法兰和草图，如图7-10所示。

（2）单击【钣金】工具栏中的 🔲【斜接法兰】按钮，或执行【插入】|【钣金】|【斜接法兰】菜单命令，弹出【斜接法兰】属性管理器。

（3）在【斜接参数】选项组的【沿边线】选择框中，选取模型边缘上的圆弧草图为斜接法兰的轮廓，系统默认选中法兰边线，如图7-11所示。

图 7-10　建立模型

图 7-11　定义斜接法兰轮廓

（4）在【斜接参数】选项组下，在【折弯半径】文本框中输入"0.50mm"，在【法兰位置】选项中单击【材料在内】按钮，设定【缝隙距离】为"0.25mm"，如图 7-12 所示。

（5）单击【确定】按钮，完成斜接法兰特征的创建，如图 7-13 所示。

图 7-12　斜接法兰属性设置

图 7-13　创建斜接法兰

7.2.4　绘制的折弯

绘制的折弯在钣金零件处于折叠状态时将折弯线添加到零件，使折弯线的尺寸标注到其他折叠的几何体上。

生成绘制的折弯的操作方法如下。

（1）建立一个基体法兰，如图 7-14 所示。

（2）单击【钣金】工具栏中的【绘制的折弯】按钮，或执行【插入】|【钣金】|【绘制的折弯】菜单命令。

（3）定义特征的折弯线。选取模型表面作为草图基准面，如图 7-15 所示。在草图环境中绘制如图 7-16 所示的折弯线。单击【退出草图】按钮，系统弹出【绘制的折弯】属性管理器。

　　　　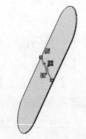

图 7-14　新建基体法兰　　　图 7-15　选取草图基准面　　　图 7-16　绘制折弯线

（4）绘制的折弯属性设置，如图 7-17 所示。在【折弯参数】选项组中，在【固定面】选择框选择折弯线的右半边平面（在图 7-17 中黑色点所在的位置单击，确定折弯固定面）。在【折弯位置】选项中单击【材料在内】按钮，在【角度】文本框中输入"60.00 度"。

（5）单击【确定】按钮，完成折弯特征的创建，如图 7-18 所示。

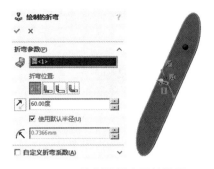

图 7-17　绘制的折弯属性设置

图 7-18　创建折弯特征

7.2.5　断开边角

单击【钣金】工具栏中的【断开边角 / 边角剪裁】按钮，或者选择【插入】|【钣金】|【断开边角】菜单命令，弹出【断开边角】属性管理器。

生成断开边角的操作方法如下。

（1）建立一个基体法兰，如图 7-19 所示。

（2）单击【钣金】工具栏中的【断开边角 / 边角剪裁】按钮，或执行【插入】|【钣金】|【断开边角】菜单命令，系统弹出【断开边角】属性管理器。

（3）在【边角边线和 / 或法兰面】选择框中，在图形区域选择边线，定义边角边线，在【折断类型】选项中单击【倒角】按钮，在【距离】文本框中输入"10.00mm"，如图 7-20 所示。

（4）单击【确定】按钮，完成断开边角特征的创建，如图 7-21 所示。

图 7-19　建立模型

图 7-20　断开边角属性设置

图 7-21　创建断开边角特征

7.2.6　褶边

单击【钣金】工具栏中的【褶边】按钮，或者选择【插入】|【钣金】|【褶边】菜单命令，弹出【褶边】属性管理器。

生成褶边的操作方法如下。

（1）建立一个基体法兰，如图 7-22 所示。

（2）单击【钣金】工具栏中的【褶边】按钮，或执行【插入】|【钣金】|【褶边】菜单命令，系统弹出【褶边】属性管理器。

（3）选取模型边线为褶边边线，如图 7-23 所示。

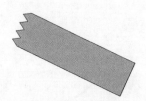

图 7-22　建立模型　　　　　　　　图 7-23　定义褶边边线

（4）定义褶边属性，如图 7-24 所示。在【边线】选项组下，单击 【材料在内】按钮。在【类型和大小】选项组下，单击 【开环】按钮，在 【长度】文本框中输入"60.00mm"，在 【缝隙距离】文本框中输入"30.00mm"。

（5）单击 【确定】按钮，完成褶边特征的创建，如图 7-25 所示。

图 7-24　褶边属性设置　　　　　　　图 7-25　创建褶边特征

7.2.7　转折

转折通过从草图线生成两个折弯而将材料添加到钣金零件上。

生成转折的操作方法如下。

（1）建立一个基体法兰，如图 7-26 所示。

（2）单击【钣金】工具栏中的 【转折】按钮，或执行【插入】|【钣金】|【转折】菜单命令。

（3）定义特征的折弯线。选取模型上表面作为草图基准面，如图 7-27 所示。在草图环境中绘制如图 7-28 所示的折弯线。单击 【退出草图】按钮，系统弹出【转折】属性管理器。

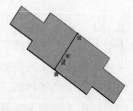

图 7-26　建立模型　　　　　图 7-27　选取草图基准面　　　　　图 7-28　绘制折弯线

（4）在【选择】选项组中，在 【固定面】选择框选择折弯线的右半边平面， 【折弯半径】

中使用默认值。在【转折等距】选项组下，在【终止条件】下拉列表中选择【给定深度】选项，在 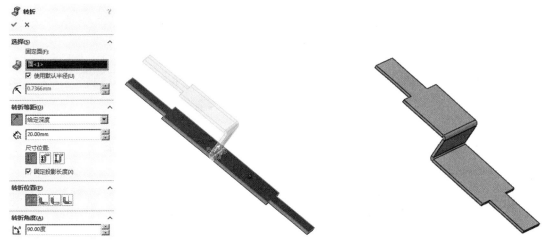【等距距离】文本框中输入"20.00mm"，在【尺寸位置】选项中单击【外部等距】按钮。在【转折位置】选项组下，单击【折弯中心线】按钮。在【转折角度】文本框中输入"90.00 度"，如图 7-29 所示。

（5）单击【确定】按钮，完成转折特征的创建，如图 7-30 所示。

图 7-29　转折属性设置　　　　　　　　图 7-30　创建转折特征

7.2.8　闭合角

可以在钣金法兰之间添加闭合角。

生成闭合角的操作方法如下。

（1）建立一个钣金模型，如图 7-31 所示。

（2）单击【钣金】工具栏中的【闭合角】按钮，或执行【插入】|【钣金】|【闭合角】菜单命令，系统弹出【闭合角】属性管理器。

（3）在【要延伸的面】选择框中选取模型两个侧平面为延伸面，如图 7-32 所示。

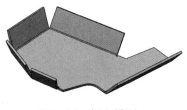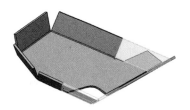

图 7-31　钣金模型　　　　　　　　　　图 7-32　定义延伸面

（4）在【边角类型】选项中单击【重叠】按钮，在【缝隙距离】文本框中输入"0.10mm"，如图 7-33 所示。

（5）单击【确定】按钮，完成闭合角特征的创建，如图 7-34 所示。

图 7-33　闭合角属性设置

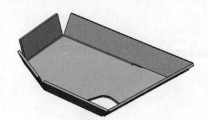

图 7-34　创建闭合角特征

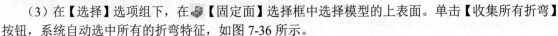

7.3　编辑钣金特征

7.3.1　折叠

单击【钣金】工具栏中的 【折叠】按钮，或者选择【插入】|
【钣金】|【折叠】菜单命令，弹出【折叠】属性管理器。

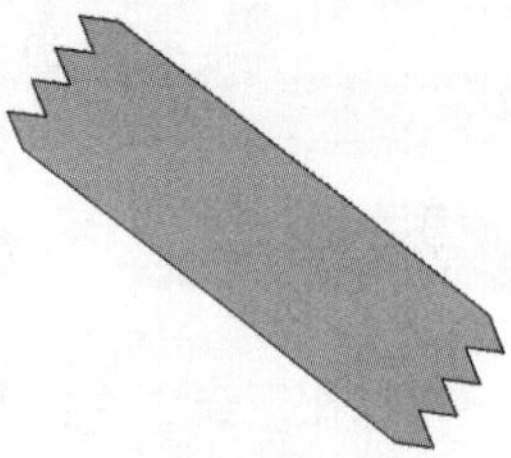

生成折叠特征的操作方法如下。

（1）建立一个基体法兰，如图 7-35 所示。

（2）单击【钣金】工具栏中的 【折叠】按钮，或执行【插入】
|【钣金】|【折叠】菜单命令，弹出【折叠】属性管理器。

图 7-35　建立模型

（3）在【选择】选项组下，在 【固定面】选择框中选择模型的上表面。单击【收集所有折弯】
按钮，系统自动选中所有的折弯特征，如图 7-36 所示。

（4）单击 【确定】按钮，完成折叠特征的创建，如图 7-37 所示。

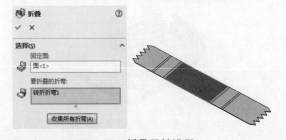

图 7-36　折叠属性设置

图 7-37　创建折叠特征

7.3.2　展开

单击【钣金】工具栏中的 【展开】按钮，或者选择【插入】|【钣金】|【展开】菜单命令，

弹出【展开】属性管理器。

生成展开特征的操作方法如下。

（1）建立一个基体法兰，如图 7-38 所示。

（2）单击【钣金】工具栏中的 【展开】按钮，或执行【插入】|【钣金】|【展开】菜单命令，弹出【展开】属性管理器。

（3）在【选择】选项组下，在 【固定面】选择框中选择模型的上表面。在 【要展开的折弯】选择框中选择模型的两个折弯特征，可单击【收集所有折弯】按钮进行选择，如图 7-39 所示。

图 7-38　建立模型

（4）单击 【确定】按钮，完成展开特征的创建，如图 7-40 所示。

图 7-39　展开属性设置

图 7-40　创建展开特征

7.3.3　放样折弯

在钣金零件中，放样折弯使用由放样连接的两个开环轮廓草图，基体法兰特征不与放样折弯特征一起使用。

生成放样折弯的操作方法如下。

（1）分别在两个基准面上绘制草图，如图 7-41 所示。

（2）单击【钣金】工具栏中的 【放样折弯】按钮，或执行【插入】|【钣金】|【放样折弯】菜单命令，弹出【放样折弯】属性管理器。

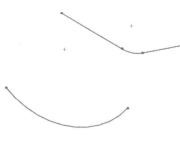

图 7-41　绘制草图

（3）在 【轮廓】选择框中，选择图形区域中绘制的两个草图，在【厚度】文本框中输入"2.00mm"，如图 7-42 所示。

（4）单击 【确定】按钮，完成放样折弯特征的创建，如图 7-43 所示。

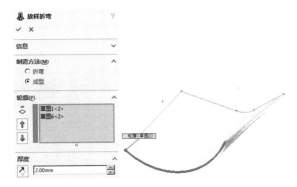

图 7-42　放样折弯属性设置

图 7-43　创建放样折弯特征

7.3.4 切口

切口特征通常用于生成钣金零件，可以将切口特征添加到任何
零件上。

生成切口的操作方法如下。

（1）建立一个实体模型，如图 7-44 所示。

（2）单击【钣金】工具栏中的 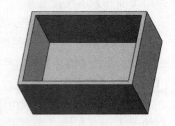 【切口】按钮，或执行【插入】
|【钣金】|【切口】菜单命令，弹出【切口】属性管理器。

图 7-44　建立模型

（3）在 【要切口的边线】选择框中选择模型的侧边线，在 【切口缝隙】文本框中输入
"3.00mm"，如图 7-45 所示。

（4）单击 【确定】按钮，完成切口特征的创建，如图 7-46 所示。

图 7-45　切口属性设置　　　　　　　　　图 7-46　创建切口特征

7.4　机壳钣金建模范例

下面通过一个机壳钣金零件的设计实例来介绍钣金设计方法，钣金零件如图 7-47 所示。
本范例的建模主要包括主体和辅助两个部分。

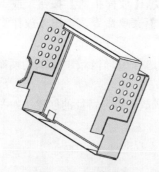

图 7-47　机壳模型

7.4.1　主体部分

（1）单击 FeatureManager 设计树中的【前视基准面】图标，使其成为
草图绘制平面。单击【标准视图】工具栏中的 【正视于】按钮，并单击
【草图】工具栏中的 【草图绘制】按钮，进入草图绘制状态。使用【草图】

扫码看视频

工具栏中的 ✐【直线】、✐【中心线】、✎【智能尺寸】工具，绘制如图 7-48 所示的草图并标注尺寸。单击 ⬔【退出草图】按钮，退出草图绘制状态。

（2）单击【特征】工具栏中的 ⬔【拉伸凸台 / 基体】按钮，弹出【凸台 - 拉伸】属性管理器。在【方向 1】选项组中，设置【终止条件】为【给定深度】，勾选【与厚度相等】复选框，单击 ✔【确定】按钮，生成拉伸特征，如图 7-49 所示。

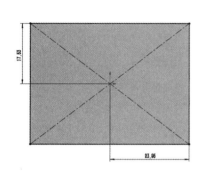

图 7-48　绘制草图并标注尺寸

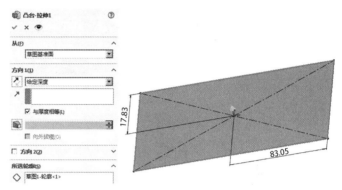

图 7-49　生成拉伸特征

（3）单击模型的上表面，使其成为草图绘制平面。单击【草图】工具栏中的 ⬔【草图绘制】按钮，进入草图绘制状态。使用【草图】工具栏中的 ⬔【转换实体引用】工具，绘制如图 7-50 所示的草图。单击 ⬔【退出草图】按钮，退出草图绘制状态。

（4）单击【特征】工具栏中的 ⬔【拉伸凸台 / 基体】按钮，弹出【凸台 - 拉伸】属性管理器。在【方向 1】选项组中，设置【终止条件】为【给定深度】，⬔【深度】为"6.63mm"，单击 ✔【确定】按钮，生成拉伸特征，如图 7-51 所示。

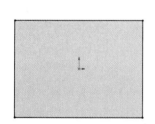

图 7-50　绘制草图

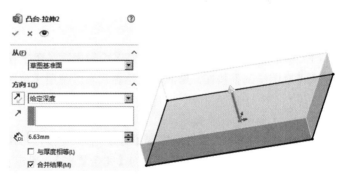

图 7-51　生成拉伸特征

（5）单击模型的底面，使其成为草图绘制平面。单击【草图】工具栏中的 ⬔【草图绘制】按钮，进入草图绘制状态。使用【草图】工具栏中的 ✐【直线】、✎【智能尺寸】工具，绘制如图 7-52 所示的草图并标注尺寸。单击 ⬔【退出草图】按钮，退出草图绘制状态。

（6）单击【特征】工具栏中的 ⬔【拉伸凸台 / 基体】按钮，弹出【凸台 - 拉伸】属性管理器。在【方向 1】选项组中，设置【终止条件】为【到离指定面指定的距离】，在【面 / 平面】选择框中选择模型的底面，设置 ⬔【深度】为"19.55mm"，单击 ✔【确定】按钮，生成拉伸特征，如图 7-53 所示。

（7）选择【插入】|【特征】|【抽壳】菜单命令，弹出【抽壳】属性管理器。在【参数】选项组中，设置 ⬔【厚度】为"0.20mm"，在 ⬔【移除的面】选择框中选择模型的顶面，单击 ✔【确定】按钮，生成抽壳特征，如图 7-54 所示。

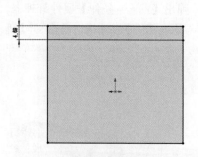

图 7-52 绘制草图并标注尺寸

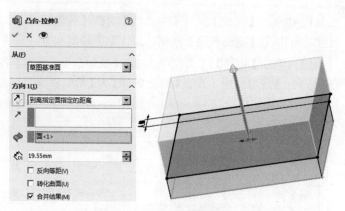

图 7-53 生成拉伸特征

图 7-54 生成抽壳特征

7.4.2 辅助部分

（1）单击模型的侧面，使其成为草图绘制平面。单击【草图】工具栏中的 ┌ 【草图绘制】按钮，进入草图绘制状态。使用【草图】工具栏中的 ╱【直线】、 ⚡【智能尺寸】工具，绘制如图 7-55 所示的草图，并标注尺寸。单击 ⮐【退出草图】按钮，退出草图绘制状态。

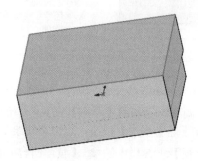

扫码看视频

（2）单击【特征】工具栏中的 ⬛【切除 - 拉伸】按钮，弹出【切除 - 拉伸】属性管理器。在【方向 1】选项组中，设置【终止条件】为【完全贯穿】，单击 ✔【确定】按钮，生成拉伸切除特征，如图 7-56 所示。

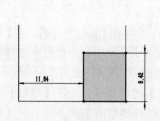

图 7-55 绘制草图并标注尺寸

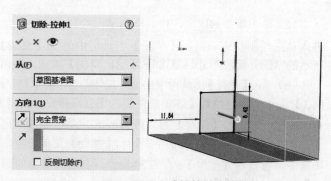

图 7-56 生成拉伸切除特征

（3）单击模型的同一个侧面，使其成为草图绘制平面。单击【草图】工具栏中的[图标]【草图绘制】按钮，进入草图绘制状态。使用【草图】工具栏中的[图标]【圆】、[图标]【智能尺寸】工具，绘制如图 7-57 所示的草图并标注尺寸。单击[图标]【退出草图】按钮，退出草图绘制状态。

（4）单击【特征】工具栏中的[图标]【切除 - 拉伸】按钮，弹出【切除 - 拉伸】属性管理器。在【方向 1】选项组中，设置【终止条件】为【完全贯穿】，单击[图标]【确定】按钮，生成拉伸切除特征，如图 7-58 所示。

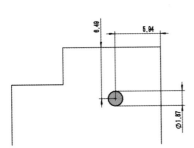
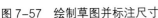

图 7-57　绘制草图并标注尺寸

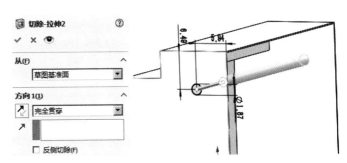

图 7-58　生成拉伸切除特征

（5）单击【特征】工具栏中的[图标]【线性阵列】按钮，弹出【线性阵列】属性管理器。在【方向 1】选项组中，【阵列方向】选择边线 1，设置[图标]【间距】为"3.38mm"，设置[图标]【实例数】为"5"。在【方向 2】选项组中，【阵列方向】选择边线 2，设置[图标]【间距】为 3.90mm，设置[图标]【实例数】为"3"。在[图标]【要阵列的特征】选择框中选择切除 - 拉伸 2。单击[图标]【确定】按钮，生成线性阵列特征，如图 7-59 所示。

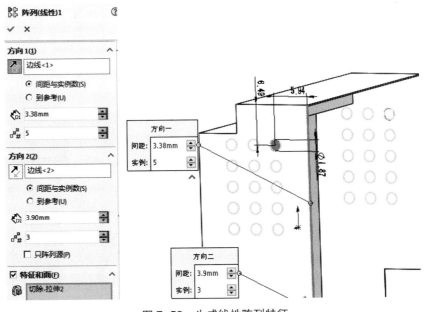

图 7-59　生成线性阵列特征

（6）单击模型的另一个侧面，使其成为草图绘制平面。单击【草图】工具栏中的[图标]【草图绘制】

按钮，进入草图绘制状态。使用【草图】工具栏中的 ✏【直线】、✎【智能尺寸】工具，绘制如图7-60所示的草图并标注尺寸。单击 ↩【退出草图】按钮，退出草图绘制状态。

（7）单击【特征】工具栏中的 ◙【切除 - 拉伸】按钮，弹出【切除 - 拉伸】属性管理器。在【方向1】选项组中，设置【终止条件】为【完全贯穿】，单击 ✔【确定】按钮，生成拉伸切除特征，如图7-61所示。

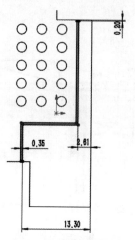

图7-60　绘制草图并标注尺寸

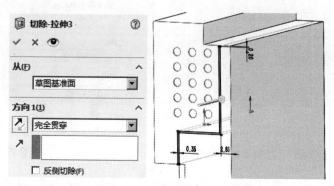

图7-61　生成拉伸切除特征

（8）单击上一草图的绘图平面，使其成为草图绘制平面。单击【草图】工具栏中的 ▭【草图绘制】按钮，进入草图绘制状态。使用【草图】工具栏中的 ✏【直线】、✎【智能尺寸】工具，绘制如图7-62所示的草图并标注尺寸。单击 ↩【退出草图】按钮，退出草图绘制状态。

（9）单击【特征】工具栏中的 ◙【切除 - 拉伸】按钮，弹出【切除 - 拉伸】属性管理器。在【方向1】选项组中，设置【终止条件】为【给定深度】，🔩【深度】为"0.30mm"，单击 ✔【确定】按钮，生成拉伸切除特征，如图7-63所示。

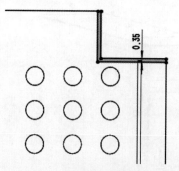

图7-62　绘制草图并标注尺寸

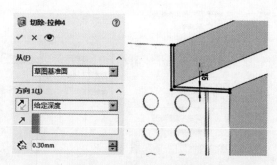

图7-63　生成拉伸切除特征

（10）单击【特征】工具栏中的 🔀【镜像】按钮，弹出【镜像】属性管理器。单击 🔲【镜像面 / 基准面】选择框，选择右视基准面；单击 📷【要镜像的特征】选择框，在绘图区中选择切除 - 拉伸4，单击 ✔【确定】按钮，生成镜像特征，如图7-64所示。

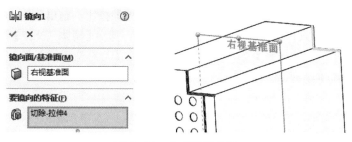

图 7-64　生成镜像特征

（11）单击模型的底面，使其成为草图绘制平面。单击【草图】工具栏中的 ￼【草图绘制】按钮，进入草图绘制状态。使用【草图】工具栏中的 ￼【直线】、￼【智能尺寸】工具，绘制如图 7-65 所示的草图并标注尺寸。单击 ￼【退出草图】按钮，退出草图绘制状态。

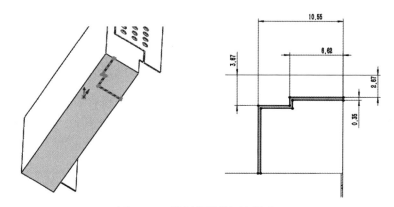

图 7-65　绘制草图并标注尺寸

（12）单击【特征】工具栏中的 ￼【切除 - 拉伸】按钮，弹出【切除 - 拉伸】属性管理器。在【方向 1】选项组中，设置【终止条件】为【给定深度】，勾选【与厚度相等】复选框，单击 ￼【确定】按钮，生成拉伸切除特征，如图 7-66 所示。

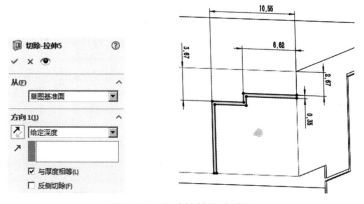

图 7-66　生成拉伸切除特征

（13）单击上一个草图的绘图平面，使其成为草图绘制平面。单击【草图】工具栏中的 ￼【草图绘制】按钮，进入草图绘制状态。使用【草图】工具栏中的 ￼【直线】、￼【智能尺寸】工具，绘制如图 7-67 所示的草图并标注尺寸。单击【退出草图】按钮，退出草图绘制状态。

（14）单击【特征】工具栏中的【切除 - 拉伸】按钮，弹出【切除 - 拉伸】属性管理器。在【方向 1】选项组中，设置【终止条件】为【给定深度】，勾选【与厚度相等】复选框，单击 ✔【确定】按钮，生成拉伸切除特征，如图 7-68 所示。

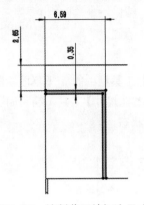

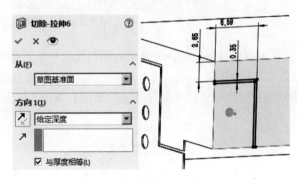

图 7-67　绘制草图并标注尺寸　　　　　　　　　图 7-68　生成拉伸切除特征

（15）单击模型的侧面，使其成为草图绘制平面。单击【草图】工具栏中的【草图绘制】按钮，进入草图绘制状态。使用【草图】工具栏中的【直线】、【智能尺寸】工具，绘制如图 7-69 所示的草图并标注尺寸。单击【退出草图】按钮，退出草图绘制状态。

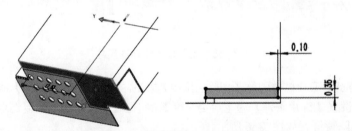

图 7-69　绘制草图并标注尺寸

（16）单击【特征】工具栏中的【切除 - 拉伸】按钮，弹出【切除 - 拉伸】属性管理器。在【方向 1】选项组中，设置【终止条件】为【给定深度】，勾选【与厚度相等】复选框，单击 ✔【确定】按钮，生成拉伸切除特征，如图 7-70 所示。

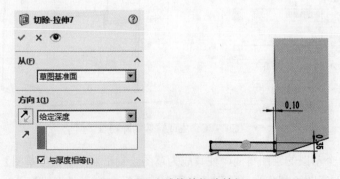

图 7-70　生成拉伸切除特征

（17）单击模型的另一个侧面，使其成为草图绘制平面。单击【草图】工具栏中的【草图绘制】按钮，进入草图绘制状态。使用【草图】工具栏中的 /【直线】、 ✎【智能尺寸】工具，绘制如图 7-71 所示的草图并标注尺寸。单击 ⤶【退出草图】按钮，退出草图绘制状态。

（18）单击【特征】工具栏中的【切除 - 拉伸】按钮，弹出【切除 - 拉伸】属性管理器。在【方向 1】选项组中，设置【终止条件】为【给定深度】，勾选【与厚度相等】复选框，单击 ✔【确定】按钮，生成拉伸切除特征，如图 7-72 所示。

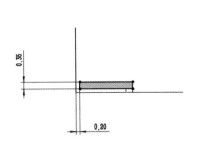

图 7-71　绘制草图并标注尺寸

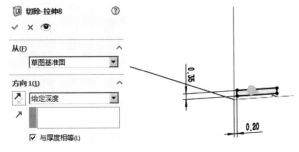

图 7-72　生成拉伸切除特征

（19）单击上一个草图的绘制平面，使其成为草图绘制平面。单击【草图】工具栏中的【草图绘制】按钮，进入草图绘制状态。使用【草图】工具栏中的 /【直线】、 ⌁【中心线】、 ✎【智能尺寸】工具，绘制如图 7-73 所示的草图并标注尺寸。单击 ⤶【退出草图】按钮，退出草图绘制状态。

（20）单击【特征】工具栏中的【切除 - 拉伸】按钮，弹出【切除 - 拉伸】属性管理器。在【方向 1】选项组中，设置【终止条件】为【给定深度】，勾选【与厚度相等】复选框，单击 ✔【确定】按钮，生成拉伸切除特征，如图 7-74 所示。

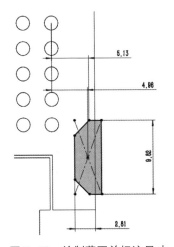
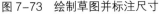

图 7-73　绘制草图并标注尺寸

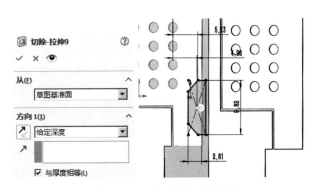

图 7-74　生成拉伸切除特征

（21）选择【插入】|【钣金】|【折弯】菜单命令，弹出【折弯】属性管理器。在【折弯参数】选项组中，勾选【使用默认半径】和【忽略斜切面】复选框，单击 ✔【确定】按钮，生成展开 - 折弯特征，如图 7-75 所示。

（22）SolidWorks 将自动生成【加工 - 折弯】特征，双击特征名称，弹出【加工 - 折弯】属性管理器。在【折弯参数】选项组中，勾选【使用默认半径】复选框，单击 ✔【确定】按钮，生成加工 - 折弯特征，如图 7-76 所示。

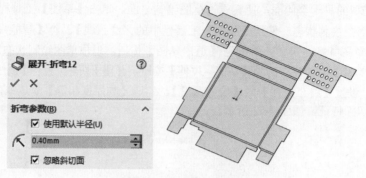

图 7-75　生成展开 – 折弯特征

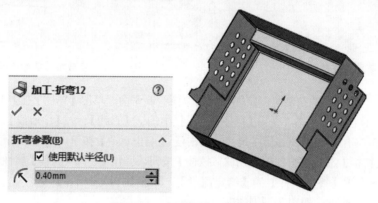

图 7-76　生成加工 – 折弯特征

（23）单击【钣金】工具栏中的 【褶边】按钮，弹出【褶边】属性管理器。在【边线】选项组中，选取 5 条边线，单击 【折弯在外】按钮，作为生成褶边特征的法兰位置。在【类型和大小】选项组中，选择 【开环】作为褶边特征的类型，设置 【长度】为"0.80mm"，设置 【缝隙距离】为"0.10mm"。单击 【确定】按钮，生成褶边特征，如图 7-77 所示。

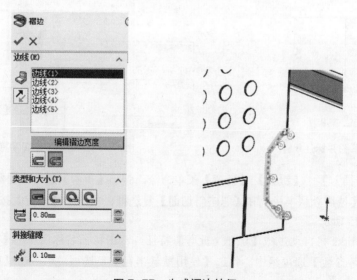

图 7-77　生成褶边特征

（24）单击【钣金】工具栏中的 【边线法兰】按钮，弹出【边线 - 法兰】属性管理器。在【法兰参数】选项组中，选择如图 7-78 所示的边线。单击【编辑法兰轮廓】按钮，绘制如图所示的草图并标注尺寸。勾选【使用默认半径】复选框，设置 【法兰角度】为"90.00 度"，在【法兰长度】选项组中，设置【终止条件】为【给定深度】，设置 【等距距离】为"3.60mm"。单击 【确定】按钮，生成钣金边线法兰特征。

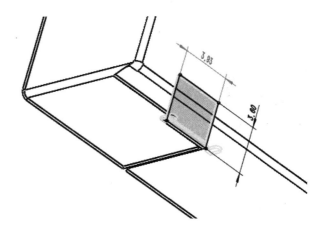

图 7-78　生成边线法兰特征

第 8 章
焊件设计

　　焊件（通称为型材）是铁或钢以及具有一定强度和韧性的材料（如塑料、铝、玻璃纤维等）通过轧制、挤出、铸造等工艺制成的具有一定几何形状的物体。普通型钢按其断面形状又可分为工字钢、槽钢、角钢、圆钢等。工字钢、槽钢、角钢、扁钢都是热轧的，圆钢、方钢、六角钢除热轧外，还有锻制、冷拉等。工字钢、槽钢、角钢广泛应用于工业建筑和金属结构，如厂房、桥梁、船舶、农机车辆、输电铁塔、运输机械等。扁钢主要用作桥梁、房架、栅栏、船舶、车辆等。圆钢、方钢用作各种机械零件、农机配件、工具等。在 SolidWorks 中，运用【焊件】命令可以生成多种焊接类型的结构件组合。用户可以选用 SolidWorks 自带的标准结构件，也可以根据需要自己制作结构构件。本章主要介绍结构构件生成的方法、结构构件编辑的方法以及自定义的属性。

重点与难点

- 结构构件生成方法
- 结构构件编辑方法
- 自定义属性

8.1　结构构件

在零件中生成第一个结构构件时，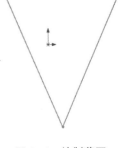【焊件】图标将被添加到 FeatureManager 设计树中。结构构件包含以下属性。

- 结构构件都使用轮廓，例如角铁等。
- 轮廓由【标准】、【类型】及【大小】等属性识别。
- 结构构件可以包含多个片段，但所有片段只能使用一个轮廓。
- 分别具有不同轮廓的多个结构构件可以属于同一个焊接零件。
- 在一个结构构件中的任何特定点处，只有两个实体才可以交叉。
- 结构构件生成的实体会出现在【实体】文件夹下。
- 结构构件可以生成自己的轮廓，并将其添加到现有焊件轮廓库中。
- 可以在 FeatureManager 设计树的【实体】文件夹下选择结构构件，并生成用于工程图中的切割清单。

生成结构构件的方法如下。

（1）在前视基准面上绘制一个草图，如图 8-1 所示。

（2）单击【焊件】工具栏中的【结构构件】按钮，或者选择【插入】|【焊件】|【结构构件】菜单命令，弹出【结构构件】属性管理器。在【选择】选项组中，设置【标准】、【类型】和【大小】参数，单击【组】选择框，在图形区域中选择草图的 3 条边线，如图 8-2 所示。

（3）单击【确定】按钮，生成结构构件，如图 8-3 所示。

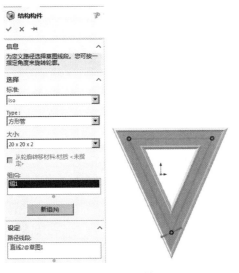

图 8-1　绘制草图

图 8-2　结构构件属性设置

图 8-3　生成结构构件

8.2　剪裁 / 延伸

可以使用结构构件和其他实体剪裁结构构件，使其在焊件零件中可以正确对接。可以使用【剪

裁 / 延伸】命令剪裁或者延伸两个在角落处汇合的结构构件、一个或者多个相对于另一实体的结构构件等。

运用剪裁工具的操作方法如下。

（1）建立一个焊件模型，如图 8-4 所示。

（2）单击【焊件】工具栏中的 【剪裁 / 延伸】按钮，或者选择【插入】|【焊件】|【剪裁 / 延伸】菜单命令，弹出【剪裁 / 延伸】属性管理器。在【边角类型】选项组中，单击 【终端对接 1】按钮；在【要剪裁的实体】选项组中，在图形区域中选择要剪裁的实体；在【剪裁边界】选项组中，在图形区域中选择作为剪裁边界的实体，在图形区域中显示出剪裁的预览，如图 8-5 所示。

（3）单击 【确定】按钮，完成剪裁操作，如图 8-6 所示。

图 8-4　新建模型

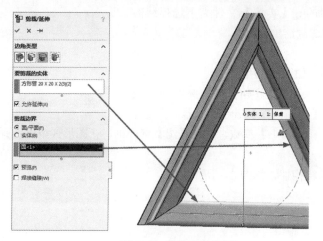

图 8-5　剪裁属性设置

图 8-6　剪裁结构构件

8.3　圆角焊缝

可以在任何交叉的焊件实体（如结构构件、平板焊件或者角撑板等）之间添加全长、间歇或者交错的圆角焊缝。

生成圆角焊缝的操作方法如下。

（1）建立一个焊件模型，如图 8-7 所示。

（2）单击【焊件】工具栏中的 【圆角焊缝】按钮，或者选择【插入】|【焊件】|【圆角焊缝】菜单命令，弹出【圆角焊缝】属性管理器。在【箭头边】选项组中，选择【焊缝类型】为【全长】；设置 【焊缝大小】为 "2.00mm"；单击 【第一组面】选择框，在图形区域中选择一个面组；单击 【第二组面】选择框，在图形区域中选择一个交叉面组，交叉边线自动显示虚拟边线，如图 8-8 所示。

（3）单击 【确定】按钮，生成圆角焊缝，如图 8-9 所示。

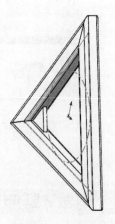

图 8-7　新建模型

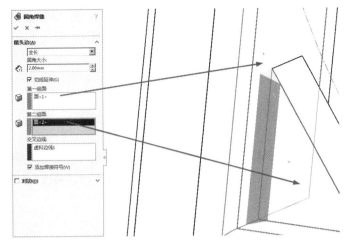

图 8-8　圆角焊缝属性设置　　　　　　　　图 8-9　生成圆角焊缝

8.4　子焊件

　　子焊件将复杂模型分为管理更容易的实体。子焊件包括列举在 FeatureManager 设计树的 ![切割清单] 【切割清单】中的任何实体，包括结构构件、顶端盖、角撑板、圆角焊缝以及使用【剪裁／延伸】命令所剪裁的结构构件。

　　生成子焊件的步骤如下。

　　（1）在焊件模型的 FeatureManager 设计树中，展开 ![切割清单] 【切割清单】。

　　（2）选择要包含在子焊件中的实体，可以使用键盘上的 Shift 键或者 Ctrl 键进行批量选择，所选实体在图形区域中呈高亮显示。

　　（3）用鼠标右键单击选择的实体，在弹出的快捷菜单中选择【生成子焊件】命令，如图 8-10 所示，包含所选实体的 ![子焊件] 【子焊件】文件夹出现在 ![切割清单] 【切割清单】中。

　　（4）用鼠标右键单击 ![子焊件] 【子焊件】文件夹，在弹出的快捷菜单中选择【插入到新零件】命令。子焊件模型在新的 SolidWorks 窗口中打开，并弹出【另存为】对话框。

图 8-10　选择【生成子焊件】命令

　　（5）输入文件名，单击【保存】按钮。在焊件模型中所做的更改将会扩展到子焊件模型中。

8.5　自定义焊件轮廓

　　可以生成自己的焊件轮廓以便在生成焊件结构构件时使用。将轮廓创建为库特征零件，然后将其保存于一个定义的位置即可。

　　制作自定义焊件轮廓的步骤如下。

　　（1）绘制轮廓草图。当使用轮廓生成一个焊件结构构件时，草图的原点为默认穿透点，且可以选择草图中的任何顶点或者草图点作为交替穿透点。

　　（2）选择【文件】|【另存为】菜单命令，打开【另存为】对话框。

（3）在【保存在】选择框中选择"< 安装目录 >\data\weldment profiles"，然后选择或者生成一个适当的子文件夹，在【保存类型】选择框中选择库特征零件（*.SLDLFP），输入文件名，单击【保存】按钮。

8.6 自定义属性

焊件切割清单包括项目号、数量及切割清单自定义属性。在焊件零件中，属性包含在使用库特征零件轮廓从结构构件所生成的切割清单项目中，包括【说明】、【长度】、【角度 1】、【角度 2】等，可以将这些属性添加到切割清单项目中。

修改自定义属性的步骤如下。

（1）在零件文件中，用鼠标右键单击【切割清单项目】图标，在弹出的快捷菜单中选择【属性】命令，如图 8-11 所示。

（2）在弹出的【切割清单属性】对话框中，设置【属性名称】、【类型】和【数值 / 文字表达】等项目，如图 8-12 所示。

（3）根据需要重复前面的步骤，单击【确定】按钮完成操作。

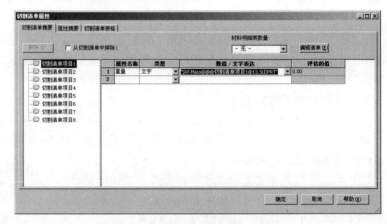

图 8-11　快捷菜单　　　　　　　图 8-12　【切割清单属性】对话框

8.7 自行车车架建模范例

本范例通过自行车车架的建模过程来介绍焊件的具体使用方法，模型如图 8-13 所示。

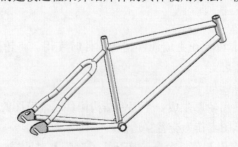

图 8-13　焊件模型

本范例的建模主要包括框架和辅助两个部分。

8.7.1 框架部分

（1）单击 FeatureManager 设计树中的【前视基准面】图标，使其成为草图绘制平面。单击【标准视图】工具栏中的 ⊥【正视于】按钮，并单击【草图】工具栏中的 ▱【草图绘制】按钮，进入草图绘制状态。使用【草图】工具栏中的 ⁄【直线】、⁄【中心线】、◈【智能尺寸】工具，绘制如图 8-14 所示的草图并标注尺寸。单击 ☒【退出草图】按钮，退出草图绘制状态。

扫码看视频

（2）单击 FeatureManager 设计树中的【右视基准面】图标，使其成为草图绘制平面。单击【标准视图】工具栏中的 ⊥【正视于】按钮，并单击【草图】工具栏中的 ▱【草图绘制】按钮，进入草图绘制状态。使用【草图】工具栏中的 ⁄【直线】、⁄【中心线】、◈【智能尺寸】工具，绘制如图 8-15 所示的草图并标注尺寸。单击 ☒【退出草图】按钮，退出草图绘制状态。

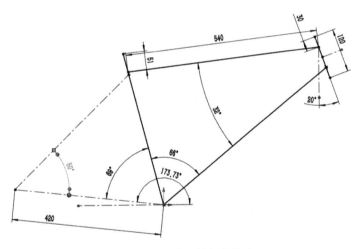

图 8-14　绘制草图并标注尺寸

图 8-15　绘制草图并标注尺寸

（3）单击【参考几何体】工具栏中的 ▱【基准面】按钮，弹出【基准面】属性管理器。在【第一参考】中，在图形区域中选择直线 2@草图 1；在【第二参考】中，在图形区域中选择前视基准面，如图 8-16 所示，在图形区域中显示出新建基准面的预览，单击 ✔【确定】按钮，生成基准面。

（4）单击 FeatureManager 设计树中的【基准面 1】图标，使其成为草图绘制平面。单击【标准视图】工具栏中的 ⊥【正视于】按钮，并单击【草图】工具栏中的 ▱【草图绘制】按钮，进入草图绘制状态。使用【草图】工具栏中的 ⁄【直线】、◠【圆心 / 起 / 终点画弧】、⁄【中心线】、◈【智能尺寸】工具，绘制如图 8-17 所示的草图并标注尺寸。单击 ☒【退出草图】按钮，退出草图绘制状态。

（5）单击【参考几何体】工具栏中的 ▱【基准面】按钮，弹出【基准面】属性管理器。在【第一参考】中，在图形区域中选择前视基准面；在【第二参考】中，在图形区域中选择直线 1@ 草图 1，如图 8-18 所示，在图形区域中显示出新建基准面的预览，单击 ✔【确定】按钮，生成基准面。

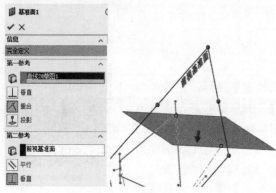

图 8-16　生成基准面

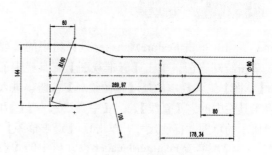

图 8-17　绘制草图并标注尺寸

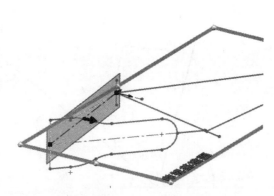

图 8-18　生成基准面

（6）单击 FeatureManager 设计树中的【基准面 2】图标，使其成为草图绘制平面。单击【标准视图】工具栏中的 ↓【正视于】按钮，并单击【草图】工具栏中的 █【草图绘制】按钮，进入草图绘制状态。使用【草图】工具栏中的 ╱【直线】、╱【中心线】、╲【智能尺寸】工具，绘制如图 8-19 所示的草图并标注尺寸。单击 █【退出草图】按钮，退出草图绘制状态。

（7）单击【焊件】工具栏中的 █【结构构件】按钮，弹出【结构构件】属性管理器。在【标准】中选择【iso】，在【Type】中选择【管道】，在【大小】中选择【33.7×4.0】；在【路径线段】中选择 1 条直线，单击 ✔【确定】按钮，生成独立实体的结构构件，如图 8-20 所示。

（8）单击【焊件】工具栏中的 █【结构构件】按钮，弹出【结构构件】属性管理器。在【标准】中选择【iso】，在【Type】中选择【管道】，在【大小】中选择【33.7×4.0】；在【路径线段】中选择 1 条直线，单击 ✔【确定】按钮，生成独立实体的结构构件，如图 8-21 所示。

（9）单击【焊件】工具栏中的 █【结构构件】按钮，弹出【结构构件】属性管理器。在【标准】中选择【iso】，在【Type】中选择【管道】，在【大小】中选择【26.9×3.2】；在【路径线段】中选择 2 条直线，单击 ✔【确定】按钮，生成独立实体的结构构件，如图 8-22 所示。

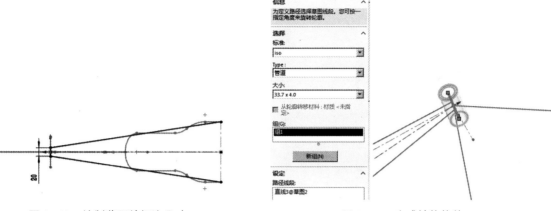

图 8-19　绘制草图并标注尺寸

图 8-20　生成结构构件

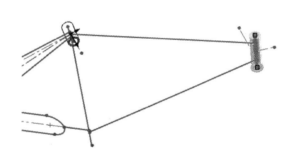

图 8-21　生成结构构件

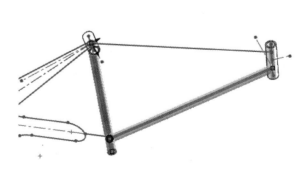

图 8-22　生成结构构件

（10）单击【焊件】工具栏中的 【结构构件】按钮，弹出【结构构件】属性管理器。在【标准】中选择【iso】，在【Type】中选择【管道】，在【大小】中选择【21.3×2.3】；在【路径线段】中选择2条直线，单击 ✅【确定】按钮，生成独立实体的结构构件，如图8-23所示。

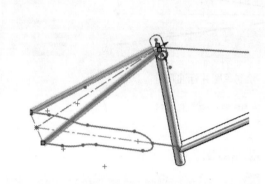

图8-23　生成结构构件

（11）单击【焊件】工具栏中的 【结构构件】按钮，弹出【结构构件】属性管理器。在【标准】中选择【iso】，在【Type】中选择【管道】，在【大小】中选择【21.3×2.3】；在【路径线段】中选择11条曲线，单击 ✅【确定】按钮，生成独立实体的结构构件，如图8-24所示。

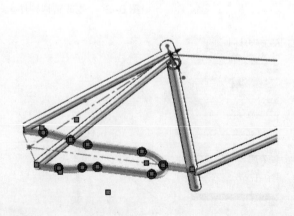

图8-24　生成结构构件

（12）单击【焊件】工具栏中的 【结构构件】按钮，弹出【结构构件】属性管理器。在【标准】中选择【iso】，在【Type】中选择【管道】，在【大小】中选择【26.9×3.2】；在【路径线段】中选择 1 条直线，单击 ✅【确定】按钮，生成独立实体的结构构件，如图 8-25 所示。

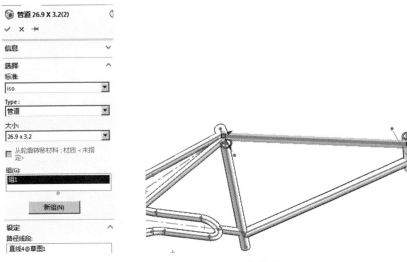

图 8-25　生成结构构件

（13）单击【焊件】工具栏中的 🔩【剪裁 / 延伸】按钮，弹出【剪裁 / 延伸】属性管理器。在【边角类型】选项组中单击 🔲【终端剪裁】按钮；在【要剪裁的实体】选项组中选择管道 21.3×2.3(2)[1]；在【剪裁边界】选项组中选择管道 26.9×3.2(1)[2]，如图 8-26 所示，单击 ✅【确定】按钮，生成剪裁特征。

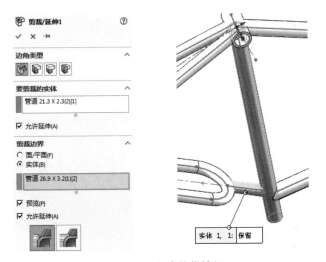

图 8-26　生成剪裁特征

（14）单击【焊件】工具栏中的 🔩【剪裁 / 延伸】按钮，弹出【剪裁 / 延伸】属性管理器。在【边角类型】选项组中单击 🔲【终端剪裁】按钮；在【要剪裁的实体】选项组中选择 4 条管道；在【剪裁边界】选项组中选择管道 33.7×4.0(1)，如图 8-27 所示，单击 ✅【确定】按钮，生成剪裁特征。

（15）单击【焊件】工具栏中的 🔩【剪裁 / 延伸】按钮，弹出【剪裁 / 延伸】属性管理器。在【边角类型】选项组中单击 🔲【终端剪裁】按钮；在【要剪裁的实体】选项组中选择管道 26.9×3.2(1)[1] 和剪裁 / 延伸 2[1]；在【剪裁边界】选项组中选择管道 33.7×4.0(2)，如图 8-28 所示，单击 ✅【确定】按钮，生成剪裁特征。

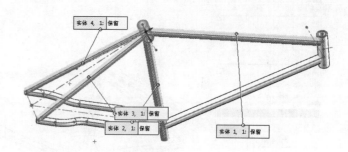

图 8-27　生成剪裁特征

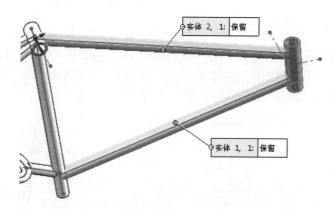

图 8-28　生成剪裁特征

（16）单击【参考几何体】工具栏中的 【基准面】按钮，弹出【基准面】属性管理器。在【第一参考】选项组中，在图形区域中选择前视基准面；在【第二参考】选项组中，在图形区域中选择点 12@ 草图 3，如图 8-29 所示，在图形区域中显示出新建基准面的预览，单击 ✔【确定】按钮，生成基准面。

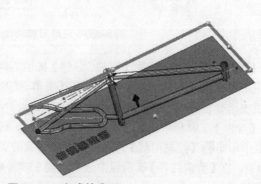

图 8-29　生成基准面

8.7.2　辅助部分

（1）单击 FeatureManager 设计树中的【基准面 10】图标，使其成为草图绘制平面。单击【标准视图】工具栏中的 ↓【正视于】按钮，并单击【草图】工具栏中的 ⬡【草图绘制】按钮，进入草图绘制状态。使用【草图】工具栏中的 ⁄【直线】、✏【中心线】、❮【智能尺寸】工具，绘制如图 8-30 所示的草图并标注尺寸。单击 ⬛【退出草图】按钮，退出草图绘制状态。

扫码看视频

（2）单击【特征】工具栏中的 ▦【切除 - 拉伸】按钮，弹出【切除 - 拉伸】属性管理器。在【方向 1】、【方向 2】选项组中，设置【终止条件】为【完全贯穿】，单击 ✔【确定】按钮，生成拉伸切除特征，如图 8-31 所示。

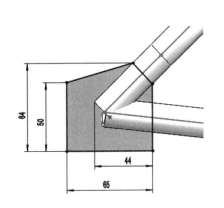

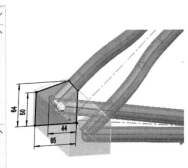

图 8-30　绘制草图并标注尺寸　　　　　图 8-31　生成拉伸切除特征

（3）单击 FeatureManager 设计树中的【基准面 10】图标，使其成为草图绘制平面。单击【标准视图】工具栏中的 ↓【正视于】按钮，并单击【草图】工具栏中的 ⬡【草图绘制】按钮，进入草图绘制状态。使用【草图】工具栏中的 ⁄【直线】、∿【样条曲线】、✏【中心线】、❮【智能尺寸】工具，绘制如图 8-32 所示的草图并标注尺寸。单击 ⬛【退出草图】按钮，退出草图绘制状态。

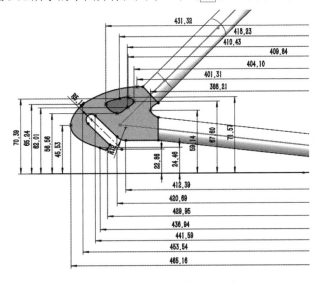

图 8-32　绘制草图并标注尺寸

（4）单击【特征】工具栏中的 🔲【拉伸凸台／基体】按钮，弹出【凸台－拉伸】属性管理器。在【方向1】选项组中，设置【终止条件】为【给定深度】，🔲【深度】为"4.00mm"；在【方向2】选项组中，设置【终止条件】为【给定深度】，🔲【深度】为"1.00mm"，单击✔️【确定】按钮，生成拉伸特征，如图8-33所示。

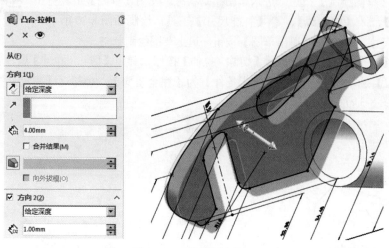

图8-33　生成拉伸特征

（5）单击【参考几何体】工具栏中的 🔲【基准面】按钮，弹出【基准面】属性管理器。在【第一参考】选项组中，在图形区域中选择点20@草图3；在【第二参考】选项组中，在图形区域中选择前视基准面，如图8-34所示，在图形区域中显示出新建基准面的预览，单击✔️【确定】按钮，生成基准面。

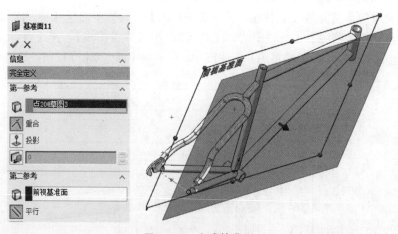

图8-34　生成基准面

（6）单击FeatureManager设计树中的【基准面11】图标，使其成为草图绘制平面。单击【标准视图】工具栏中的 🔲【正视于】按钮，并单击【草图】工具栏中的 🔲【草图绘制】按钮，进入草图绘制状态。使用【草图】工具栏中的 🔲【转换实体引用】工具，绘制如图8-35所示的草图。单击🔲【退出草图】按钮，退出草图绘制状态。

（7）单击【特征】工具栏中的 🔲【拉伸凸台－基体】按钮，弹出【凸台－拉伸】属性管理器。

在【方向 1】选项组中，设置【终止条件】为【给定深度】，🔾【深度】为“1.00mm”；在【方向 2】选项组中，设置【终止条件】为【给定深度】，🔾【深度】为“4.00mm”，单击 ✔【确定】按钮，生成拉伸特征，如图 8-36 所示。

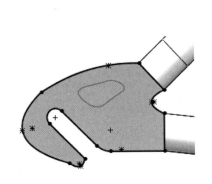

图 8-35　绘制草图

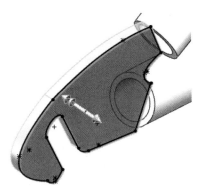

图 8-36　生成拉伸特征

（8）单击后斜圆管的端面，使其成为草图绘制平面。单击【标准视图】工具栏中的 ↧【正视于】按钮，并单击【草图】工具栏中的 ⬚【草图绘制】按钮，进入草图绘制状态。使用【草图】工具栏中的 ⬚【转换实体引用】工具，绘制如图 8-37 所示的草图。单击 ⬚【退出草图】按钮，退出草图绘制状态。

（9）单击【特征】工具栏中的 ⬚【拉伸凸台 / 基体】按钮，弹出【凸台 - 拉伸】属性管理器。在【方向 1】选项组中，设置【终止条件】为【给定深度】，🔾【深度】为“1.00mm”，单击 ✔【确定】按钮，生成拉伸特征，如图 8-38 所示。

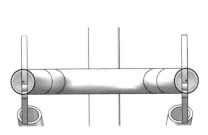

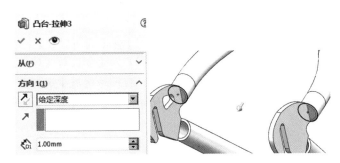

图 8-37　绘制草图

图 8-38　生成拉伸特征

（10）单击后直圆管的端面，使其成为草图绘制平面。单击【标准视图】工具栏中的 ↧【正视于】按钮，并单击【草图】工具栏中的 ⬚【草图绘制】按钮，进入草图绘制状态。使用【草图】工具栏中的 ⬚【转换实体引用】工具，绘制如图 8-39 所示的草图。单击 ⬚【退出草图】按钮，退出草图绘制状态。

（11）单击【特征】工具栏中的 ⬚【拉伸凸台 / 基体】按钮，弹出【凸台 - 拉伸】属性管理器。在【方向 1】选项组中，设置【终止条件】为【给定深度】，🔾【深度】为“1.00mm”，单击 ✔【确定】按钮，生成拉伸特征，如图 8-40 所示。

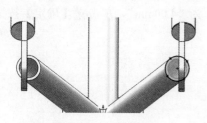

图 8-39　绘制草图

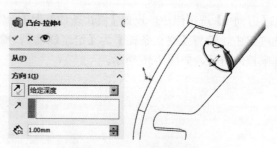

图 8-40　生成拉伸特征

（12）单击后直圆管的端面，使其成为草图绘制平面。单击【标准视图】工具栏中的 ⊥【正视于】按钮，并单击【草图】工具栏中的【草图绘制】按钮，进入草图绘制状态。使用【草图】工具栏中的【转换实体引用】工具，绘制如图 8-41 所示的草图。单击【退出草图】按钮，退出草图绘制状态。

（13）单击【特征】工具栏中的【拉伸凸台 / 基体】按钮，弹出【凸台 - 拉伸】属性管理器。在【方向 1】选项组中，设置【终止条件】为【给定深度】，【深度】为"1.00mm"，单击【确定】按钮，生成拉伸特征，如图 8-42 所示。

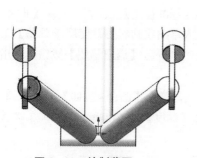

图 8-41　绘制草图

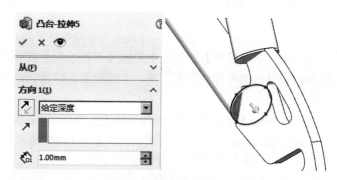

图 8-42　生成拉伸特征

（14）单击【焊件】工具栏中的【圆角焊缝】按钮，弹出【圆角焊缝】属性管理器。在【箭头边】选项组中，设置【焊缝类型】为【全长】，【焊缝大小】为"3.00mm"，勾选【切线延伸】复选框。单击【第一组面】选择框，在图形区域中选择面 1，单击【第二组面】选择框，在图形区域中选择面 2 和面 3，如图 8-43 所示，单击【确定】按钮，生成圆角焊缝特征。

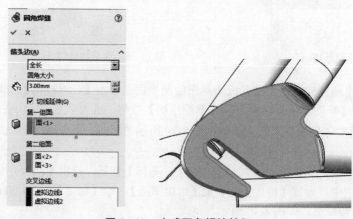

图 8-43　生成圆角焊缝特征

（15）单击【焊件】工具栏中的 ⬦【圆角焊缝】按钮，弹出【圆角焊缝】属性管理器。在【箭头边】选项组中，设置【焊缝类型】为【全长】，【焊缝大小】为"3.00mm"，勾选【切线延伸】复选框。单击【第一组面】选择框，在图形区域中选择面 1，单击【第二组面】选择框，在图形区域中选择面 2 和面 3，如图 8-44 所示，单击 ✅【确定】按钮，生成圆角焊缝特征。

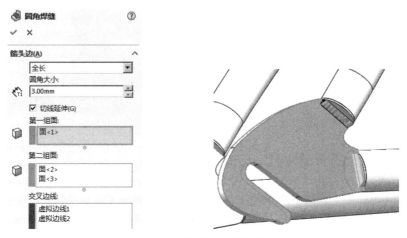

图 8-44　生成圆角焊缝特征

（16）单击【焊件】工具栏中的 ⬦【圆角焊缝】按钮，弹出【圆角焊缝】属性管理器。在【箭头边】选项组中，设置【焊缝类型】为【全长】，【焊缝大小】为"3.00mm"，勾选【切线延伸】复选框。单击【第一组面】选择框，在图形区域中选择面 1，单击【第二组面】选择框，在图形区域中选择面 2 和面 3，如图 8-45 所示，单击 ✅【确定】按钮，生成圆角焊缝特征。

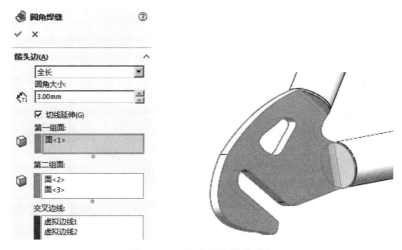

图 8-45　生成圆角焊缝特征

（17）单击【焊件】工具栏中的 ⬦【圆角焊缝】按钮，弹出【圆角焊缝】属性管理器。在【箭头边】选项组中，设置【焊缝类型】为【全长】，【焊缝大小】为"3.00mm"，勾选【切线延伸】复选框。单击【第一组面】选择框，在图形区域中选择面 1，单击【第二组面】选择框，在图形区域中选择面 2 和面 3，如图 8-46 所示，单击 ✅【确定】按钮，生成圆角焊缝特征。

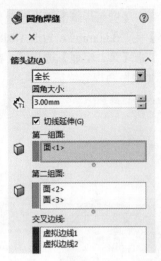

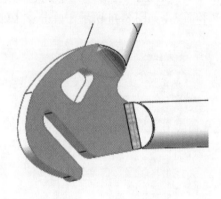

图 8-46　生成圆角焊缝特征

（18）单击【焊件】工具栏中的 【圆角焊缝】按钮，弹出【圆角焊缝】属性管理器。在【箭头边】选项组中，设置【焊缝类型】为【全长】，【焊缝大小】为"3.00mm"，勾选【切线延伸】复选框。单击【第一组面】选择框，在图形区域中选择面 1，单击【第二组面】选择框，在图形区域中选择面 2，如图 8-47 所示，单击 ✅【确定】按钮，生成圆角焊缝特征。

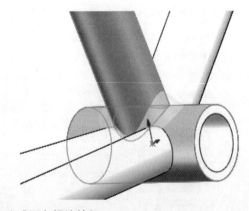

图 8-47　生成圆角焊缝特征

（19）单击【焊件】工具栏中的 【圆角焊缝】按钮，弹出【圆角焊缝】属性管理器。在【箭头边】选项组中，设置【焊缝类型】为【全长】，【焊缝大小】为"3.00mm"，勾选【切线延伸】复选框。单击【第一组面】选择框，在图形区域中选择面 1，单击【第二组面】选择框，在图形区域中选择面 2，如图 8-48 所示，单击 ✅【确定】按钮，生成圆角焊缝特征。

（20）单击【焊件】工具栏中的 【圆角焊缝】按钮，弹出【圆角焊缝】属性管理器。在【箭头边】选项组中，设置【焊缝类型】为【全长】，【焊缝大小】为"3.00mm"，勾选【切线延伸】复选框。单击【第一组面】选择框，在图形区域中选择面 1，单击【第二组面】选择框，在图形区域中选择面 2，如图 8-49 所示，单击 ✅【确定】按钮，生成圆角焊缝特征。

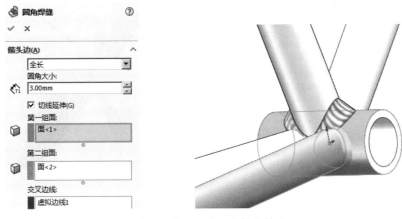

图 8-48 生成圆角焊缝特征

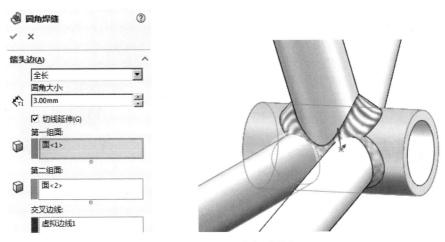

图 8-49 生成圆角焊缝特征

（21）单击【焊件】工具栏中的 🔩【圆角焊缝】按钮，弹出【圆角焊缝】属性管理器。在【箭头边】选项组中，设置【焊缝类型】为【全长】，【焊缝大小】为"3.00mm"，勾选【切线延伸】管理器。单击【第一组面】选择框，在图形区域中选择面 1，单击【第二组面】选择框，在图形区域中选择面 2，如图 8-50 所示，单击 ✅【确定】按钮，生成圆角焊缝特征。

（22）单击【焊件】工具栏中的 🔩【圆角焊缝】按钮，弹出【圆角焊缝】属性管理器。在【箭头边】选项组中，设置【焊缝类型】为【全长】，【焊缝大小】为"3.00mm"，勾选【切线延伸】复选框。单击【第一组面】选择框，在图形区域中选择面 1，单击【第二组面】选择框，在图形区域中选择面 2，如图 8-51 所示，单击 ✅【确定】按钮，生成圆角焊缝特征。

（23）选择【插入】|【特征】|【组合】菜单命令，弹出【组合】属性管理器。在【操作类型】选项组中，勾选【添加】复选框，在【要组合的实体】选择框中选择如图 8-52 所示的实体，单击 ✅【确定】按钮，生成组合特征。

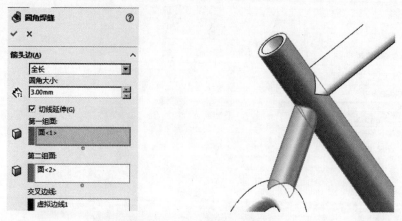

图 8-50　生成圆角焊缝特征

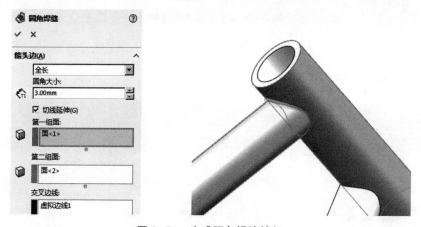

图 8-51　生成圆角焊缝特征

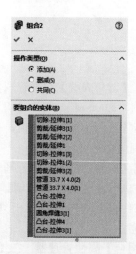
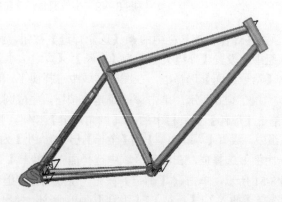

图 8-52　生成组合特征

Chapter 9

第 9 章
模具设计

SolidWorks 为模具设计提供了专门的工具栏，可以就给定的零件进行拔模分析，生成分型面，并生成型芯和型腔零件。本章主要介绍模具设计基础知识、生成模具的特征以及模具设计的一般步骤。

重点与难点

- 基础知识
- 生成模具的特征
- 模具设计的步骤

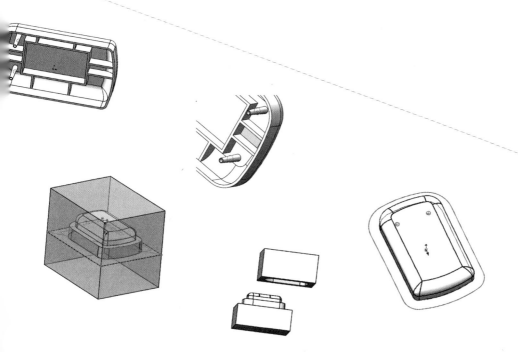

9.1 模具设计

9.1.1 基础知识

模具由型芯和型腔组成。型芯仿制模型的内部曲面，型腔仿制模型的外部曲面，型芯和型腔之间由分型面分隔。模具在使用时，型芯和型腔连接在一起，在它们之间的空隙注射入填充用的液体塑料或金属，在液体冷却并变硬后，型芯和型腔分离，并弹出零件。

SolidWorks 提供的模具设计工具栏如图 9-1 所示。

其主要命令按钮的含义如下。

图 9-1 模具设计工具栏

- 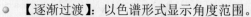 【拔模分析】：验证所有面都含有足够的拔模。
- 【底切分析】：查找模型中不能从模具中排斥的被围困区域。
- 【拔模】：拔模特征。
- 【比例缩放】：应用收缩因素，将塑料冷却时的收缩量考虑在内。
- 【分型线】：用于检查拔模及添加分型线，分型线将型芯和型腔分离开来。
- 【关闭曲面】：可沿分型线或形成连续环的边线生成曲面修补，以关闭通孔。
- 【分型面】：拉伸自分型线，用于将模具型腔从型芯分离开来。
- 【切削分割】：使型芯和型腔分离。
- 【型芯】：将制成的零件出模。

9.1.2 拔模分析功能

单击【模具工具】工具栏中的 【拔模分析】按钮，弹出【拔模分析】属性管理器，如图 9-2 所示。

1.【分析参数】选项组

- 【拔模方向】选择框：选择平面、线性边线或轴来定义拔模方向。
- 【拔模角度】：输入参考拔模角度。
- 【调整三重轴】：操纵拔模方向，以直观地进行调整，从而避免或减少拔模角度出错的可能性。
- 【面分类】：将每个面归入颜色设定下的类别之一，然后对每个面应用相应的颜色，并提供每种类型的面的计数。

2.【颜色设定】选项组

带有不同分类的面在图形区域中以不同颜色显示。该选项组中的参数介绍如下。

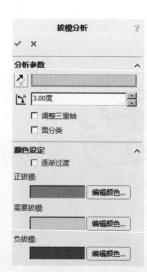

图 9-2 【拔模分析】属性管理器

- 【逐渐过渡】：以色谱形式显示角度范围。
- 【正拔模】：显示这样一些面：面的角度相对于拔模方向大于正参考角度。
- 【需要拔模】：显示这样一些面：面的角度小于负参考角度或大于正参考角度。
- 【负拔模】：显示这样一些面：面的角度相对于拔模方向小于负参考角度。

- 【编辑颜色】：可更改与类别相关联的颜色。

9.1.3 底切分析功能

单击【模具工具】工具栏中的 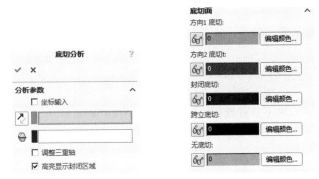【底切分析】按钮，弹出【底切分析】属性管理器，如图 9-3 所示。

图 9-3 【底切分析】属性管理器

1. 【分析参数】选项组

- 【坐标输入】：为拔模设置 X、Y 和 Z 轴的数值。
- 【拔模方向】选择框：选取平面、线性边线或轴来定义拔模方向。
- 【分型线】：评估分型线以上的面，以决定它们是否可从分型线以上看见。
- 【调整三重轴】：操纵拔模方向。
- 【高亮显示封闭区域】：对于仅部分封闭的面，分析可识别面的封闭区域和非封闭区域。

2. 【底切面】选项组

- 【方向 1 底切】：从分型线以上不可见的面。
- 【方向 2 底切】：从分型线以下不可见的面。
- 【封闭底切】：从分型线以上或以下不可见的面。
- 【跨立底切】：双向底切的面。
- 【无底切】：没有底切。
- 【编辑颜色】：可更改与类别相关联的颜色。

9.1.4 分型线功能

单击【模具工具】工具栏中的 【分型线】按钮，弹出【分型线】属性管理器，如图 9-4 所示。

【模具参数】选项组中的各项含义如下。

- 【拔模分析】：单击该按钮，进行拔模分析并生成分型线。
- 【用于型芯 / 型腔分割】：选中该复选框，生成一定义型芯 / 型腔分割的分型线。
- 【分割面】：选中该复选框，自动分割在拔模分析过程中找到的跨立面。
- 【于 +/- 拔模过渡】：分割正负拔模之间过渡处的跨立面。

图 9-4 【分型线】属性管理器

● 【于指定的角度】：按指定的拔模角度分割跨立面。

9.1.5　关闭曲面功能

单击【模具工具】工具栏中的 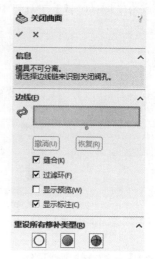【关闭曲面】按钮，弹出【关闭曲面】属性管理器，如图 9-5 所示。

1.【边线】选项组

● 【边线】：列举为关闭曲面所选择的边线或分型线的名称。

● 【缝合】：将每个关闭曲面连接成型腔和型芯曲面，这样型腔曲面实体和型芯曲面实体分别包含一曲面实体。

● 【过滤环】：过滤似乎不是有效孔的环。

● 【显示预览】：在图形区域中显示修补曲面的预览。

● 【显示标注】：为每个环在图形区域中显示标注。

2.【重设所有修补类型】选项组

● ○：全部不填充。

● ●：全部相触。

● ◉：全部相切。

图 9-5 【关闭曲面】属性管理器

9.1.6　分型面功能

单击【模具工具】工具栏中的 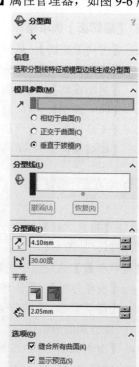【分型面】按钮，弹出【分型面】属性管理器，如图 9-6 所示。

1.【模具参数】选项组

● 【相切于曲面】：分型面与分型线的曲面相切。

● 【正交于曲面】：分型面与分型线的曲面正交。

● 【垂直于拔模】：分型面与拔模方向垂直。

2.【分型面】选项组

● 【距离】文本框：为分型面的宽度设定数值。

● 【反向】：单击以更改分型面从分型线延伸的方向。

● 【角度】：拔模角度。

● 【平滑】：可在相邻曲面之间应用一更平滑的过渡。

● ：尖锐。

● ：平滑。

● 【数值】：为相邻边线之间的距离设定一数值，高的值在相邻边线之间生成更平滑的过渡。

3.【选项】选项组

● 【缝合所有曲面】：自动缝合曲面。

● 【显示预览】：在图形区域中预览曲面。

图 9-6 【分型面】属性管理器

9.1.7 模具设计的一般步骤

在 SolidWorks 软件中,利用模具工具可以进行模具设计,其一般步骤如下。

(1)创建模具模型。

(2)对模具模型进行拔模分析。

(3)对模具模型进行底切检查。

(4)缩放模型比例。

(5)创建分型线。

(6)创建分型面。

(7)对模具模型进行分割。

(8)创建模具零件。

9.2 模具设计范例

本节以简单实例模型(图 9-7)来说明模具设计的基本方法和步骤。

本范例的主要步骤如下。

(1)生成拔模特征。

(2)创建分型面。

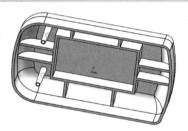

图 9-7 零件模型

9.2.1 生成拔模特征

(1)启动中文版 SolidWorks 软件,单击快速访问工具栏中的 【打开】按钮,弹出【打开】对话框,在配套资源中选择【源文件 / 第 9 章 / 零件1.SLDPRT】,单击【打开】按钮,在图形区域中显示出模型,如图 9-8 所示。

(2)在 FeatureManager 设计树中用鼠标右键单击【草图 6】,在弹出的快捷菜单中单击 【显示】按钮,将草图 6 显示出来,如图 9-9 所示。

(3)选择【插入】|【扣合特征】|【装配凸台】菜单命令,弹出【装配凸台】属性管理器。

扫码看视频

(4)在【装配凸台】属性管理器【定位】选项组的 【放置装配凸台的面】选择框中,选取零件模型的点,在 【圆周草图】选择框中,选择草图 6 中的圆形边线。在【凸台】选项组中,选中【选择配合面】复选框,然后选择零件模型的【面 <1>】,如图 9-10 所示。

(5)在【装配凸台】属性管理器的【翅片】选项组中,设置翅片的数量为"0",如图 9-11 所示,其他选项采用默认设置。

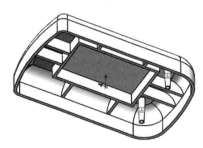

图 9-8 打开零件

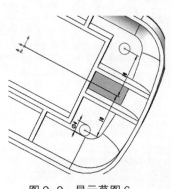

图 9-9　显示草图 6

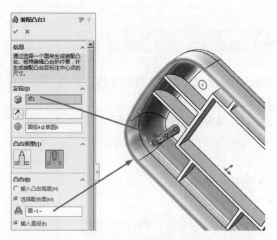

图 9-10　装配凸台设置

（6）单击【装配凸台】属性管理器中的 【确定】按钮，完成第一个装配凸台的添加，结果如图 9-12 所示。

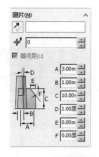

图 9-11　设置翅片

图 9-12　添加装配凸台的结果

（7）单击【特征】工具栏中的 【镜像】按钮，或者选择【插入】|【阵列 / 镜像】|【镜像】菜单命令，弹出【镜像】属性管理器。

（8）在【镜像】属性管理器的【镜像面 / 基准面】选项组中，选取【前视基准面】选项。在【要镜像的特征】选项组中，选取创建的【装配凸台 1】，如图 9-13 所示。

（9）单击【镜像】属性管理器中的 【确定】按钮，生成镜像特征，结果如图 9-14 所示。

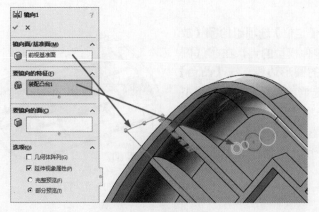

图 9-13　镜像设置

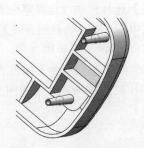

图 9-14　镜像结果

（10）单击【标准视图】工具栏中的 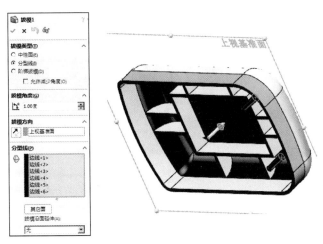 【等轴测】按钮。

（11）单击【模具工具】工具栏中的 【拔模分析】按钮，弹出【拔模分析】属性管理器。

（12）在【拔模分析】属性管理器的【拔模方向】选择框中选择【上视基准面】，使图中所指箭头向上，设定 【拔模角度】为"1.00 度"，在【颜色设定】选项组中便显示所有计算结果，如图 9-15 所示。

图 9-15　拔模分析

（13）单击【标准视图】工具栏中的 【前视】按钮，以检查模型在正拔模之下较低的边线，如图 9-16 所示。

图 9-16　前视图

（14）单击【拔模分析】属性管理器中的 【确定】按钮，退出拔模分析。

（15）单击【特征】工具栏中的 【拔模】按钮，或者选择【插入】|【特征】|【拔模】菜单命令，弹出【拔模】属性管理器。

（16）在【拔模】属性管理器的【拔模类型】选项组中，选中【分型线】单选按钮。在【拔模角度】选项组中，输入角度值"1.00 度"。在【拔模方向】选项组中，选择【上视基准面】选项，根据需要单击 【反向】按钮，使预览箭头向上。在【分型线】选项组中，选择沿模型底部的除掉图 9-17 中所指两条边线之外的 6 条边线。

（17）单击【拔模】属性管理器中的 【确定】按钮，完成拔模 1 的添加。

（18）采用同样的方法，为另两条边线添加拔模。单击【特征】工具栏中的 【拔模】按钮，或者选择【插入】|【特征】|【拔模】菜单命令，弹出【拔模】属性管理器。

（19）在【拔模】属性管理器的【拔模类型】选项组中，选中【分型线】单选按钮。在【拔模角度】选项组中，输入角度值"1.00 度"。在【拔模方向】选项组中，选择【上视基准面】选项，根据需要单击 【反向】按钮，使预览箭头向上。在【分型线】选项组中，选择沿模型底部的两条边线，如图 9-18 所示。

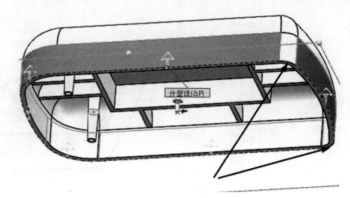

图 9-17　拔模设置

图 9-18　拔模设置

（20）单击【拔模】属性管理器中的 ✓【确定】按钮，完成拔模 2 的添加。

（21）单击【模具工具】工具栏中的 🔧【比例缩放】按钮，弹出【缩放比例】属性管理器。

（22）在【比例缩放点】下拉列表中选择【重心】选项，并勾选【统一比例缩放】复选框，设定比例缩放因子为"1.05"，如图 9-19 所示。

（23）单击 ✓【确定】按钮，完成比例缩放。

（24）单击【模具工具】工具栏中的 🔷【分型线】按钮，或者选择【插入】|【模具】|【分型线】菜单命令，弹出【分型线】属性管理器。

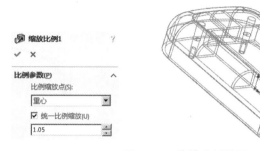

图 9-19　缩放比例设置

（25）在【拔模方向】选择框中，选择【上视基准面】，根据需要决定是否单击 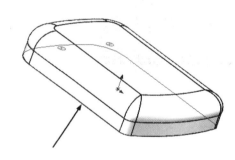【反向】按钮，使预览箭头向上，设定 【拔模角度】为 "0.50 度"。

（26）单击【拔模分析】按钮，检查模型的拔模。在【分型线】选项组中选择 8 条边线。分型线已完整，模具可分割成型芯和型腔，如图 9-20 所示。

（27）单击 【确定】按钮，完成分型线的添加，结果如图 9-21 所示。

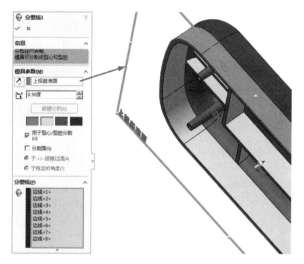

图 9-20　拔模分析结果

图 9-21　添加分型线结果

（28）单击【标准】工具栏中的 【保存】按钮，或者选择【文件】|【保存】菜单命令，保存零件模型。

9.2.2　创建分型面

（1）单击【模具工具】工具栏中的 【分型面】按钮，或者选择【插入】|【模具】|【分型面】菜单命令，弹出【分型面】属性管理器。

（2）在【分型面】属性管理器的【模具参数】选项组中，选择【垂直于拔模】单选按钮，在【分型面】选项组下设定【距离】为 "10.00mm"，如图 9-22 所示。

（3）单击 【确定】按钮，完成分型面的添加，结果如图 9-23 所示。

扫码看视频

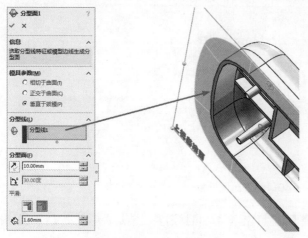

图 9-22　分型面设置

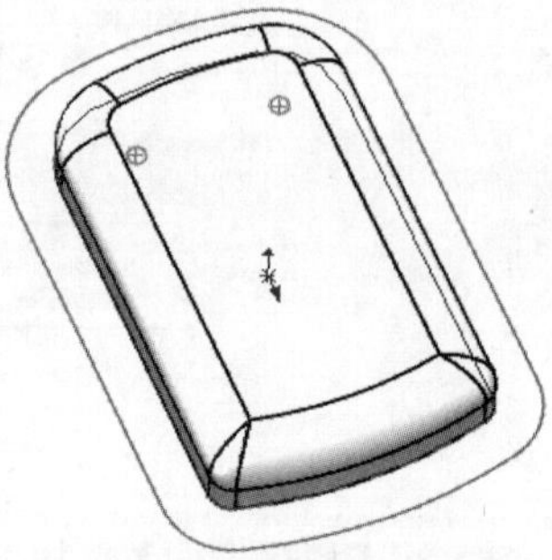

图 9-23　添加分型面结果

（4）选择【插入】|【参考几何体】|【基准面】菜单命令，弹出【基准面】属性管理器。

（5）在【基准面】属性管理器的【第一参考】选项组下选择【上视基准面】选项，并在 🔽【距离】文本框中输入"20.00mm"，将基准面放到参考面之下，如图 9-24 所示。

（6）单击 ✔【确定】按钮，完成基准面 2 的创建。

（7）单击【模具工具】工具栏中的 ◎【拔模分析】按钮，对零件模型进行拔模分析，然后关闭拔模分析结果。

（8）单击【模具工具】工具栏中的 ◢【切削分割】按钮，或者选择【插入】|【模具】|【切削分割】菜单命令。

（9）在 FeatureManager 设计树中选择之前创建的基准面 2。

（10）单击【草图】工具栏中的 ▣【中心矩形】按钮，绘制一个矩形并标注尺寸，如图 9-25 所示。

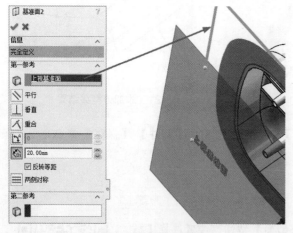

图 9-24　基准面设置

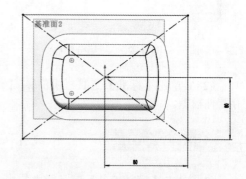

图 9-25　绘制矩形并标注尺寸

（11）单击【草图】工具栏中的 ⤶【退出草图】按钮，退出草图编辑状态，弹出【切削分割】属性管理器。

（12）在【切削分割】属性管理器的【块大小】选项组中，设置 🔽【方向 1 深度】为"80.00mm"，设置 🔽【方向 2 深度】为"60.00mm"。勾选【连锁曲面】复选框，并设置 🔽【拔模角度】为"3.00 度"。

在【型芯】、【型腔】和【分型面】设置中分别显示相应的内容，如图 9-26 所示。

（13）单击 ✓【确定】按钮生成型芯和型腔，结果如图 9-27 所示。

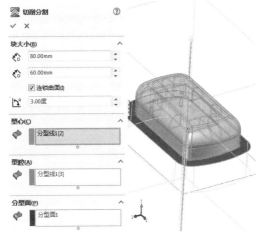

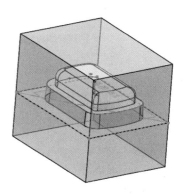

图 9-26　切削分割设置　　　　　　　　　　　图 9-27　切削分割结果

（14）单击【特征】工具栏中的 ▩【移动 / 复制实体】按钮，或者选择【插入】|【特征】|【移动 / 复制】菜单命令，弹出【实体 - 移动 / 复制】属性管理器。

（15）在【要移动 / 复制的实体】选择框中选择模型的上半部分，设置【距离】为 "190.00mm"，其他设置如图 9-28 所示。

（16）单击 ✓【确定】按钮移动型腔，结果如图 9-29 所示。

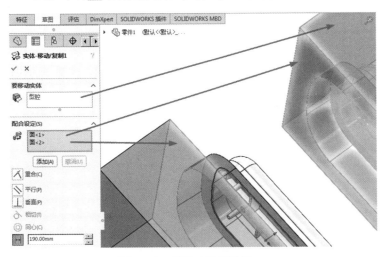

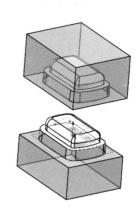

图 9-28　移动 / 复制设置　　　　　　　　　　图 9-29　移动型腔

（17）在 FeatureManager 设计树中，在 ▣【实体】中单击两次【切削分割 1】图标，实体名称高亮显示，可以重新命名。

（18）键入 "型芯"，然后按 Enter 键，结果如图 9-30 所示。

（19）采用同样方法，将 "实体 - 移动 / 复制 1" 重命名为 "型腔"。

（20）在 FeatureManager 设计树中，在 ▣【实体】中用鼠标右键单击【型芯】，在弹出的快捷菜单中选择【插入到新零件】命令，如图 9-31 所示。

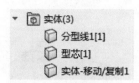

图 9-30　重命名为"型芯"　　　　　图 9-31　选择【插入到新零件】命令

（21）弹出【另存为】对话框，如图 9-32 所示，在【文件名】文本框中输入名称"型芯"。

（22）单击【保存】按钮，结果如图 9-33 所示。

图 9-32　【另存为】对话框

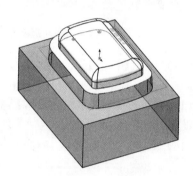

图 9-33　保存结果

（23）在 FeatureManager 设计树中，在 【实体】中用鼠标右键单击【型腔】，在弹出的快捷菜单中选择【插入到新零件】命令。

（24）弹出【另存为】对话框，在【文件名】文本框中输入名称"型腔"，如图 9-34 所示。

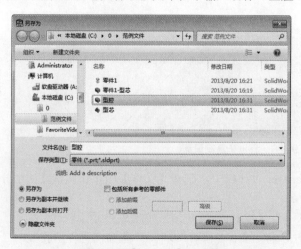

图 9-34　【另存为】对话框

（25）单击【保存】按钮，结果如图 9-35 所示。

（26）下面生成切削装配体。选择【文件】|【新建】菜单命令，弹出【新建 SolidWorks 文件】对话框，选择【装配体】选项。

（27）单击【确定】按钮后便新建一个装配体文件，在窗口左侧弹出【开始装配体】属性管理器。

（28）在【要插入的零件 / 装配体】下选择【型芯】选项，然后在图形区域的合适位置单击添加第一个零件模型。

（29）在【要插入的零件 / 装配体】下选择【型腔】选项，然后在图形区域的合适位置单击添加第二个零件模型，结果如图 9-36 所示。

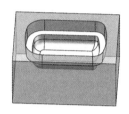

图 9-35　保存结果　　　　　　　　　　图 9-36　插入零件结果

（30）单击【开始装配体】属性管理器中的 ✖【关闭】按钮，完成插入零部件的操作。

（31）添加配合。单击【装配体】工具栏中的 ◎【配合】按钮，弹出【配合】属性管理器。

（32）在【配合选择】选项组中，分别选择【型芯】与【型腔】的一个表面，如图 9-37 所示。在【标准配合】选项组中，选择【重合】选项。

（33）单击 ✔【确定】按钮，完成重合配合的添加。

（34）采用同样的方法添加第二个配合。单击【装配体】工具栏中的 ◎【配合】按钮，弹出【配合】属性管理器。

（35）在【配合选择】选项组中，分别选择【型芯】与【型腔】的一个表面，如图 9-38 所示。在【标准配合】选项组中，选择【重合】选项。

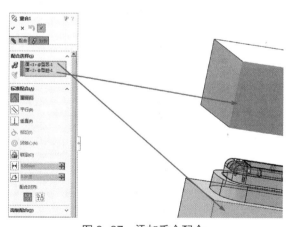
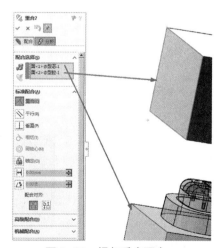

图 9-37　添加重合配合　　　　　　　　图 9-38　添加重合配合

（36）单击 ✔【确定】按钮，完成重合配合的添加。

（37）保存装配体文件。单击【标准】工具栏中的 🖫【保存】按钮，或者选择【文件】|【保存】菜单命令，弹出【另存为】对话框。在【文件名】文本框中输入名称"模具设计"，然后单击【保存】按钮即可。

第 10 章
线路设计

线路设计模块（SolidWorks Routing）用来生成一种特殊类型的子装配体，以在零部件之间创建管道、管筒或其他材料的路径，帮助设计人员轻松快速地完成线路系统设计任务。本章主要内容包括线路设计模块的简介、连接点与线路点的使用方法，以及管筒与管道设计的实例。

重点与难点

- 线路设计模块概述
- 连接点的概念
- 线路点的概念

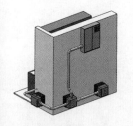

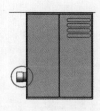

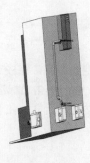

10.1 线路设计模块（SolidWorks Routing）概述

10.1.1　激活 SolidWorks Routing

激活 SolidWorks Routing 的步骤如下。

（1）选择【工具】|【插件】菜单命令，弹出【插件】对话框。

（2）勾选【SolidWorks Routing】复选框。

（3）单击【确定】按钮，如图 10-1 所示。

线路子装配体总是顶层装配体的零部件。

用户通过生成线路路径中心线的 3D 草图来造型线路，软件将沿中心线生成管道、管筒或电缆。

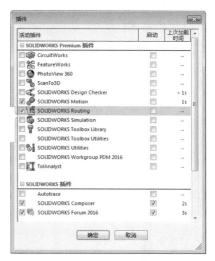

图 10-1　激活 SolidWorks Routing 插件

10.1.2　步路模板

在用户插入 SolidWorks Routing 后，第一次创建装配体文档时，将生成一个步路模板。步路模板使用与标准装配体模板相同的设置，但也包含与步路相关的特殊模型数据。

自动生成的模板命名为 routeAssembly.asmdot，位于默认模板文件夹中（通常是 C:\Documentsand Settings\AllUsers\ApplicationData\SolidWorks\SolidWorks< 版本 >\templates）。

生成自定义步路模板的步骤如下。

（1）打开自动生成的步路模板。

（2）进行用户的更改。

（3）选择【文件】|【另存为】菜单命令，然后以新名称保存文档，必须使用 .asmdot 作为文件扩展名。

10.1.3　配合参考

使用配合参考来放置零件比使用 SmartMates（智能装配）时更可靠，并更具有预见性。

对于配合参考有如下几条建议。

（1）为一个设备上具有相同属性的配件所应用的配合参考应该使用同样的名称。

（2）要确保线路设计零件正确配合，以相同的方式定义配合参考属性。

（3）为放置配合参考使用以下一般规则。

- 给线路配件添加配合参考。
- 给设备零件上的端口添加配合参考，每个端口添加一个配合参考。
- 如果一台仪器有数个端口，要么给所有端口添加配合参考，要么全部都不添加。
- 给用于线路起点和终点的零部件添加配合参考。
- 给电气接头和与其匹配的插孔零部件添加配合参考。

10.1.4　使用连接点

所有步路零部件（除了线夹 / 挂架之外）都要求有一个或多个连接点（CPoint）。

连接点可用来实现以下功能。

- 标记零部件为步路零部件。
- 识别连接类型。
- 识别子类型。
- 定义其他属性。
- 标记管道的起点和终点。

对于电气接头，只使用一个连接点，并将其定位在电线或电缆退出接头的地方。用户可为每个管脚添加一个连接点，但必须使用连接点图解指示 ID 来定义管脚号。

对于管道设计零部件，为每个端口添加一个连接点。例如，法兰有 1 个连接点，而 T 形接头则有 3 个连接点。

10.1.5　维护库文件

针对维护库文件有如下几条建议。

（1）将文件保留在线路设计库文件夹中，不要将其保存在其他文件夹内。

（2）要避免带有相同名称的多个文件所引起的错误，应将用户所复制的任何文件重新命名。

（3）除了零部件模型之外，电气设计还需要以下两个库数据文件。

- 零部件库文件。
- 电缆库文件。

（4）将所有电气接头储存在包含零部件库文件的同一文件夹中。默认位置为C:\DocumentsandSettings\ AllUsers\ApplicationData\SolidWorks\SolidWorks\ 版本 \designlibrary\ routing\ electrical\component. xml，在 Windows 7 中，位置为 C:\ProgramData\SolidWorks\ 版本 \designlibrary\ routing\electrical。库零件的名称由库文件夹和步路文件夹的位置所决定。

10.2　线路点和连接点

10.2.1　线路点

线路点（RoutePoint）为配件（法兰、弯管、电气接头等）中用于将配件定位在线路草图中的交叉点。在具有多个端口的接头（如 T 形或十字形）中，用户在添加线路点之前必须在接头的轴线交叉点处生成一个草图点。

生成线路点的步骤如下。

（1）单击【Routing 工具】工具栏中的 ➡【生成线路点】按钮，或选择【Routing】|【Routing 工具】|【生成线路点】菜单命令。

（2）在打开的【步路点】属性管理器的【选择】选择框中，通过选取草图或顶点来定义线路点的位置。

- 对于硬管道和管筒配件，在图形区域中选择一个草图点。
- 对于软管配件和电力电缆接头，在图形区域中选择一个草图点和一个平面。
- 在具有多个端口的配件中，选取轴线交叉点处的草图点。
- 在法兰中，选取与零件的圆柱面同轴心的点。

（3）单击 ✔【确定】按钮，生成线路点，如图 10-2 所示。

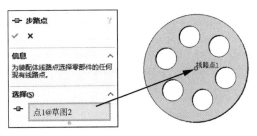

图 10-2　生成线路点

10.2.2　连接点

连接点是接头（法兰、弯管、电气接头等）中的一个点，步路段（管道、管筒或电缆）由此开始或终止。管路段只有在至少有一端附加在连接点时才能生成。每个接头零件的每个端口都必须包含一个连接点，定位于相邻管道、管筒或电缆开始或终止的位置。

生成连接点的步骤如下。

（1）生成一个草图点用于定位连接点。连接点的位置定义相邻管路段的端点。

（2）单击【Routing 工具】工具栏中的 ➡【生成连接点】按钮，或选择【Routing】|【Routing 工具】|【生成连接点】菜单命令。

（3）在打开的【连接点】属性管理器中编辑属性。

（4）单击 ✔【确定】按钮，生成连接点，如图 10-3 所示。

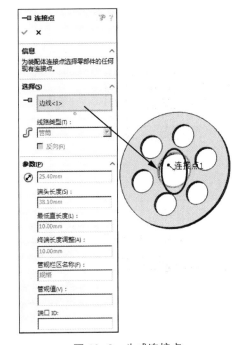

图 10-3　生成连接点

10.3　管筒线路设计范例

本范例介绍电力管筒线路的设计过程，模型如图 10-4 所示。

本范例的主要步骤如下。

（1）创建第一条电力管筒线路。

（2）创建第二条电力管筒线路。

（3）创建其余电力管筒线路。

（4）保存装配体。

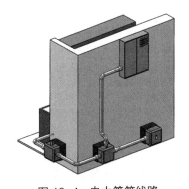

图 10-4　电力管筒线路

10.3.1 创建第一条电力管筒线路

（1）启动中文版 SolidWorks 软件，单击快速访问工具栏中的 ⬚·【打开】
按钮，在弹出的【打开】对话框中选择配套资源中的【源文件 / 第 10 章 /
10.3/10.3.SLDASM】，单击【打开】按钮，在图形区域中显示出模型，如图
10-5 所示。

扫码看视频

（2）选择线路零部件。单击主界面右侧任务窗格中的第二个标签，依
次打开【设计库】标签中的"Design Library/routing/conduit"文件夹。在设计库的下方显示【conduit】
文件夹中各种管道标准零部件，选择【pvc conduit-male terminal adapter】接头为拖放对象，如图
10-6 所示。

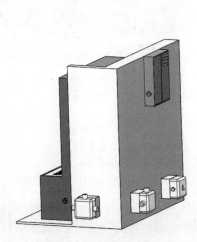

图 10-5 打开装配体

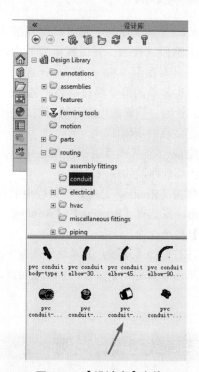

图 10-6 【设计库】窗格

（3）按住鼠标左键拖放【pvc conduit-male terminal adapter】接头到装配体中总控制箱的接头处
不放，由于设计库中标准件自带有配合参考，电力管筒接头会自动捕捉配合，然后松开鼠标左键，
如图 10-7 所示。在弹出的【选择配置】对话框中，选择配置【0.5inAdapter】，单击【确定】按钮，
如图 10-8 所示。

（4）弹出【线路属性】属性管理器，单击 ✖【取消】按钮，关闭该属性管理器，如图 10-9 所示。

（5）单击选择和上述相同的零部件【pvc conduit-male terminal adapter】接头，用鼠标左键
按住拖放到装配体中与总控制箱共面的电源盒上端接头处，自动捕捉到配合后松开鼠标左键，
如图 10-10 所示。在弹出的【选择配置】对话框中，选择配置【0.5inAdapter】，单击【确定】按钮。
弹出【线路属性】属性管理器，单击 ✖【取消】按钮，关闭该属性管理器。

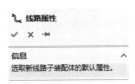

图 10-7　添加第一个电力接头　　图 10-8　【选择配置】对话框　　图 10-9　关闭【线路属性】属性管理器

（6）选择【视图】【步路点】菜单命令，显示装配体中刚刚插入的两个电力接头上所有的连接点，如图 10-11 所示。

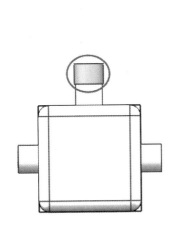

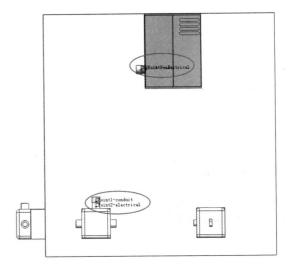

图 10-10　添加第二个电力接头　　　　　图 10-11　显示的连接点

（7）在总控制箱的【conduit-male terminal adapter】接头上，用鼠标右键单击连接点【CPoint1-conduit】，从快捷菜单中选择【开始步路】命令，如图 10-12 所示。

（8）弹出【线路属性】属性管理器，在【文件名称】选项组中命名步路子装配体；在【折弯 -弯管】选项组中选择【始终形成折弯】选项，在【折弯半径】文本框中输入半径值"20"，其余选项使用默认设置，单击 ✔【确定】按钮，完成线路属性设置，如图 10-13 所示。

（9）线路属性设置完成后，弹出【SolidWorks】提示，单击【确定】按钮。此时，从连接点延伸出一小段端头，可以拖动端头端点伸长或缩短端头长度，如图 10-14 所示。随后弹出【自动步路】属性管理器，单击 ✖【取消】按钮，关闭该属性管理器。

（10）用鼠标右键单击电源盒上端接头的连接点【CPoint1-conduit】，从快捷菜单中选择【添加到线路】命令，如图 10-15 所示。此时，从连接点延伸出一小段端头，拖动端头的端点就可以改变端头的长度，如图 10-16 所示。

（11）按住 Ctrl 键选中上面生成的两个端头的端点，如图 10-17 所示，单击鼠标右键弹出快捷菜单，选择【自动步路】命令，如图 10-18 所示。

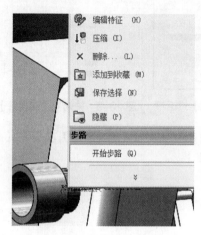

图 10-12　选择【开始步路】命令

图 10-13　【线路属性】属性管理器

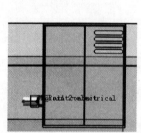

图 10-14　从连接点延伸出的端头

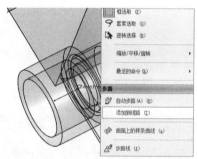

图 10-15　选择【添加到线路】命令

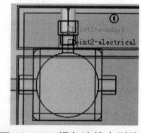

图 10-16　添加连接点到线路

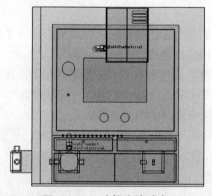

图 10-17　选择步路端点

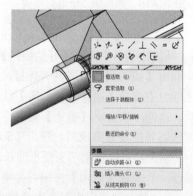

图 10-18　选择【自动步路】命令

（12）弹出【自动步路】属性管理器，在【步路模式】选项组中选择【自动步路】选项，在【自动步路】选项组中勾选【正交线路】复选框，连接好的线路如图10-19所示。

（13）单击【自动步路】属性管理器中的 ✓【确定】按钮，单击主界面右上角的 【退出路径草图】按钮和 【退出线路子装配体环境】按钮，第一条电力管筒线路生成，如图10-20所示。

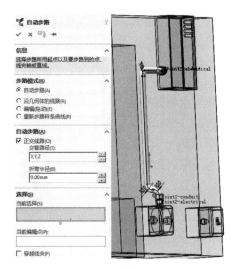

图 10-19 连接好的线路

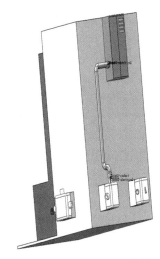

图 10-20 生成第一条电力管筒线路

10.3.2 创建第二条电力管筒线路

（1）选择线路零部件。单击主界面右侧任务窗格的第二个标签，依次打开【设计库】标签中的"Design Library/routing/conduit"文件夹。在设计库的下方显示【conduit】文件夹中各种管道标准零部件，选择【pvc conduit-male terminal adapter】接头为拖放对象。按住鼠标左键拖放【pvc conduit-male terminal adapter】接头到装配体中与总控制箱共面的电源盒左端的接头处不放，由于设计库中标准件自带有配合参考，电力管筒接头会自动捕捉配合，然后松开鼠标左键，如图 10-21 所示。

扫码看视频

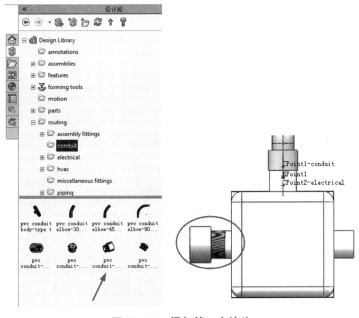

图 10-21 添加第一个接头

（2）在弹出的【选择配置】对话框中，选择配置【0.5inAdapter】，单击【确定】按钮，如图 10-22 所示。弹出【线路属性】属性管理器，单击 ✖️【取消】按钮，关闭该属性管理器，如图 10-23 所示。

（3）单击选择和上述相同的零部件【pvc conduit-male terminal adapter】接头，用鼠标左键按住拖放到装配体中的左墙面与上述电源盒相邻的电源盒的右端接头处不放，自动捕捉到配合后松开鼠标左键，如图 10-24 所示。在弹出的【选择配置】对话框中，选择配置【0.5inAdapter】，单击【确定】按钮。弹出【线路属性】属性管理器，单击 ✖️【取消】按钮，关闭该属性管理器。

图 10-22 【选择配置】对话框

图 10-23 关闭【线路属性】属性管理器

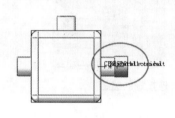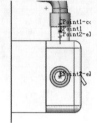

图 10-24 添加第二个接头

（4）在第一个电源盒左端的【conduit-male terminal adapter】接头上，用鼠标右键单击连接点【CPoint1-conduit】，从快捷菜单中选择【开始步路】命令，如图 10-25 所示。

（5）弹出【线路属性】属性管理器，在【文件名称】选项组中命名步路子装配体；在【折弯 - 弯管】选项组中选择【始终形成折弯】选项，在【折弯半径】文本框中输入半径值"20"，其余选项使用默认设置，单击【确定】按钮完成线路属性设置，如图 10-26 所示。

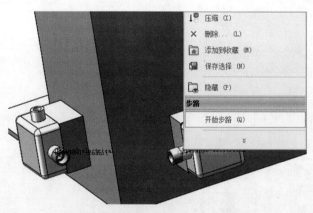

图 10-25 选择【开始步路】命令

图 10-26 【线路属性】属性管理器

（6）线路属性设置完成后，弹出【SolidWorks】提示，单击【确定】按钮。此时，从连接点延伸出一小段端头，可以拖动端头端点伸长或缩短端头长度，如图 10-27 所示。随后弹出【自动步路】属性管理器，单击 ✖️【取消】按钮，关闭该属性管理器。

（7）用鼠标右键单击第二个电源盒右端接头的连接点【CPoint1-conduit】，从快捷菜单中选择
【添加到线路】命令，如图 10-28 所示。此时，从连接点延伸出一小段端头，拖动端头的端点就可
以改变端头的长度，如图 10-29 所示。

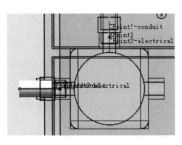
图 10-27　从连接点延伸出的端头

图 10-28　选择【添加到线路】命令

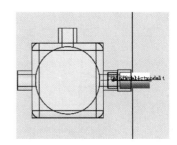
图 10-29　添加连接点到线路

（8）按住 Ctrl 键选中上面生成的两个端头的端点，如图 10-30 所示，单击鼠标右键弹出快捷菜
单，选择【自动步路】命令，如图 10-31 所示。

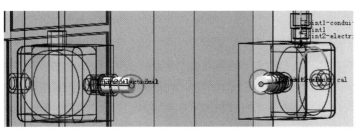
图 10-30　选择步路端点

图 10-31　选择【自动步路】命令

（9）弹出【自动步路】属性管理器，在【步路模式】选项组中选择【自动步路】选项，在【自
动步路】选项组中勾选【正交线路】复选框，连接好的线路如图 10-32 所示。

（10）单击【自动步路】属性管理器中的 ✔【确定】按钮，单击主界面右上角的 🔁【退出路径
草图】按钮和 🔧【退出线路子装配体环境】按钮，第二条电力管筒线路生成，如图 10-33 所示。

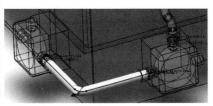
图 10-32　连接好的线路

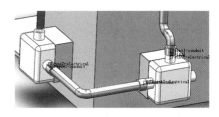
图 10-33　生成第二条电力管筒线路

10.3.3 创建其余电力管筒线路

扫码看视频

使用和前两条线路相同的步路方法和操作步骤生成其余两条电力管筒线路，如图 10-34 所示。

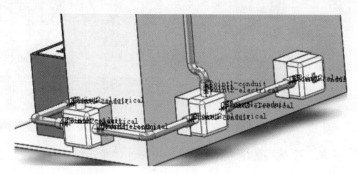

图 10-34　生成其余两条电力管筒线路

10.3.4 保存装配体

选择【文件】|【打包】菜单命令，弹出【打包】对话框，在所有相关的零件、子装配体和装配体文件前面的方框中打钩，选择【保存到文件夹】单选按钮，将以上文件保存到一个指定文件夹中，单击【保存】按钮，如图 10-35 所示。至此，一个装配体的电力管筒线路设计完成，如图 10-36 所示。

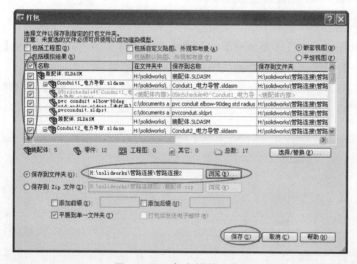

图 10-35　打包设置

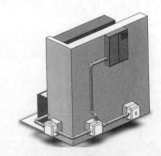

图 10-36　电力管筒线路设计完成图

10.4　管道线路设计范例

本范例介绍管道线路的设计过程，模型如图 10-37 所示。

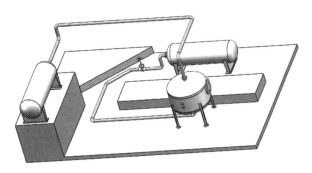

图 10-37 管道线路

本范例的主要步骤如下。
（1）创建第一条管道线路。
（2）创建第二条管道线路。

10.4.1 创建第一条管道线路

（1）启动中文版 SolidWorks 软件，单击快速访问工具栏中的 📂【打开】按钮，弹出【打开】对话框，在配套资源中选择【源文件 / 第 10 章 / 10.4/10.4.SLDASM】，单击【打开】按钮，在图形区域中显示出模型，如图 10-38 所示。

（2）选择管道配件。打开绘图区右侧窗格 🗄【设计库】中的 "routing\piping\flanges" 文件夹，选择【slip on weld flange】法兰为拖放对象，用鼠标左键拖放到装配体的 1 号和 3 号水箱前方的出口。由于设计库中标准件自带有配合参考，配件会自动捕捉配合，松开鼠标左键，如图 10-39 所示。在弹出的【选择配置】对话框中，选择【Slip On Flange 150-NPS5】配置，单击【确定】按钮，如图 10-40 所示。弹出【线路属性】属性管理器，单击【取消】按钮，关闭该属性管理器。

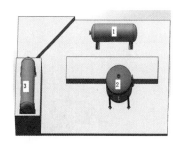

图 10-38 打开装配体

图 10-39 添加 1 号水箱法兰

（3）选择管道配件。打开绘图区右侧窗格 🗄【设计库】中的 "routing\piping\flanges" 文件夹，选择【welding neck flange】法兰为拖放对象，用鼠标左键拖放到装配体的 2 号水箱上下方的出口。由于设计库中标准件自带有配合参考，配件会自动捕捉配合，松开鼠标左键，如图 10-41 所示。在弹出的【选择配置】对话框中，选择【WNeck Flange 150-NPS5】配置，单击【确定】按钮，如图 10-42 所示。弹出【线路属性】属性管理器，单击【取消】按钮，关闭该属性管理器。

（4）选择【视图】|【步路点】菜单命令，显示装配体中配件上所有的连接点。然后用鼠标右键单击 1 号水箱上的法兰，在弹出的快捷菜单中选择【开始步路】命令，如图 10-43 所示。

图 10-40　选择法兰配置

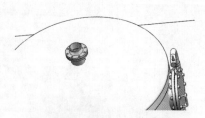

图 10-41　添加 2 号水箱法兰

图 10-42　选择法兰配置

图 10-43　开始步路

（5）弹出【线路属性】属性管理器，在【文件名称】选项组中命名步路子装配体；在【折弯 - 弯管】选项组中设置角度为"90 度"，如图 10-44 所示。单击 ✓【确定】按钮，完成法兰的添加。用鼠标左键按住法兰的端点向外拖动，可以延长端头长度到合适的位置，如图 10-45 所示。

图 10-44　【线路属性】属性管理器

图 10-45　拖动端点

（6）此时直接进入步路 3D 草图绘制界面中。单击【草图】工具栏的 ／【直线】按钮，使用 Tab 键切换草图绘制平面，绘制 3D 直线。绘制完成的直线会自动添加上管道，并在直角处自动生成弯管，如图 10-46 所示。

（7）按住 Ctrl 键，选取如图 10-47 所示箭头所指的两条直线，在弹出的【属性】对话框里单击

⊥【垂直】按钮。用同样的方法为所有的 90 度转折线之间都添加垂直约束，以便系统自动添加所有转折处的弯管。

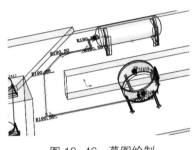

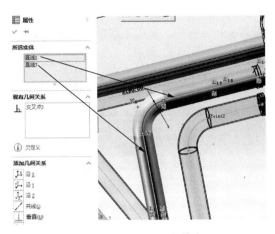

图 10-46　草图绘制 图 10-47　添加垂直约束

（8）添加箭头所指的最后一条直线与法兰接头平面的垂直约束，如图 10-48 所示。

（9）单击【草图】工具栏中的 ⌀【智能尺寸】按钮，为草图添加必要的尺寸，如图 10-49 所示。

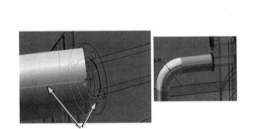

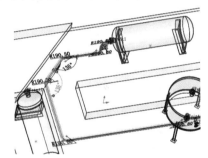

图 10-48　添加垂直约束 图 10-49　添加尺寸

（10）用鼠标右键单击刚刚生成的线路草图，在弹出的快捷菜单中选择【分割线路】命令。单击第一条直线的中点，即生成了一个分割点"JP1"，此点将线路分割为两段，如图 10-50 所示。

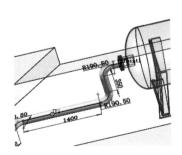

图 10-50　分割线路

（11）打开【设计库】中的 "routing\piping\valves" 文件夹，选择【gate valve (asme b16.34) bw -150-2500】阀门为拖放对象，用鼠标左键拖放到装配体的分割点 "JP1" 处，由于设计库中标准件自带有配合参考，配件会自动捕捉配合。通过 Tab 键调整放置方向，然后松开鼠标左键。在弹出的【选择配置】对话框中，采用系统默认选择的配置，单击 ✔【确定】按钮，如图 10-51 所示。完成阀门的添加，如图 10-52 所示。

图 10-51　选择阀门配置

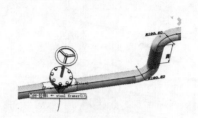

图 10-52　添加阀门

（12）添加 45 度弯管。单击窗口右上角的 图标，退出草图绘制状态。系统会自动弹出【折弯-弯管】对话框，如图 10-53 所示。线路中的第一个 45 度弯管呈高亮显示，如图 10-54 所示。在【选项】选项组中，单击【制作自定义弯管】单选按钮，单击【确定】按钮，完成 45 度弯管的添加。

图 10-53　【折弯 – 弯管】对话框

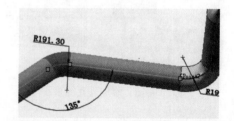

图 10-54　高亮显示 45 度弯管

（13）系统将弹出【折弯-弯管】对话框，并且线路中的第二个 45 度弯管呈高亮显示，用同样的方法选择相同配置添加第二个 45 度弯管。单击 按钮完成第一条管道线路的创建，如图 10-55 所示。

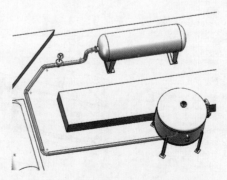

图 10-55　完成第一条管道线路

10.4.2　创建第二条管道线路

扫码看视频

（1）用鼠标右键单击 3 号水箱上的法兰，在弹出的快捷菜单中选择【开始步路】命令，如图 10-56 所示。

（2）弹出【线路属性】属性管理器，在【文件名称】选项组中命名步路子装配体；在【折弯 - 弯管】选项组中设置角度为"90 度"，其余选项使用默认设置，如图 10-57 所示。

（3）这时法兰连接点延伸出一小段端头，向外拖动端头上的端点以延长端头长度。单击【草图】工具栏中的 ✏ 【直线】按钮，使用 Tab 键切换草图绘制平面，绘制直线，绘制完成的直线自动添加上管道，并在直角处自动生成弯管，绘制的第二条管道线的第一部分 3D 草图如图 10-58 所示。

图 10-56　选择【开始步路】命令

图 10-57　线路属性设置

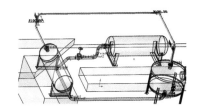

图 10-58　草图绘制

（4）添加 90 度弯管。单击窗口右上角的 ⤴ 图标，退出草图绘制状态。系统会自动弹出【折弯 - 弯管】对话框，如图 10-59 所示。线路中的第一个 90 度弯管呈高亮显示，在【选项】选项组中，单击【制作自定义弯管】单选按钮，单击【确定】按钮，完成 90 度弯管的添加。

（5）单击 🎯 按钮完成第二条管道线路的创建，如图 10-60 所示。

图 10-59　【折弯 - 弯管】对话框

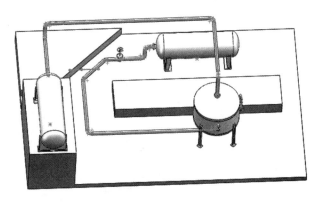

图 10-60　完成第二条管道线路

第 11 章
标准零件库

SolidWorks Toolbox 插件包括标准零件库、凸轮设计、凹槽设计和其他设计工具。利用 Toolbox 插件可以选择具体的标准和想插入的零件类型，然后将零部件拖动到具体的装配体中。也可自定义 Toolbox 零件库，使之包括一定的标准，或包括常用的零件。本章主要内容包括 SolidWorks Toolbox 概述、凹槽零件的生成、凸轮零件的生成以及其他工具的使用方法。

重点与难点

- Toolbox 概述
- 凹槽的生成
- 凸轮的生成
- 其他工具

11.1 SolidWorks Toolbox 概述

11.1.1 Toolbox 简介

SolidWorks Toolbox 库包含所支持标准的主零件文件以及零部件大小和配置信息的文件夹。在 SolidWorks 中使用新的零部件大小时，Toolbox 会根据用户参数设置更新主零件文件以记录配置信息。

SolidWorks Toolbox 支持的国际标准包括 ANSI、AS、BSI、CISC、DIN、GB、ISO、IS、JIS 和 KS。Toolbox 包括轴承、螺栓、凸轮、齿轮、钻模套管、螺母、销钉、扣环、螺钉、链轮、结构形状（包括铝和钢）、正时带轮和垫圈等五金件。

在 Toolbox 中所提供的扣件为近似形状，不包括精确的螺纹细节，因此不适合于某些分析，如应力分析。Toolbox 的齿轮为机械设计展示所用，它们并不是为制造使用的真实渐开线齿轮。此外，Toolbox 提供以下数种工程设计工具。

- 决定横梁的应力和偏转的横梁计算器。
- 决定轴承的能力和寿命的轴承计算器。
- 将标准凹槽添加到圆柱零件的凹槽。
- 作为草图添加到零件的结构钢横断面。

11.1.2 SolidWorks Toolbox 管理

SolidWorks Toolbox 包括标准零件库，与 SolidWorks 合为一体。作为 Toolbox 管理员，可将 Toolbox 零部件放置在具体的网络位置中，并精简 Toolbox，只包括与具体的产品相关的零件。也可控制对 Toolbox 库的访问，以防止用户更改 Toolbox 零部件，还可以指定如何处理零部件文件，并给 Toolbox 零部件指派零件号和其他自定义属性。SolidWorks Toolbox 管理的内容如下。

1. 管理 Toolbox

Toolbox 管理员在 SolidWorks 设计库中管理可重新使用的 CAD 文件。作为管理员应熟悉机构所需的标准及用户常需的零部件，如螺母和螺栓。此外，应知道每种 Toolbox 零部件类型所需的零件号、说明及材料。

2. 放置 Toolbox 文件夹

Toolbox 文件夹必须可以为所有用户进行访问。作为 Toolbox 管理员，应决定将 Toolbox 文件夹定位在网络上的什么位置，可在安装 Toolbox 时设定 Toolbox 文件夹位置。

3. 精简 Toolbox

根据默认，Toolbox 包括 12 类标准的 2000 多种不同大小零部件类型，以及其他业界的特定内容，从而产生上百万种零部件。作为 Toolbox 管理员，可以过滤默认的 Toolbox 服务内容，这样 Toolbox 用户可只访问机构所需的那些零部件。削减 Toolbox 的大小可使之更有效，用户可花费更少的时间搜索零部件或决定使用哪些零部件。

4. 指定零部件文件类型

作为 Toolbox 管理员，可决定 Toolbox 零部件文件的不同大小如何在装配体中定义。

- 作为单一零件文件的配置。
- 作为不同大小的单独零件文件。

5. 指派零件号

作为 Toolbox 管理员，可在用户参考引用前给 Toolbox 零部件指派零件号和其他自定义属性（如材料），从而使装配体设计和生成材料明细表更有效。当事先指派零件号和属性时，用户不必在每次参考引用 Toolbox 零部件时都进行此操作。

11.1.3　安装 Toolbox

可随同 SolidWorks Premium 或 SolidWorks Professional 安装 SolidWorks Toolbox，推荐将 Toolbox 数据安装到共享的网络位置或安装到 SolidWorks Enterprise PDM 库中。通过使用公用位置，所有 SolidWorks 用户共享一致的零部件信息。

一旦进行安装，必须激活 SolidWorks Toolbox 插件。Toolbox 包括以下两个插件。

● SolidWorks Toolbox Utilities：装载钢梁计算器、轴承计算器以及生成凸轮、凹槽和结构钢所用的工具。

● SolidWorks Toolbox Library：装入 Toolbox 配置工具和 Toolbox 设计库，可在设计库任务窗格中访问 Toolbox 零部件。

激活 Toolbox 插件的步骤如下。

（1）在 SolidWorks 菜单中选择【工具】|【插件】命令，打开【插件】对话框。

（2）在【活动插件】和【启动】下勾选【SolidWorks Toolbox Utilities】或者【SolidWorks Toolbox Library】复选框，也可以两者都选择。

（3）单击【确定】按钮。

11.1.4　配置 Toolbox

1. 配置 Toolbox

Toolbox 管理员使用 Toolbox 配置工具来选择并自定义五金件，设置用户优先参数和权限。最佳做法是在使用 Toolbox 前对其进行配置。配置 Toolbox 的步骤如下。

（1）从 Windows 中选择【开始】|【所有程序】|【SolidWorks 2018】|【SolidWorks 工具】|【Toolbox 设置 2018】命令，或在 SolidWorks 中选择【工具】|【选项】菜单命令，打开【系统选项】对话框，在【系统选项】选项卡中，选择【异型孔向导 /Toolbox】选项，并单击【配置】按钮，弹出【欢迎使用 Toolbox 设置】向导。

（2）如果 Toolbox 受 Enterprise PDM 管理，在提示时单击【是】按钮，以检出 Toolbox 数据库。

（3）要选择标准和五金件，可单击第 2 项【自定义您的五金件】。要简化 Toolbox 配置，只选取使用的标准和器件。选取五金件后，可以选择大小或定义自定义属性，并添加零件号。要减少配置数，可以选择每个标准和自定义属性，然后清除未使用的大小和数值。

（4）要设定 Toolbox 用户首选项，单击第 3 项【定义用户设定】。

（5）要以密码保护 Toolbox 不受未授权访问并为 Toolbox 功能设定权限，单击第 4 项【设定权限】。

（6）要指定默认智能扣件、异型孔向导孔，以及其他扣件首选项，单击第 5 项【配置智能扣件】。

（7）单击 【保存】按钮。

（8）单击 【关闭】按钮。

2. 选取五金件

在 SolidWorks 中，选择【工具】|【选项】菜单命令，打开【系统选项】对话框，选择【异型

孔向导 /Toolbox】选项，单击【配置】按钮，然后单击【自定义您的五金件】，进入【自定义五金件】
界面。使用左窗格或单击右窗格中的文件夹导览来选取五金件。

- 左窗格。在 Toolbox 标准下，左窗格列出标准、类别和类型，如图 11-1 所示。
- 右窗格。要移除某项，消除选中复选框。
  一旦消除某项，此项将在左窗格和右窗格
  中禁用，除非将之重新选取。要打开标准、
  类别或类型，单击右窗格中的文件夹。

3. 自定义五金件

使用【自定义五金件】界面选择零部件大小，
输入属性值并输入零件号。

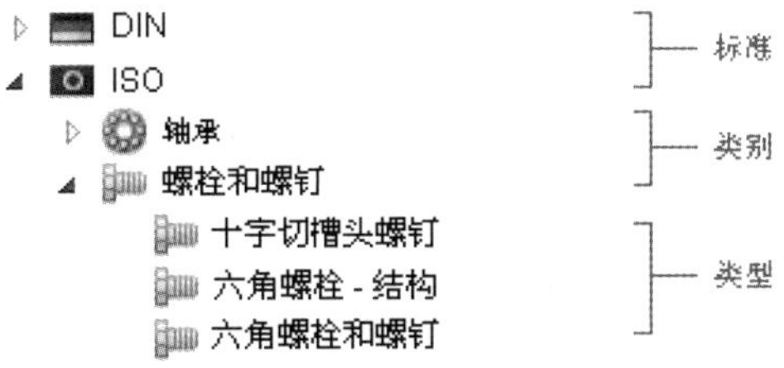

图 11-1　标准、类别和类型

4. 智能扣件

在 SolidWorks 中，选择【工具】|【选项】菜单命令，打开【系统选项】对话框，选择【异型
孔向导孔 /Toolbox】选项，单击【配置】按钮，然后单击【配置智能扣件】，进入【智能扣件】界面。
使用【智能扣件】界面为使用异型孔和非异型孔的扣件设置默认值和进行其他设定。

（1）螺垫大小。根据智能扣件的大小，从选项中选择以限制可用的螺垫类型。

- 【完全相配】：将可用类型限制到与扣件大小完全匹配的螺垫。
- 【大于公差】：将可用类型限制到在输入的公差内与扣件大小匹配的孔直径。
- 【无限制】：使所有螺垫类型都可使用。

（2）自动扣件更改。当硬件层叠变化时，可使扣件的长度变化；当扣件大小变化时，可以使层
叠硬件大小变化。更改扣件长度以确保启用最少螺纹线，调整扣件长度以满足螺纹线需求。

- 【螺纹线超越螺母】：增加扣件长度以确保指定螺纹线数量超越螺母。
- 【直径进入螺纹孔的倍数】：根据扣件直径的倍数设置扣件啮合螺纹孔的最小长度。

（3）默认扣件。可以指定默认的智能扣件零部件，以用于不同的标准和孔类型。

- 【与异型孔向导孔合用的扣件】：为异型孔向导孔的每个孔标准指定默认扣件。
- 【与非型形孔向导孔合用的扣件】：为非异型孔向导孔指定默认的孔标准和扣件。

11.1.5　生成零件

从 Toolbox 零部件中生成零件的操作步骤如下。

（1）在 【设计库】任务窗格中，在【Toolbox】下展开标准 | 类别 | 零部件的类型，可用的零
部件的图像和说明出现在任务窗格中。

（2）用鼠标右键单击零部件，然后在弹出的快捷菜单中选择【生成零件】命令。

（3）在属性管理器中指定属性值。

（4）单击 【确定】按钮。

11.1.6　将零件添加到装配体

将 Toolbox 零部件插入到装配体中的操作步骤如下。

（1）打开装配体。

（2）在 【设计库】任务窗格中，在【Toolbox】下展开标准 | 类别 | 零部件的类型，可用零部
件的图像和说明出现在任务窗格中。

（3）执行以下操作之一。

- 将零部件拖动到装配体中。如果将零部件丢放在合适的特征旁边，SmartMate 将在装配体中定位零件。
- 用鼠标右键单击零部件，然后单击插入装配体，预选孔的圆形边线。

（4）在属性管理器中指定属性值。

（5）单击✔【确定】按钮，零件出现在装配体中。

11.1.7 能够自动调整大小的 Toolbox 零部件（智能零件）

某些 Toolbox 零部件会适应它们被拖放到的几何体的大小。以下 Toolbox 零部件支持自动调整大小。

- 螺栓和螺钉。
- 螺母。
- 扣环。
- 销钉。
- 垫圈。
- 轴承。
- O 形密封圈。
- 齿轮。

使用 Toolbox 自带的智能零件的基本操作包括如下情形。

（1）选择要在其中放置该零部件的孔。将该智能零部件拖动至孔的附近，这时会显示精确的预览，如图 11-2 所示。

（2）在属性管理器中设定以下选项。

- 调整属性中的值。
- 在选项中选择自动调整到配合几何体的大小。

（3）拖动智能零部件到孔中，并将其放置，如图 11-3 所示。

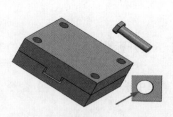
图 11-2　螺钉与孔的预览

图 11-3　螺钉与孔的配合

（4）单击 ✔【确定】按钮。

11.2 凹槽

Toolbox 中的凹槽插件可将工业标准 O- 环和固定环凹槽添加到圆柱模型中。O- 环凹槽如图 11-4

所示。固定环凹槽如图 11-5 所示。

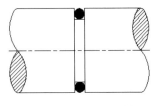 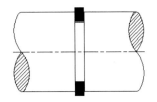

图 11-4　O- 环凹槽　　　　　　　　　图 11-5　固定环凹槽

11.2.1　生成凹槽

生成凹槽的基本步骤如下。

（1）在零件上选择一个想要放置凹槽的圆柱面。通过预选圆柱面，Toolbox 为凹槽决定直径，并建议合适的凹槽大小。

（2）在【Toolbox】工具栏中单击 ▓【凹槽】按钮，或选择【Toolbox】|【凹槽】命令。

（3）在【凹槽】对话框中进行如下设置。

- 要生成 O- 环凹槽，单击【O- 环凹槽】选项卡。
- 要生成固定环凹槽，单击【固定环凹槽】选项卡。

（4）从选项卡左上部的清单中选择一标准、凹槽类型及可用的凹槽大小，与此同时属性及数值列会更新。

（5）单击【生成】按钮。

（6）要添加更多的凹槽，在模型上选择一新的位置，然后重复步骤（4）和步骤（5）的操作。

（7）单击【完成】按钮。

11.2.2　【O- 环凹槽】属性设置

在【O- 环凹槽】选项卡中，可选择并生成标准 O- 环凹槽。单击【Toolbox】工具栏中的 ▓【凹槽】按钮，或选择【Toolbox】|【凹槽】命令，在打开的【凹槽】对话框中单击【O- 环凹槽】选项卡，如图 11-6 所示。

（1）凹槽选择：从左上角的列表中选择一个凹槽。

- 【标准】：指定凹槽的标准。
- 【类型】：指定凹槽的类型。
- 【大小】：指定凹槽的大小。
- 【草图】：显示选定凹槽类型的草图。

（2）【属性】：选定凹槽的只读属性。

- 【说明】：描述凹槽。
- 【所选直径】：显示选定圆柱面的直径，或无选定的直径。
- 【配合直径】：显示完成密封的非凹槽配合零件直径的参考数值。
- 【凹槽直径】(*A*)、【宽度】(*B*)、【半径】(*C*)，如图 11-7 所示。

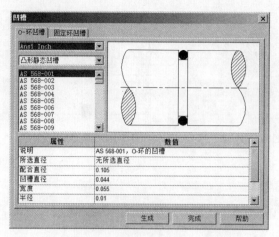

图 11-6 【O- 环凹槽】选项卡 　　　　　　图 11-7　凹槽尺寸

11.2.3　【固定环凹槽】属性设置

单击【Toolbox】工具栏中的 ▓【凹槽】按钮，或选择【Toolbox】|【凹槽】命令，在打开的【凹槽】对话框单击【固定环凹槽】选项卡，如图 11-8 所示。

（1）凹槽选择：从左上角的列表中选择一个凹槽。

- 【标准】：指定凹槽的标准。
- 【类型】：指定凹槽的类型。
- 【大小】：指定凹槽的大小。
- 【草图】：显示选定凹槽类型的草图。

（2）【属性】：选定凹槽的只读属性。

- 【说明】：描述凹槽。
- 【所选直径】：显示选定圆柱面的直径，或无选定的直径。
- 【凹槽直径（A）】、【凹槽宽度】（B）、【半径】（C），如图 11-9 所示。

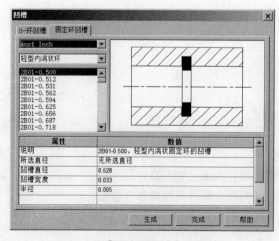

图 11-8　【固定环凹槽】选项卡 　　　　　图 11-9　凹槽尺寸

11.3 凸轮

Toolbox 中的凸轮模块可以生成带完全定义运动路径和推杆类型的凸轮。可以随运动类型选择圆形凸轮或线性凸轮，圆形凸轮如图 11-10 所示，线性凸轮如图 11-11 所示。

图 11-10　带给定深度轨迹的圆形凸轮　　　图 11-11　带贯穿轨迹的线性凸轮

11.3.1　生成凸轮

生成凸轮的步骤如下。

（1）单击【Toolbox】工具栏中的 ◎【凸轮】按钮，或选择【Toolbox】|【凸轮】命令。

（2）在【凸轮】对话框的【设置】选项卡上为凸轮类型选取【圆形】或【线性】，然后为选定的凸轮类型设定属性值。

（3）在【运动】选项卡上至少生成一个凸轮运动定义。

（4）在【生成】选项卡上设定生成属性。

（5）单击【生成】按钮。Toolbox 生成的新凸轮为新的 SolidWorks 零件文档。

（6）将凸轮保存为常用项。

（7）单击【完成】按钮。

11.3.2　凸轮属性的设置

在【凸轮】对话框的【设置】选项卡中，可以指定凸轮的单位、凸轮类型以及推杆类型等基本信息，如图 11-12 所示。

1. 圆形凸轮属性的设置

对于圆形凸轮，其属性设置包括如下选项。

（1）【单位】：指定属性单位，选择【英寸】或【公制】。

（2）【凸轮类型】：指定凸轮类型，选择【圆形】或【线性】。

（3）【推杆类型】：指定推杆类型，包括如下选项。

- 【平移】：沿通过凸轮旋转中心的直线移动，如图 11-13 所示。

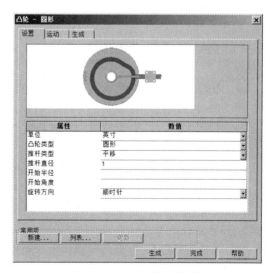

图 11-12　凸轮属性设置

● 【左等距】或【右等距】：穿过不通过凸轮旋转中心的直线而移动，如图 11-14 所示。
● 【左摆动】或【右摆动】：沿枢轴点摆动，如图 11-15 所示。

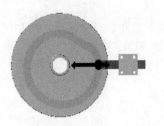

图 11-13　平移推杆　　　　图 11-14　左等距或右等距推杆　　　图 11-15　左摆动或右摆动推杆

（4）【推杆直径】：指定推杆直径，此与凸轮上切除的凹槽直径相等。

（5）【开始半径】：指定凸轮旋转中心到推杆中心的距离。

（6）【开始角度】：指定推杆和水平直线通过凸轮中心的角度。

（7）【旋转方向】：指定旋转方向，选择【顺时针】或【逆时针】。

（8）【等距距离】（A）和【等距角度】（B）：仅限等距推杆，如图 11-16 所示。

（9）【臂枢轴 X 等距】（A）、【臂枢轴 Y 等距】（B）和【臂长度】（C）：仅限摆动推杆，如图 11-17 所示。

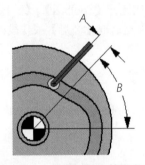

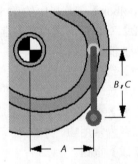

图 11-16　等距距离和等距角度　　　　　　图 11-17　臂枢轴长度

2. 线性凸轮属性的设置

对于线性凸轮，其属性设置如图 11-18 所示。

（1）【推杆类型】：指定推杆类型。可以选取以下选项。

● 【平移】：与凸轮的运动垂直而运动，如图 11-19 所示。

● 【倾斜】：与凸轮的运动成一定角度（不是垂直）而运动，如图 11-20 所示。

● 【摆动拖尾】或【摆动引导】：绕枢轴点摆动，如图 11-21 所示。

（2）【推杆直径】：指定推杆直径，此与凸轮上切除的凹槽直径相等。

（3）【开始升度】：指定凸轮基体角落到推杆中心的竖直距离。

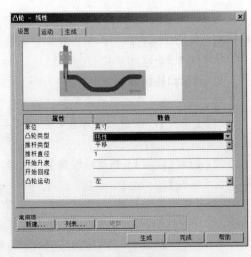

图 11-18　凸轮属性设置

（4）【开始回程】：指定凸轮基体角落到推杆中心的水平距离。

（5）【凸轮运动】：指定凸轮运动方向，选择【左】或【右】。

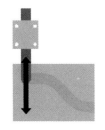

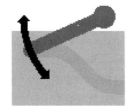

图 11-19　平移运动　　　　图 11-20　倾斜运动　　　图 11-21　摆动拖尾或摆动引导

（6）【推杆角度】：仅限倾斜推杆。指定推杆与凸轮运动垂直的直线之间的角度，数值必须是±45°，如图 11-22 所示。

（7）【臂枢轴 X 等距】（A）、【臂枢轴 Y 等距】（B）和【臂长度】（C）：仅限摆动推杆，如图 11-23 所示。

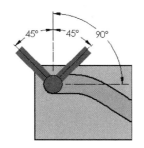
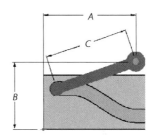

图 11-22　推杆角度　　　　　　　图 11-23　臂枢轴长度

11.3.3　凸轮运动的设置

【凸轮】对话框中的【运动】选项卡用来指定推杆如何绕凸轮运动。在【Toolbox】工具栏中单击 ◎ 【凸轮】按钮，或选择【Toolbox】|【凸轮】命令，在弹出的【凸轮】对话框中单击【运动】选项卡，如图 11-24 所示。

（1）开始参数：显示【设置】选项卡中的只读数值。

● 【开始半径】：仅限圆形凸轮。

● 【开始角度】：仅限圆形凸轮。

● 【开始升度】：仅限线性凸轮。

● 【开始回程】：仅限线性凸轮。

（2）运动参数：在添加新的凸轮运动定义时，从【运动生成细节】对话框设定参数。

● 【运动类型】：指定运动类型。

● 【结束半径】：仅限圆形凸轮，指定运动定义完成时从凸轮旋转中心到推杆中心的距离。

● 【度运动】：仅限圆形凸轮，指定凸轮旋转通过此运动定义的距离。

图 11-24　凸轮运动设置

- 【结束升度】：仅限线性凸轮，指定运动定义完成时凸轮基体角落到推杆中心的竖直距离。
- 【行程距离】：仅限线性凸轮，指定凸轮通过此运动定义的距离。
- 【总运动】：在角度运动列（圆形凸轮）或行程距离列（线性凸轮）中显示数值总和。

（3）运动定义管理：使用这些按钮管理运动定义。

- 【添加】：将一运动定义添加到其他运动定义后。
- 【插入】：将一运动定义插入到现有运动定义之前。
- 【编辑】：修改现有的运动定义。
- 【移除】：删除一个或多个运动定义。
- 【移除所有】：删除所有运动定义。

11.3.4 凸轮生成的设置

【凸轮】对话框的【生成】选项卡为凸轮指定数值，如坯件厚度和毂直径。在【Toolbox】工具栏中单击 【凸轮】按钮，或选择【Toolbox】|【凸轮】命令，在弹出的【凸轮】对话框中单击【生成】选项卡，如图 11-25 所示。

1. 圆形凸轮的【生成】选项卡

- 【说明】（只读）：显示凸轮类型和运动定义数。
- 【生成方法】：选择生成凸轮的方法。
- 【坯件外径和厚度】：指定圆形凸轮的外径和凸轮盘的厚度。
- 【近毂直径和长度】：指定孔的直径和从凸轮曲面至凸轮近端毂顶的距离。近端为凸轮从带给定深度轨迹曲面的凸轮切除的位置。
- 【远毂直径和长度】：指定孔的直径和从凸轮曲面至凸轮远端毂顶的距离。远端为凸轮从带给定深度轨迹曲面的凸轮切除的反面。
- 【坯件圆角半径和倒角】：指定毂和凸轮曲面之间的圆角半径和毂顶面的倒角值。
- 【通孔孔直径】：指定穿过毂的孔的直径。
- 【轨类型和深度】：指定轨类型和深度。
- 【分辨类型和数值】：指定分辨类型和数值。
- 【轨道曲面】：指定凸轮轨迹如何生成。根据轨类型而选择内部、外部或者两者，如图11-26所示。

图 11-25　圆形凸轮的生成设置

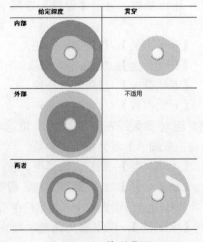

图 11-26　轨道曲面

- 【圆弧】：使用一系列相切圆弧生成凸轮轨道。当取消选择此复选框时，凸轮轨道使用一系列直线而生成。

2. 线性凸轮的【生成】选项卡

对于线性凸轮，其【生成】选项卡如图 11-27 所示。

- 【说明】（只读）：显示凸轮类型和运动定义数。
- 【生成方法】：选择生成凸轮的方法。
- 【坯件厚度】：指定坯件的厚度。
- 【坯件宽度】：指定坯件的宽度。
- 【坯件长度】：指定坯件的长度。
- 【轨类型和深度】：指定轨类型和深度。
- 【分辨类型和数值】：指定每个运动定义的最大运动增量。
- 【轨道曲面】：指定凸轮轨迹如何生成，如图 11-28 所示。

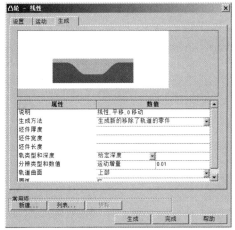

图 11-27 线性凸轮的生成设置

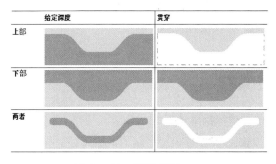

图 11-28 轨道曲面

- 【圆弧】：使用一系列相切圆弧生成凸轮轨道。

11.3.5 收藏凸轮

1. 生成收藏凸轮

生成收藏凸轮的步骤如下。

（1）在【Toolbox】工具栏中单击 ⊚【凸轮】按钮，或选择【Toolbox】|【凸轮】命令。
（2）在【凸轮】对话框的【设置】、【运动】及【生成】选项卡中设定所需的选项和参数。
（3）在【常用项】下单击【新建】按钮。
（4）在【新的最常用名称】对话框中输入常用名称。
（5）为了避免在使用常用项时提示保存更改，需要选中【模板】复选框。
（6）单击【确定】按钮。

2. 使用收藏凸轮

使用收藏凸轮的步骤如下。

（1）在【Toolbox】工具栏中单击 ⊚【凸轮】按钮，或选择【Toolbox】|【凸轮】命令。

（2）在弹出的【凸轮】对话框中，单击【常用项】下的【列表】按钮。

（3）在弹出的【最常用的】对话框中选取一常用项，然后单击【装入】按钮。

（4）此外，修改【设置】、【运动】以及【生成】选项卡上的凸轮数据。

（5）单击【生成】按钮，Toolbox 生成的新凸轮为新的 SolidWorks 零件文档。

（6）单击【完成】按钮。

（7）如果在生成凸轮之前修改了凸轮数据，而且常用项不是模板，在提示时单击【是】按钮，以更新常用项。

3. 编辑收藏凸轮

编辑收藏凸轮的步骤如下。

（1）在【Toolbox】工具栏中单击 @【凸轮】按钮，或选择【Toolbox】|【凸轮】命令。

（2）在弹出的【凸轮】对话框中，单击【常用项】下的【列表】按钮。

（3）在弹出的【最常用的】对话框中选取一个收藏项，然后单击【编辑】按钮。

（4）在弹出的【新的最常用名称】对话框中编辑常用的名称、模板或者两者，然后单击【确定】按钮。

（5）单击【完成】按钮完成设置。

11.4 其他工具

11.4.1 钢梁计算器

1. 进行钢梁计算

钢梁计算器模块可对结构钢截面处进行挠度和应力计算，计算的步骤如下。

（1）在【Toolbox】工具栏中单击 图【钢梁计算器】按钮，或选择【Toolbox】|【钢梁计算器】命令。

（2）在弹出的【钢梁计算器】对话框中选取一个载荷类型，如图 11-29 所示。

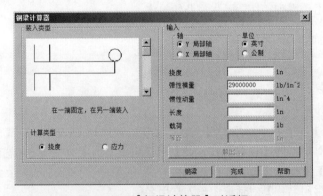

图 11-29 【钢梁计算器】对话框

（3）在【计算类型】下选择【挠度】或【应力】选项。【输入】区域显示选择项的属性。

（4）选择一个横梁。

（5）选择一基准轴来决定惯性动量或弹性模量的数值。

（6）除要计算的属性之外，为剩余的属性输入数值，然后单击【解出】按钮。例如，如果在计算挠度，除了挠度之外，确定所有属性都有数值。

（7）单击【完成】按钮。

2.【钢梁计算器】对话框

（1）【装入类型】选项组。

- 【装入类型】：指定载荷类型。使用预览窗口右侧的滚动条来选择一个载荷类型，如图 11-30 所示。
- 【计算类型】：可以单击【挠度】或【应力】单选按钮指定计算类型。【输入】区域进行更新以显示适当的属性。

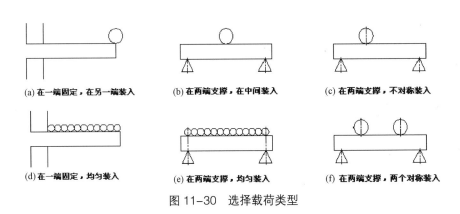

图 11-30　选择载荷类型

（2）【输入】选项组。

单击【钢梁】按钮，从弹出的【结构钢】对话框中选取一个横梁。某些输入值在选取一个横梁时会自动更新。

- 【轴】：为惯性动量或弹性模量决定数值。
- 【单位】：指定属性单位，可以选择【英寸】或【公制】。
- 【挠度】：仅限挠度计算。
- 【弹性模量】：仅限挠度计算。
- 【惯性动量】：仅限挠度计算。
- 【长度】：钢梁长度。
- 【载荷】：钢梁的载荷。
- 【等距】：载荷偏移的距离。

11.4.2　轴承计算器

1. 进行轴承计算

轴承计算器模块可计算轴承能力额定和基本寿命值，计算的步骤如下。

（1）在【Toolbox】工具栏中单击 【轴承计算器】按钮，或选择【Toolbox】【轴承计算器】命令。

（2）在弹出的【轴承计算器】对话框的左下侧清单中选择一个标准、轴承类型及可用的轴承，如图 11-31 所示。

（3）选择测量单位。

（4）在【可靠性】下选取一个非故障额定。

（5）在【能力】下选择【计算】选项来决定能力。

（6）对于对等载荷，为载荷输入组合的径向和冲击载荷的载荷值。

（7）为【速度】输入每分钟转数。速度只为计算小时寿命所需。

（8）单击【求解寿命】按钮，轴承计算器计算旋转寿命（百万次旋转）和小时寿命。

（9）单击【完成】按钮。

2.【轴承计算器】对话框

【轴承计算器】对话框中的选项用于计算轴承能力级别和基本寿命值。在【Toolbox】工具栏中单击 ▓【轴承计算器】按钮，或选择【Toolbox】|【轴承计算器】命令，弹出【轴承计算器】对话框，如图 11-31 所示。

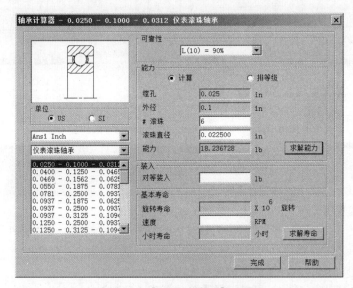

图 11-31 【轴承计算器】对话框

（1）【轴承类型】选项组包括如下选项。

- 🔲 草图：显示选定轴承类型的草图。

- 【单位】：轴承的选取标准。

- `Ansi Inch` ▼【轴承标准】：制定选择轴承的标准。

- `仪表滚珠轴承` ▼【轴承类型】：指定轴承的类型。

- 🔲【轴承】：指定轴承的型号。

（2）【单位】选项组用于指定属性单位。选择【US】（美国）或【SI】（公制）选项。

（3）【可靠性】选项组为选定的轴承指定所需要的非故障率。此选项组用于计算基本寿命。

（4）【能力】选项组指定如何决定能力。单击【计算】单选按钮，让轴承计算器计算能力。

- 【镗孔】：指定镗孔大小。

- 【外径】：指定外径。

- 【# 滚珠】：仅限滚珠轴承，指定滚珠数。

- 【滚珠直径】：仅限滚珠轴承，指定滚珠直径。

- 【能力】：指定能力，输入数值。如果选定了【计算】选项，单击【求解能力】按钮。

- 【求解能力】：计算能力。

（5）【装入】选项组中的【对等装入】选项用于为轴承指定组合的径向和轴向载荷。

（6）【基本寿命】选项组包括如下选项。

- 【旋转寿命】：指定轴承百万次旋转的寿命。
- 【速度】：指定旋转的速度（r/min）。
- 【小时寿命】：指定轴承的小时寿命。
- 【求解寿命】：计算旋转寿命，并在指定了速度时计算小时寿命。

11.4.3 结构钢

结构钢模块可将结构钢横梁的横断面草图插入到零件中。草图尺寸标注完整，以与工业标准大小相配。可在 SolidWorks 中拉伸草图来生成钢梁。欲将结构钢梁草图添加到零件中，需要进行如下操作。

（1）确认目前没有编辑草图，然后在零件中选择一基准面或平面。

（2）选择【Toolbox】|【结构钢】命令。

（3）在弹出的【结构钢】对话框的左上侧列表框中选择一个标准、钢梁类型及可用的横断面。

（4）单击【生成】按钮，将结构钢的横断面草图添加到零件中。如果不在步骤（1）中选择一个基准面或平面，草图将出现在前视基准面中。

（5）单击【完成】按钮。

（6）若想准确找出横断面，用鼠标右键单击新草图，在弹出的快捷菜单中选择【编辑草图】命令，然后添加尺寸或几何关系来放置草图，如图 11-32 所示。

通过【结构钢】对话框，可将横断面草图插入零件的结构钢横梁中。在【Toolbox】工具栏中单击【结构钢】按钮，或选择【Toolbox】|【结构钢】命令，弹出【结构钢】对话框，如图 11-33 所示。

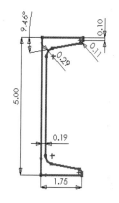
图 11-32 添加尺寸或几何关系

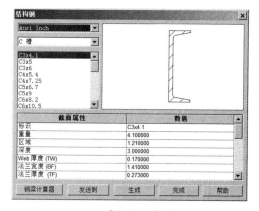
图 11-33 【结构钢】对话框

（1）【载荷类型】选项组包括如下选项。

- 【标准】：指定横梁的标准。
- 【横梁类型】：指定横梁类型。
- 【横断面】：指定截面尺寸。
- 【草图】：显示选定横梁类型的横断面。

（2）【截面属性】选项组用于显示选定横梁的截面属性和只读数值。

（3）【钢梁计算器】：单击该按钮，弹出【钢梁计算器】对话框，以帮助决定选取哪个横梁。

（4）【发送到】：单击该按钮，将结构钢属性发送到打印机或文本文件。

（5）【生成】：单击该按钮，将结构钢构件的横断面草图添加到零件。如果未选定基准面或平面，草图会出现在前视基准面上。

11.5 凸轮生成实例

本实例将演示凸轮的形成过程，具体步骤如下。

（1）在【Toolbox】工具栏中单击  【凸轮】按钮，或选择【Toolbox】|【凸轮】命令，如图 11-34 所示。

扫码看视频

（2）在弹出的【凸轮】对话框的【设置】选项卡上，选择【凸轮类型】为【圆形】，如图 11-35 所示。设定凸轮类型的属性值如图 11-36 所示。

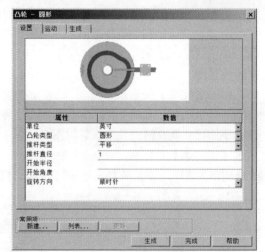

图 11-34　单击【凸轮】按钮

图 11-35　选择凸轮类型

（3）在【运动】选项卡上至少生成一个凸轮运动定义，如图 11-37 所示。

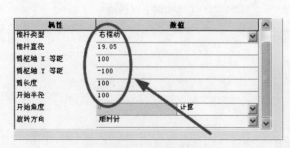

图 11-36　设定属性值

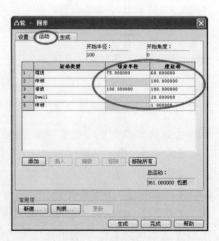

图 11-37　凸轮运动定义

（4）在【生成】选项卡上设定生成属性，如图 11-38 所示。

图 11-38　设定生成属性

（5）单击【生成】按钮。

（6）单击【完成】按钮，得到凸轮的模型，如图 11-39 所示。

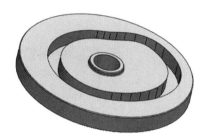

图 11-39　最终形成的凸轮

11.6　凹槽生成实例

本实例将演示凹槽的形成过程，具体步骤如下。

（1）在零件上选择一个需要放置凹槽的圆柱面，如图 11-40 所示。

（2）在【Toolbox】工具栏中单击 【凹槽】按钮，或选择【Toolbox】|【凹槽】菜单命令，如图 11-41 所示。

扫码看视频

图 11-40　选择圆柱面　　　　　图 11-41　单击【凹槽】按钮

（3）在弹出的【凹槽】对话框中单击【O- 环凹槽】选项卡，如图 11-42 所示。

（4）从选项卡左上部的清单中选择一标准、凹槽类型及可用的凹槽大小，与此同时属性及数值列会更新，如图 11-43 所示。

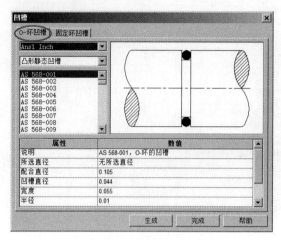

图 11-42 【凹槽】对话框   图 11-43 选择标准与凹槽类型

（5）单击【生成】按钮，生成凹槽，并在 FeatureManager 设计树中出现一名称与说明相匹配的特征，如图 11-44 所示。

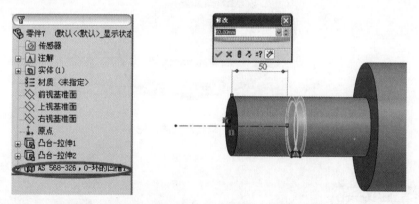

图 11-44 生成为凹槽及在 FeatureManager 设计树中的特征

11.7 智能零件范例

本范例以如图 11-45 所示的销与销孔配合来说明智能零部件的制作和简单应用。

本范例的主要步骤如下。

（1）制作智能零部件。

（2）应用智能零部件。

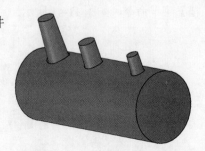

图 11-45 智能零部件实例

11.7.1　制作智能零部件

扫码看视频

（1）启动中文版 SolidWorks 软件，单击快速访问工具栏中的 【打开】按钮，弹出【打开】对话框，在配套资源中选择【源文件 / 第 11 章 /11.7/ 制作智能零部件 / 销 .SLDPRT】，单击【打开】按钮，在图形区域中显示出模型，如图 11-46 所示。

（2）设置配合参考。选择【插入】|【参考几何体】|【配合参考】菜单命令，弹出【配合参考】属性管理器，在【主要参考实体】选项组中选择销的圆锥面，如图 11-47 所示。

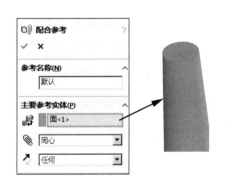

图 11-46　打开零件模型 　　　　　　　　图 11-47　设置配合参考

（3）单击 【确定】按钮完成配合参考的设置。FeatureManager 设计树中将显示【配合参考】文件夹，如图 11-48 所示。

（4）在【ConfigurationManager】中的【配置】列表下右键单击【销配置】选项，在快捷菜单中选择【添加配置】命令，如图 11-49 所示。

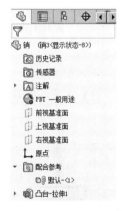

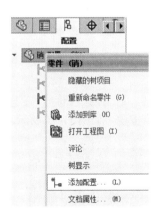

图 11-48　FeatureManager 设计树 　　　　图 11-49　选择【添加配置】命令

（5）系统弹出【添加配置】属性管理器，设置【配置名称】为【销1】，在【高级选项】下勾选【压缩特征】复选框，如图 11-50 所示。

（6）单击 【确定】按钮。接着以相同的方式继续添加配置，将【配置名称】分别设为【销2】、【销3】。

（7）展开【ConfigurationManager】中【配置】列表下的【销配置】，结果如图 11-51 所示。

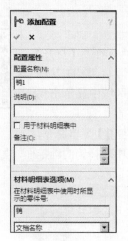

图 11-50 【添加配置】属性管理器　　　　图 11-51　显示【销配置】列表

（8）在默认配置下，双击销 1 零件模型，其基本尺寸显示如图 11-52 所示。

（9）双击配置【销 2】，或者右键单击配置【销 2】，在快捷菜单中选择【显示配置】命令，如图 11-53 所示。

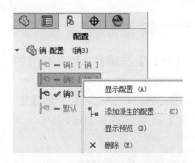

图 11-52　销 1 的基本尺寸　　　　　　图 11-53　选择【显示配置】命令

（10）双击销 2 零件模型的尺寸"$\phi6$"，系统弹出【修改】对话框，将尺寸"6"修改为"8"，如图 11-54 所示。

（11）单击"8"右边的按钮，在其下拉列表中选择【此配置】选项，接着单击【以当前的数值重建模型】按钮，如图 11-55 所示。

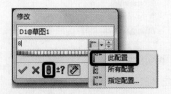

图 11-54　【修改】对话框　　　　　　图 11-55　配置与重建模型

（12）单击【确定】按钮。继续修改销 2 模型的长度尺寸，双击尺寸"15"，系统弹出【修改】对话框，将尺寸"15"修改为"20"，如图 11-56 所示。

（13）单击"20"右边的按钮，在其下拉列表中选择【此配置】选项，接着单击【以当前的数值重建模型】按钮。

（14）单击 ✔ 【确定】按钮。继续修改销 2 模型的角度尺寸，双击尺寸 "2"，系统弹出【修改】对话框，将尺寸 "2" 修改为 "1.5"，如图 11-57 所示。

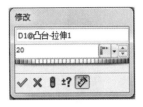

图 11-56 【修改】对话框

图 11-57 【修改】对话框

（15）单击 "1.5" 右边的按钮 ，在其下拉列表中选择【此配置】，接着单击 【以当前的数值重建模型】按钮。修改配置完成后的销 2 模型及基本尺寸如图 11-58 所示。

（16）双击配置【销 3】，或者右键单击配置【销 3】，在快捷菜单中选择【显示配置】命令，如图 11-59 所示。

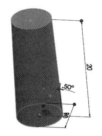

图 11-58 销 2 的基本尺寸

图 11-59 选择【显示配置】命令

（17）双击销 3 零件模型的尺寸 "$\phi6$"，系统弹出【修改】对话框，将尺寸 "6" 修改为 "10"，如图 11-60 所示。

（18）单击 "10" 右边的按钮 ，在其下拉列表中选择【此配置】选项，接着单击 【以当前的数值重建模型】按钮。

（19）单击 ✔ 【确定】按钮。继续修改销 3 模型的长度尺寸，双击尺寸 "15"，系统弹出【修改】对话框，将尺寸 "15" 修改为 "30"，如图 11-61 所示。

图 11-60 【修改】对话框

图 11-61 【修改】对话框

（20）单击 "30" 右边的按钮 ，在其下拉列表中选择【此配置】选项，接着单击 【以当前的数值重建模型】按钮。

（21）单击 ✔ 【确定】按钮。继续修改销 3 模型的角度尺寸，双击尺寸 "2"，系统弹出【修改】对话框，将尺寸 "2" 修改为 "3"，如图 11-62 所示。

（22）单击"3"右边的按钮 ，在其下拉列表中选择【此配置】选项，接着单击 【以当前的数值重建模型】按钮。修改配置完成后销3模型及基本尺寸如图11-63所示。

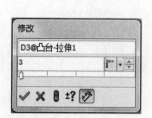

图 11-62 【修改】对话框

图 11-63 销3的基本尺寸

（23）右键单击销零件，在快捷菜单中选择【配置特征】命令，如图11-64所示。

（24）系统弹出【修改配置】对话框，结果如图11-65所示。

图 11-64 选择【配置特征】命令

图 11-65 【修改配置】对话框

（25）单击 【所有参数】按钮，查看所设置的参数，结果如图11-66所示。

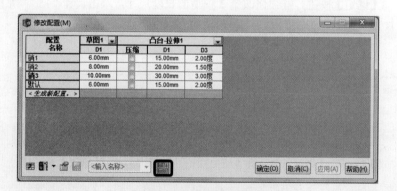

图 11-66 显示所有参数

（26）单击【确定】按钮，双击【默认】配置。单击 【保存】按钮，单击绘图区域右上角的 【关闭】按钮，完成模型零件的特征配置。

（27）新建一个装配体文件，将销放入装配体中，该装配体如图 11-67 所示。

（28）选择【视图】|【隐藏 / 显示】|【临时轴】菜单命令，然后选择【工具】|【制作智能零部件】菜单命令，系统弹出【智能零部件】属性管理器，在 【使成智能的零部件】选择框中选择销，如图 11-68 所示。

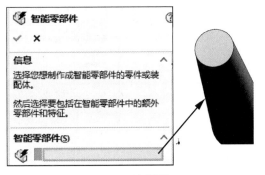

图 11-67 装配体中的销　　　　　　　图 11-68 选择销

（29）在【自动调整大小】选项组中勾选【直径】复选框，在【同心配合参考】选项中选择销的参考轴，如图 11-69 所示。

（30）单击【配置器表】按钮，系统弹出【配置器表】对话框，单击【最小直径】和【最大直径】下的空白单元格，设定参数，结果如图 11-70 所示。

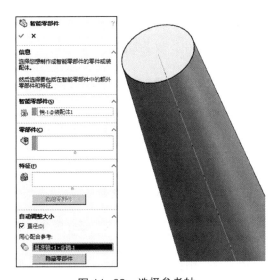

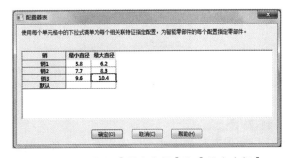

图 11-69 选择参考轴　　　　　　　图 11-70 设置【最小直径】和【最大直径】

（31）单击【确定】按钮，此时装配体的 FeatureManager 设计树中的销零件图标出现带星星的标记，如图 11-71 所示。

（32）单击 ✔【确定】按钮。单击 🖫【保存】按钮。选择【文件】|【打包】菜单命令，弹出【打包】对话框，选择一个路径，将制作完成的装配体进行保存，如图 11-72 所示。

（33）单击【保存】按钮，将该装配体及零件进行保存。

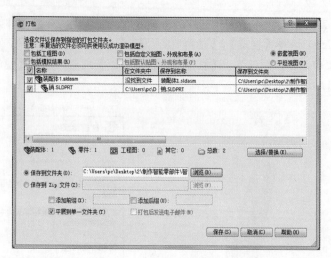

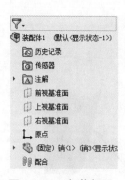

图 11-71　智能标记

图 11-72　保存装配体

11.7.2　应用智能零部件

扫码看视频

（1）新建一个装配体文件，插入【轴】零件，如图 11-73 所示。

（2）单击【装配体】工具栏中的 【插入零部件】按钮，系统弹出【插入零部件】属性管理器，在【要插入的零件 / 装配体】下单击【浏览】按钮，系统弹出【打开】对话框，选择【源文件 / 第 11 章 /11.7/ 应用智能零部件 / 销 .SLDPRT】。

（3）单击【打开】按钮，将【销】的配合参考面拖到轴的小孔中，效果如图 11-74 所示。

图 11-73　打开装配体

图 11-74　销与小孔配合

（4）以同样的方式为轴的中间孔添加销，根据孔的直径大小，销会自动改变大小进行配合，如图 11-75 所示。

（5）以同样的方式为轴的大孔添加销，根据孔的直径大小，销会自动改变大小进行配合，如图 11-76 所示。

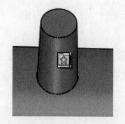

图 11-75　销与中间孔配合

图 11-76　销与大孔配合

（6）单击【CommandManager】工具栏中的【移动零部件】按钮，如图 11-77 所示。

（7）单击装配完成的销，将 3 个销移动到合适的位置，如图 11-78 所示。

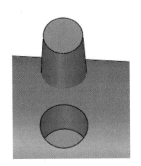

图 11-77 单击【移动零部件】按钮   图 11-78 移动 3 个销至合适位置

（8）选择小孔上方的销，单击【CommandManager】工具栏中的【配合】按钮，弹出【配合】属性管理器，选择销的底面和孔的底面，配合关系选择为【重合】，如图 11-79 所示。

（9）单击 ✅【确定】按钮后，效果如图 11-80 所示。

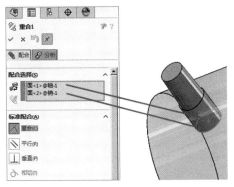

图 11-79 销与孔的重合配合   图 11-80 完成重合配合

（10）选择销的圆锥面和孔的圆柱面，配合关系选择为【同轴心】，如图 11-81 所示。

（11）单击 ✅【确定】按钮后，效果如图 11-82 所示。

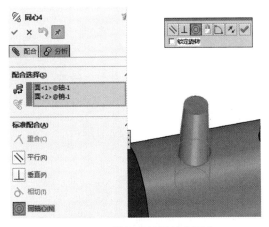

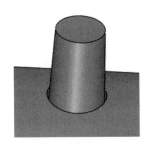

图 11-81 销与孔的同轴心配合   图 11-82 完成同轴心配合

（12）以同样的方式完成其余两个销与孔的配合，完成后的效果如图 11-83 所示。

（13）在 FeatureManager 设计树中，3 个销都显示有智能特征，如图 11-84 所示。

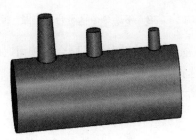

图 11-83 完成销与孔的配合

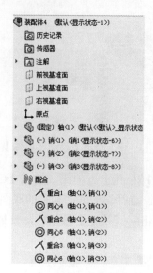

图 11-84 销的智能特征标记

第 12 章
动画设计

　　动画是用连续的图片来表述物体的运动，给人的感觉更直观和清晰。SolidWorks 利用自带插件 Motion 可以制作产品的动画演示，并可做运动分析。本章的主要内容包括运动算例简介、装配体爆炸动画、旋转动画、视像属性动画、距离和角度配合动画以及物理模拟动画。

重点与难点

- 运动算例简介
- 装配体爆炸动画
- 旋转与视像属性动画
- 距离和角度配合动画
- 物理模拟动画

12.1 运动算例简介

运动算例是装配体模型运动的图形模拟，并可将诸如光源和相机透视图之类的视觉属性融合到运动算例中。

可从运动算例使用 MotionManager 运动管理器，此为基于时间线的界面，包括以下运动算例工具。

（1）动画（可在核心 SolidWorks 内使用）：可使用动画来演示装配体的运动，例如，添加马达来驱动装配体一个或多个零件的运动；使用设定键码点在不同时间规定装配体零部件的位置。

（2）基本运动（可在核心 SolidWorks 内使用）：可使用基本运动在装配体上模仿马达、弹簧、碰撞以及引力，基本运动在计算运动时考虑到质量。

（3）运动分析（可在 SolidWorks Premium 的 SolidWorks Motion 插件中使用）：可使用运动分析在装配体上精确模拟和分析运动单元的效果（包括力、弹簧、阻尼以及摩擦）。运动分析使用计算能力强大的动力求解器，在计算中考虑到材料属性、质量及惯性。

12.1.1 时间线

时间线是动画的时间界面，它显示在动画的 FeatureManager 设计树的右侧。当定位时间栏、在图形区域中移动零部件或者更改视像属性时，时间栏会使用键码点和更改栏显示这些更改。

时间线被竖直网格线均分，这些网络线对应于表示时间的数字标记。数字标记从 00:00:00 开始，其间距取决于窗口的大小。例如，沿时间线可能每隔 1s、2s 或者 5s 就会有 1 个标记，如图 12-1 所示。

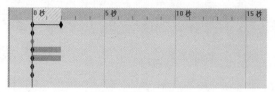

如果需要显示零部件，可以沿时间线单击任意位置，以更新该点的零部件位置。定位时间栏和图形区域中的零部件后，可以通过控制键码点来编

图 12-1　时间线

辑动画。在时间线区域中用鼠标右键单击，然后在弹出的快捷菜单中进行相关选择，如图 12-2 所示。

（1）【放置键码】：添加新的键码点，并在指针位置添加一组相关联的键码点。

（2）【动画向导】：可以调出动画向导。

沿时间线用鼠标右键单击任一键码点，在弹出的快捷菜单中可以选择需要执行的操作，如图 12-3 所示。

图 12-2　时间线选项快捷菜单

图 12-3　时间线操作快捷菜单

（1）【剪切】、【删除】：对于 00:00:00 标记处的键码点不可用。

（2）【替换键码】：更新所选键码点以反映模型的当前状态。

（3）【压缩键码】：将所选键码点及相关键码点从其指定的函数中排除。

（4）【插值模式】：在播放过程中控制零部件的加速、减速或者视像属性。

12.1.2　键码点和键码属性

每个键码画面在时间线上都包括代表开始运动时间或者结束运动时间的键码点。无论何时定位一个新的键码点，它都会对应于运动或者视像属性的更改。

- 键码点：对应于所定义的装配体零部件位置、视觉属性或模拟单元状态的实体。
- 关键帧：键码点之间可以为任何时间长度的区域，此定义为零部件运动或视觉属性发生更改时的关键点。

当将鼠标指针移动至任一键码点上时，零件序号将会显示此键码点的键码属性。如果零部件在动画的 FeatureManager 设计树中没有展开，则所有的键码属性都会包含在零件序号中，如表 12-1所示。

表 12-1　　　　　　　　　　　　　　　　　　　键码属性

键码属性	描　　述
摇臂<1> 5.100 秒	FeatureManager 设计树中的零部件摇臂
🔄	移动零部件
⌐	爆炸步骤运动
●-☒	应用到零部件的颜色
▢	零部件显示：上色

12.2　装配体爆炸动画

装配体爆炸动画是将装配体爆炸的过程制作成动画形式，方便用户观看零件的装配和拆卸过程。通过单击 🎬【动画向导】按钮，可以生成爆炸动画，即将装配体的爆炸视图步骤按照时间先后顺序转化为动画形式。

生成爆炸动画的具体操作方法如下。

（1）打开一个装配体文件，如图 12-4 所示。

（2）在图形区域下方的【运动算例】列表中选择【动画】选项，在图形区域下方出现 MotionManager 工具栏和时间线。单击 MotionManager 工具栏中的 🎬【动画向导】按钮，弹出【选择动画类型】对话框，如图 12-5 所示。

（3）单击【爆炸】单选按钮，单击【下一步】按钮，弹出【动画控制选项】对话框，如图 12-6所示。

（4）在【动画控制选项】对话框中，设置【时间长度（秒）】为"4"，单击【完成】按钮，完成爆炸动画的设置。单击 MotionManager 工具栏中的 ▷【播放】按钮，观看爆炸动画效果，如图 12-7 所示。

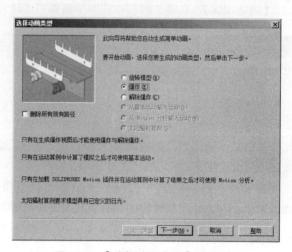

图 12-4　打开装配体　　　　　　　　图 12-5　【选择动画类型】对话框

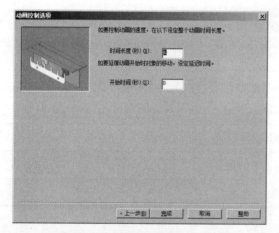

图 12-6　【动画控制选项】对话框　　　　　图 12-7　爆炸动画效果

12.3　旋转动画

旋转动画是将零件或装配体沿某一个轴线的旋转状态制作成动画形式，方便用户全方位地观看物体的外观。

通过单击 🔧【动画向导】按钮，可以生成旋转动画，即模型绕着指定的轴线进行旋转的动画。生成旋转动画的具体操作方法如下。

（1）打开一个装配体文件，如图 12-8 所示。

（2）在图形区域下方的【运动算例】列表中选择【动画】选项，在图形区域下方出现 MotionManager 工具栏和时间线，如图 12-9 所示。单击 MotionManager 工具栏中的 🔧【动画向导】按钮，弹出【选择动画类型】对话框，如图 12-10 所示。

图 12-8　打开装配体

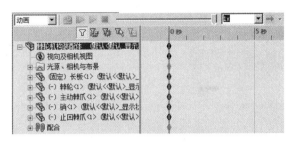

图 12-9　运动算例界面

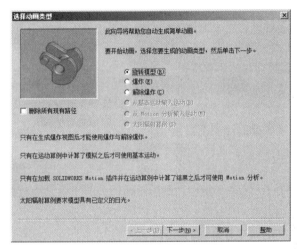

图 12-10　【选择动画类型】对话框

（3）单击【旋转模型】单选按钮，如果要删除现有的动画序列，则选中【删除所有现有路径】复选框，单击【下一步】按钮，弹出【选择一旋转轴】对话框，如图 12-11 所示。

（4）单击【Y- 轴】单选按钮选择旋转轴，设置【旋转次数】为"1"，单击【顺时针】单选按钮，单击【下一步】按钮，弹出【动画控制选项】对话框，如图 12-12 所示。

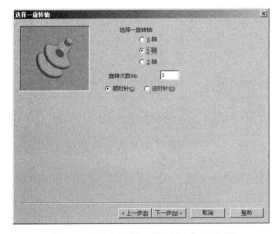

图 12-11　【选择一旋转轴】对话框

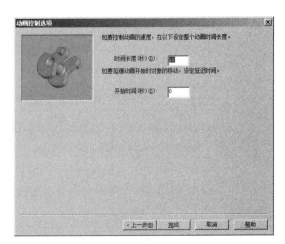

图 12-12　【动画控制选项】对话框

（5）设置动画播放的【时间长度（秒）】为"10"，运动的【开始时间（秒）】为"0"，单击【完成】按钮，完成旋转动画的设置。单击 MotionManager 工具栏中的 ▶【播放】按钮，即可观看旋转动画效果。

12.4 视像属性动画

在 SolidWorks 中，可以动态改变单个或者多个零部件的显示，并且在相同或者不同的装配体零部件中组合不同的显示选项。如果需要更改任意一个零部件的视像属性，沿时间线选择一个与想要影响的零部件相对应的键码点，然后改变零部件的视像属性即可。单击 MotionManager 工具栏中的 ▶【播放】按钮，该零部件的视像属性将会随着动画的进程而变化。

1. 视像属性动画的属性设置

在动画的 FeatureManager 设计树中，用鼠标右键单击想要影响的零部件，在弹出的快捷菜单中进行选择。

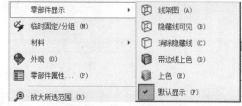

- ● ⬡【隐藏】：隐藏或者显示零部件。
- ● ⬡【更改透明度】：向零部件添加透明度。
  如果已经添加了透明度，则选择【更改透明度】命令后，可以删除透明度。
- ● 【零部件显示】：更改零部件的显示方式，如图 12-13 所示。

图 12-13　快捷菜单

- ● ⬡【以三重轴移动】：将参考轴添加到图形区域中的任意位置，使基于 X、Y、Z 轴的装配体移动和定向更加方便。
- ● 【外观】：改变零部件的外观属性。

2. 生成视像属性动画的操作方法

（1）打开一个装配体文件，如图 12-14 所示。

（2）在图形区域下方的【运动算例】列表中选择【动画】选项，在图形区域下方出现 MotionManager 工具栏和时间线。首先利用动画向导制作装配体的爆炸动画。

（3）单击时间线上的最后时刻，如图 12-15 所示。

图 12-14　打开装配体

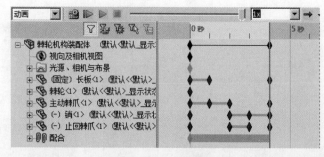

图 12-15　时间线

（4）用鼠标右键单击一个零件，在弹出的快捷菜单中单击【更改透明度】按钮，如图 12-16 所示。

（5）按照上面的步骤可以为其他零部件更改透明度属性，单击 MotionManager 工具栏中的 ▶【播放】按钮，观看动画效果。被更改了透明度的零件在装配后变成了半透明效果，如图 12-17 所示。

图 12-16　单击【更改透明度】按钮　　　图 12-17　更改透明度后的效果

12.5 距离和角度配合动画

在 SolidWorks 中，可以使用配合来实现零部件之间的运动。可为距离和角度配合设定值，并为动画中的不同点更改这些值。

在 SolidWorks 中，可以添加限制运动的配合，这些配合也影响到 SolidWorks Motion 中零件的运动。

生成距离配合动画的具体操作方法如下。

（1）打开一个装配体文件，如图 12-18 所示。

（2）在图形区域下方的【运动算例】列表中选择【动画】选项，在图形区域下方出现 MotionManager 工具栏和时间线。单击小滑块零

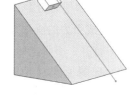

图 12-18　打开装配体

件，沿时间线拖动时间栏，设置动画顺序的时间长度，然后单击动画的最后时刻，如图 12-19 所示。

（3）在动画的 FeatureManager 设计树中，双击【距离 1】图标，在弹出的【修改】对话框中，更改数值为 60.00mm，如图 12-20 所示。

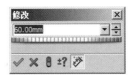

图 12-19　设定时间栏长度　　　　　图 12-20　【修改】对话框

（4）单击 MotionManager 工具栏中的 ▶【播放】按钮，当动画开始时，滑块和参考直线上端点之间的距离是 10mm，如图 12-21 所示；当动画结束时，滑块和参考直线上端点之间的距离是 60mm，如图 12-22 所示。

图 12-21　动画开始时　　　　　　图 12-22　动画结束时

12.6 物理模拟动画

物理模拟可以模拟马达、弹簧及引力等在装配体上的效果。物理模拟将模拟成分与 SolidWorks 工具相结合以围绕装配体移动零部件。

12.6.1 引力

引力是模拟沿某一方向的万有引力，在零部件自由度之内逼真地移动零部件。

1. 引力的属性设置

单击 MotionManager 工具栏中的 【引力】按钮，弹出【引力】属性管理器，如图 12-23 所示。

- 【方向参考】：选择线性边线、平面、基准面或者基准轴作为引力的方向参考。
- 【反向】：改变引力的方向。
- 【数字引力值】文本框：可以设置数字引力值。

图 12-23 【引力】属性管理器

2. 生成引力的操作方法

（1）打开一个装配体文件，其中地板的属性设置为固定，如图 12-24 所示。

（2）在图形区域下方的【运动算例】列表中选择【基本运动】选项，在图形区域下方出现 MotionManager 工具栏和时间线。在 MotionManager 工具栏中单击 【引力】按钮，弹出【引力】属性管理器，如图 12-25 所示。

（3）在【引力参数】选项组中，设置引力方向为【Z】轴，【数字引力值】使用默认值，单击 【确定】按钮，完成引力的添加。

（4）在 MotionManager 工具栏中单击 【接触】按钮，弹出【接触】属性管理器，如图 12-26 所示。

图 12-24 打开装配体　　　图 12-25 【引力】属性管理器　　　图 12-26 【接触】属性管理器

（5）在【选择】选项组的【零部件】选择框中，选择绘图区中的球形零件和地板的上表面。

（6）单击 MotionManager 工具栏中的 【播放】按钮，当动画开始时，球和地板之间有一段距离，如图 12-27 所示；当动画结束时，球和地板接触了，如图 12-28 所示。

图 12-27　动画开始时　　　　　　图 12-28　动画结束时

12.6.2　线性马达和旋转马达

线性马达和旋转马达为使用物理动力围绕一个装配体移动零部件的模拟成分。

1. 线性马达

（1）线性马达的属性设置。

单击 MotionManager 工具栏中的 ![icon]【马达】按钮，弹出【马达】属性管理器，在【马达类型】选项组中选择【线性马达（驱动器）】，如图 12-29 所示。

- ![icon]【马达位置】选择框：选择定位马达的特征。
- ![icon]【反向】：改变线性马达的方向。
- ![icon]【参考零部件】：以某个零部件为运动基准。
- 【函数】下拉列表：为线性马达选择运动函数，包括【等速】、【距离】、【振荡】、【线段】、【数据点】和【表达式】选项。
- ![icon]【速度】文本框：可以设置速度数值。

（2）生成线性马达的操作方法。

① 打开一个装配体文件，如图 12-30 所示。

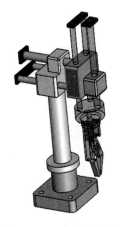

图 12-29　【马达】属性管理器　　　　图 12-30　打开装配体

② 在图形区域下方的【运动算例】列表中选择【基本运动】选项，在 MotionManager 工具栏中单击 🐾【马达】按钮，弹出【马达】属性管理器。

③ 在【马达类型】选项组下，单击 ➡【线性马达（驱动器）】按钮。在【零部件/方向】选项组下，在【马达位置】选择框中选择滑块的表面，单击 ↗【反向】按钮，出现如图 12-31 所示的箭头。在【运动】选项组下，在【函数】下拉列表中选择【等速】选项，⊙【速度】设置为"10mm/s"。单击 ✔【确定】按钮，完成线性马达的添加。

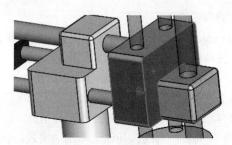

图 12-31　设置线性马达的属性

④ 单击 MotionManager 工具栏中的 ▶【播放】按钮，当动画开始时，滑块距离机架较近，如图 12-32 所示；当动画结束时，滑块距离机架较远，如图 12-33 所示。

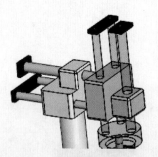
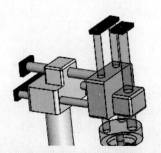

图 12-32　动画开始时　　　　　　　图 12-33　动画结束时

2. 旋转马达

（1）旋转马达的属性设置。

单击 MotionManager 工具栏中的 🐾【马达】按钮，弹出【马达】属性管理器，在【马达类型】选项组中选择【旋转马达】，如图 12-34 所示。

旋转马达的属性设置与线性马达类似，这里不再赘述。

（2）生成旋转马达的操作方法。

① 打开一个装配体文件，如图 12-35 所示。

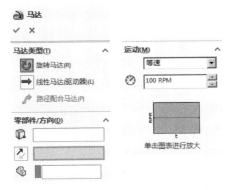

图 12-34　【马达】属性管理器

图 12-35　打开装配体

② 在图形区域下方的【运动算例】列表中选择【基本运动】选项，在图形区域下方出现 MotionManager 工具栏和时间线。在 MotionManager 工具栏中单击 【马达】按钮，弹出【马达】属性管理器。

③ 在【马达类型】选项组下，单击 【旋转马达】按钮。在【零部件 / 方向】选项组下，在【马达位置】选择框中选择曲柄上的一个面。在【运动】选项组下，在【函数】下拉列表中选择【等速】选项， 【速度】设置为"100RPM"，如图 12-36 所示。单击 【确定】按钮，完成旋转马达的添加。

④ 单击 MotionManager 工具栏中的 ▶ 【播放】按钮，可以看到曲柄在转动，摇杆在摆动，连杆在做平面运动，如图 12-37 所示。

图 12-36　设置旋转马达的属性

图 12-37　动画运动时

12.6.3　线性弹簧

线性弹簧为使用物理动力围绕一个装配体移动零部件的模拟成分。

1. 线性弹簧的属性设置

单击 MotionManager 工具栏中的 【弹簧】按钮，弹出【弹簧】属性管理器，在【弹簧类型】选项组中选择【线性弹簧】，如图 12-38 所示。

（1）【弹簧参数】选项组。

- ⬡【弹簧端点】：为弹簧端点选取两个特征。
- kx^e【弹簧力表达式指数】：根据弹簧的函数表达式选取弹簧力表达式指数。
- k【弹簧常数】：根据弹簧的函数表达式设定弹簧常数。
- 🗑【自由长度】：设定自由长度，初始距离为当前在图形区域中显示的零件之间的长度。
(2)【阻尼】选项组。
- cv^e【阻尼力表达式指数】：选取阻尼力表达式指数。
- C【阻尼常数】：设定阻尼常数。

2. 生成线性弹簧的操作方法

（1）打开一个装配体文件，如图 12-39 所示。

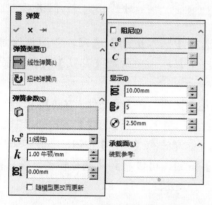

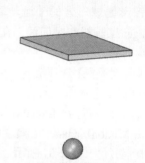

图 12-38 【弹簧】属性管理器　　　　图 12-39 打开装配体

（2）在图形区域下方的【运动算例】列表中选择【基本运动】选项，在图形区域下方出现 MotionManager 工具栏和时间线。首先在 MotionManager 工具栏中单击 🔓【引力】按钮，给小球施加一个重力，再单击 MotionManager 工具栏中的 🗐【弹簧】按钮，弹出【弹簧】属性管理器。

（3）在【弹簧类型】选项组中，单击 ➡【线性弹簧】按钮。在【弹簧参数】选项组中，单击 ⬡【弹簧端点】选择框，然后在图形区域中先选中平板的下表面，再选择球面，其他参数使用系统默认值，如图 12-40 所示。单击 ✔【确定】按钮，完成线性弹簧的添加。

（4）单击 MotionManager 工具栏中的 ▶【播放】按钮，可以看到小球随着弹簧上下运动，如图 12-41 所示。

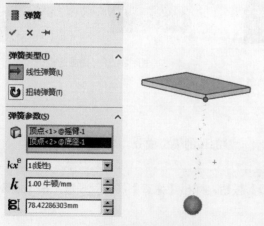

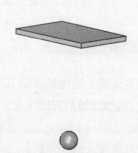

图 12-40 设置线性弹簧的属性　　　　图 12-41 动画运动时

12.7　产品演示动画制作范例

本范例将通过一个装配体介绍动画制作的全过程，如图 12-42 所示。

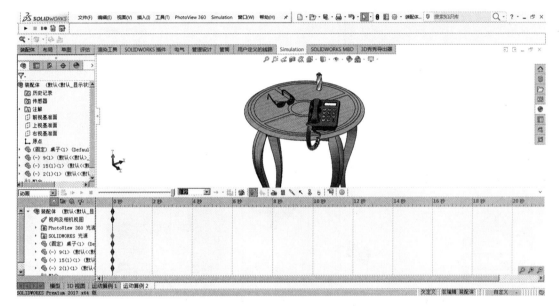

图 12-42　产品演示动画范例

本范例的主要步骤如下。

（1）设置相机和布景。

（2）制作动画。

12.7.1　设置相机和布景

（1）打开 SolidWorks，选择【文件】|【打开】菜单命令，弹出【打开】对话框，在配套资源中选择【源文件 / 第 12 章 /12.SLDASM】，单击【打开】按钮，打开装配体。

（2）单击【插入】|【新建运动算例】菜单命令，显示出动画的 FeatureManager 设计树，如图 12-43 所示。

扫码看视频

（3）右键单击【光源、相机与布景】文件夹，在快捷菜单中选择【添加相机】命令，如图 12-44 所示。

（4）此时弹出【相机】属性管理器，图形区域分割成两个视口，如图 12-45 所示。

（5）在【相机】属性管理器的【相机类型】选项组中，选择【对准目标】单选按钮，并勾选【锁定除编辑外的相机位置】复选框，限制除相机以外的其他位移，在【目标点】选项组中的选择如图 12-46 所示。

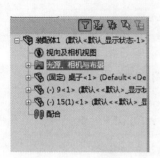

图 12-43　动画的 FeatureManager 设计树

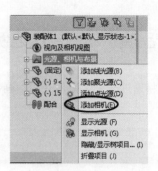

图 12-44　【选择添加相机】命令

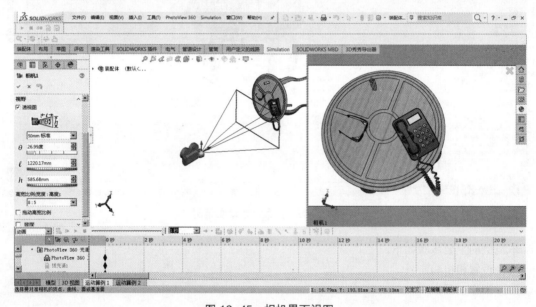

图 12-45　相机界面视图

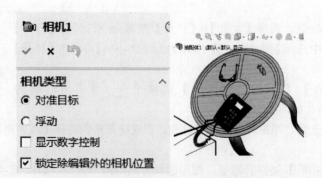

图 12-46　【相机类型】和【目标点】选项组

（6）在【相机位置】选项组中选择【球形】单选按钮，将相机移动至合适的位置，在【视野】选项组中，将【高宽比例】设为【8：5】，如图 12-47 所示。

（7）单击 ✅【确定】按钮，完成相机的设置，如图 12-48 所示。

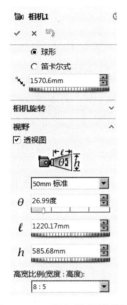

图 12-47　相机的属性设置

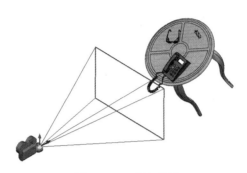

图 12-48　相机位置

（8）在界面空白处单击右键，在快捷菜单中选择【编辑布景】命令，如图 12-49 所示。

（9）弹出【编辑布景】属性管理器，在【背景】选项中选择【无】，单击 ✅【确定】按钮，如图 12-50 所示。

图 12-49　选择【编辑布景】命令

图 12-50　【编辑布景】属性管理器

12.7.2　制作动画

（1）启用观阅键码生成。右键单击动画的 FeatureManager 设计树中的【视向及相机视图】，在快捷菜单中选择【禁用观阅键码播放】命令，如图 12-51 所示。

（2）右键单击【相机 1】，在快捷菜单中选择【相机视图】命令，如图 12-52 所示。

扫码看视频

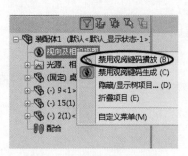

图 12-51　启用观阅键码

图 12-52　打开相机视图

（3）观阅装配体前侧。将光标放在 20s 左右处，右键单击，在弹出的快捷菜单中选择【Move Time Bar】命令，如图 12-53 所示。

（4）弹出【编辑时间】属性管理器，将时间修改为 20s，如图 12-54 所示。

图 12-53　选择【Move Time Bar】命令

图 12-54　修改时间

（5）双击【相机 1】，然后在左边视口中移动相机的位置，观测装配体的前侧，单击 ✔【确定】按钮，相机 1 关键帧中的更改栏变成米色，表示动画通过相机 1 从时间 0s 到 20s 观阅装配体前侧，如图 12-55 所示。

图 12-55　前侧观阅时间

（6）此时在相机视图中，装配体已显示至如图 12-56 所示的位置。

（7）观阅装配体右侧。将光标放在 40s 左右处，右键单击，在弹出的快捷菜单中选择【Move Time Bar】命令，如图 12-57 所示。

（8）弹出【编辑时间】属性管理器，将时间修改为 40s，如图 12-58 所示。

（9）双击【相机 1】，然后在左边视口中移动相机的位置，观测装配体的右侧，单击 ✔【确定】按钮，相机 1 关键帧中的更改栏变成米色，表示动画通过相机 1 从时间 20s 到 40s 观阅装配体右侧，如图 12-59 所示。

图 12-56　20s 处的显示位置

图 12-57　选择【Move Time Bar】命令

图 12-58　修改时间

图 12-59　右侧观阅时间

（10）此时在相机视图中，装配体已显示至如图 12-60 所示的位置。

（11）观阅装配体后侧。将光标放在 60s 左右处，右键单击，在弹出的快捷菜单中选择【Move Time Bar】命令，弹出【编辑时间】属性管理器，将时间修改为 60s。双击【相机 1】，然后在左边视口中移动相机的位置，观测装配体的后侧，单击 ✔【确定】按钮，相机 1 关键帧中的更改栏变成米色，表示动画通过相机 1 从时间 40s 到 60s 观阅装配体后侧，如图 12-61 所示。

图 12-60　40s 处的显示位置

图 12-61　后侧观阅时间

（12）此时在相机视图中，装配体已显示至如图 12-62 所示的位置。

（13）观阅装配体左侧。将光标放在 80s 左右处，右键单击，在弹出的快捷菜单中选择【Move Time Bar】命令，弹出【编辑时间】属性管理器，将时间修改为 80s，双击【相机 1】，然后在左边视口中移动相机的位置，观测装配体的左侧，单击 ✔【确定】按钮，相机 1 关键帧中的更改栏变成米色，表示动画通过相机 1 从时间 60s 到 80s 观阅装配体左侧，如图 12-63 所示。

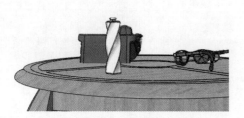

图 12-62　60s 处的显示位置

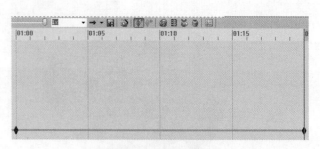

图 12-63　左侧观阅时间

（14）此时在相机视图中，装配体已显示至如图 12-64 所示的位置。

（15）观阅装配体上侧。将光标放在 100s 左右处，右键单击，在弹出的快捷菜单中选择【Move Time Bar】命令，弹出【编辑时间】属性管理器，将时间修改为 100s。双击【相机 1】，然后在左边视口中移动相机的位置，观测装配体的上侧，单击 ✅【确定】按钮，相机 1 关键帧中的更改栏变成米色，表示动画通过相机 1 从时间 80s 到 100s 观阅装配体上侧，如图 12-65 所示。

图 12-64　80s 处的显示位置

图 12-65　上侧观阅时间

（16）此时在相机视图中，装配体已显示至如图 12-66 所示的位置。

（17）观阅装配体内部结构。将光标放在 120s 左右处，右键单击，在弹出的快捷菜单中选择【Move Time Bar】命令，弹出【编辑时间】属性管理器，将时间修改为 120s。双击【相机 1】，然后在左边视口中移动相机的位置，观测装配体的内部结构，单击 ✅【确定】按钮，相机 1 关键帧中的更改栏变成米色，表示动画通过相机 1 从时间 100s 到 120s 观阅装配体内部结构，如图 12-67 所示。

图 12-66　100s 处的显示位置

图 12-67　内部结构观阅时间

（18）此时在相机视图中，装配体已显示至如图 12-68 所示的位置。

（19）观阅装配体下侧。将光标放在 140s 左右处，右键单击，在弹出的快捷菜单中选择【Move

Time Bar】命令，弹出【编辑时间】属性管理器，将时间修改为 140s。双击【相机 1】，然后在左边视口中移动相机的位置，观测装配体的下部结构，单击 ✔【确定】按钮，相机 1 关键帧中的更改栏变成米色，表示动画通过相机 1 从时间 120s 到 140s 观阅装配体下部结构，如图 12-69 所示。

图 12-68　120s 处的显示位置

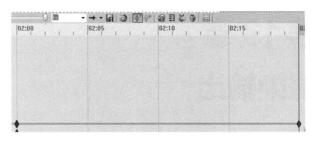

图 12-69　下部结构观阅时间

（20）此时在相机视图中，装配体已显示至如图 12-70 所示的位置。

（21）观阅装配体整体结构。将光标放在 160s 左右处，右键单击，在弹出的快捷菜单中选择【Move Time Bar】命令，弹出【编辑时间】属性管理器，将时间修改为 160s。双击【相机 1】，然后在左边视口中移动相机的位置，观测装配体的整体结构，单击 ✔【确定】按钮，相机 1 关键帧中的更改栏变成米色，表示动画通过相机 1 从时间 140s 到 160s 观阅装配体整体结构，如图 12-71 所示。

图 12-70　140s 处的显示位置

图 12-71　整体结构观阅时间

（22）此时在相机视图中，装配体已显示至如图 12-72 所示的位置。

（23）在【播放速度】下拉列表中选择【2×】选项，如图 12-73 所示。

图 12-72　160s 处的显示位置

图 12-73　选择播放速度

（24）单击 ▶【从头播放】按钮，即可播放所生成的动画。

Chapter

13

第 13 章
渲染输出

SolidWorks 中的插件 PhotoView 360 可以对三维模型进行光线投影处理，并可形成十分逼真的渲染效果图。渲染的项目包括在模型中的外观、光源、布景及贴图。本章主要介绍编辑布景、设置光源、添加外观、添加贴图以及图像输出。

重点与难点

- 布景与光源
- 外观与贴图
- 输出图像

13.1　布景

布景是由环绕 SolidWorks 模型的虚拟框或者球形组成的，可以调整布景壁的大小和位置。此外，可以为每个布景壁切换显示状态和反射度，并将背景添加到布景。

选择【PhotoView 360】|【编辑布景】菜单命令，弹出【编辑布景】属性管理器，如图 13-1 所示。

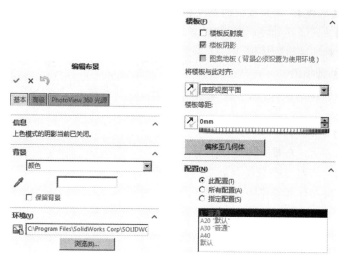

图 13-1　【编辑布景】属性管理器

1.【基本】选项卡

（1）【背景】选项组。

随布景使用背景图像，这样在模型背后可以看见背景图像。

- 【背景类型】包括如下各项。
  - 无：将背景设定到白色。
  - 颜色：将背景设定到单一颜色。
  - 梯度：将背景设定到由顶部渐变颜色和底部渐变颜色所定义的颜色范围。
  - 图像：将背景设定到选择的图像。
  - 使用环境：移除背景，从而使环境可见。
- 【背景颜色】：将背景设定到单一颜色。
- 【保留背景】：在【背景类型】是【颜色】、【梯度】或【图像】时可供使用。

（2）【环境】选项组。

选取任何球状映射为布景环境的图像。

（3）【楼板】选项组。

- 【楼板反射度】：在楼板上显示模型反射。
- 【楼板阴影】：在楼板上显示模型所投射的阴影。
- 【将楼板与此对齐】：将楼板与基准面对齐。
- 【反转楼板方向】：绕楼板移动虚拟天花板 180°。
- 【楼板等距】：将模型高度设定到楼板之上或之下。

- ↗【反转等距方向】：交换楼板和模型的位置。

2.【高级】选项卡

【高级】选项卡如图 13-2 所示。

（1）【楼板大小 / 旋转】选项组。

- 【固定高宽比例】：当更改宽度或高度时均匀缩放楼板。
- 【自动调整楼板大小】：根据模型的边界框调整楼板大小。
- 【宽度】和【深度】：调整楼板的宽度和深度。
- 【高宽比例】（只读）：显示当前的高宽比例。
- 【旋转】：相对环境旋转楼板。

（2）【环境旋转】选项组。

环境旋转相对于模型水平旋转环境，影响到光源、反射及背景的可见部分。

（3）【布景文件】选项组。

- 【浏览】：选取另一布景文件进行使用。
- 【保存布景】：将当前布景保存到文件，会提示将保存了布景的文件夹在任务窗格中保持可见。

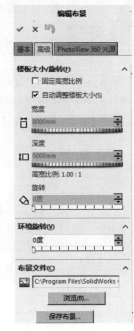

图 13-2 【高级】选项卡

13.2 光源

SolidWorks 提供了 3 种光源类型，即线光源、点光源和聚光源。

13.2.1 线光源

在管理区域中，展开 ●【DisplayManager】文件夹，单击 ▦【查看布景、光源和相机】按钮，用鼠标右键单击【SolidWorks 光源】图标，选择【添加线光源】命令，如图 13-3 所示。弹出【线光源】属性管理器，如图 13-4 所示。

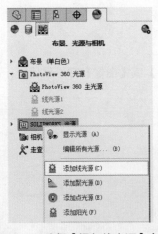

图 13-3 选择【添加线光源】命令

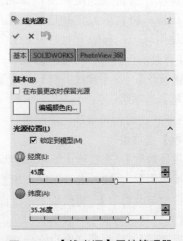

图 13-4 【线光源】属性管理器

1.【基本】选项组

- 【在布景更改时保留光源】：在布景变化后，保留模型中的光源。
- 【编辑颜色】：显示颜色调色板。

2.【光源位置】选项组

- 【锁定到模型】：选择此选项，相对于模型的光源位置被保留。
- 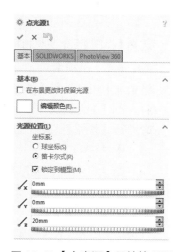【经度】：光源的经度坐标。
- 【纬度】：光源的纬度坐标。

13.2.2　点光源

在管理区域中，展开 ●【DisplayManager】文件夹，单击 ▦【查看布景、光源和相机】按钮，用鼠标右键单击【SolidWorks 光源】图标，选择【添加点光源】命令，弹出【点光源 1】属性管理器，如图 13-5 所示。

1.【基本】选项组

点光源的【基本】选项组与线光源的【基本】选项组属性设置相同，在此不再赘述。

2.【光源位置】选项组

- 【球坐标】：使用球形坐标系指定光源的位置。
- 【笛卡尔式】：使用笛卡尔式坐标系指定光源的位置。
- 【锁定到模型】：选择此选项，相对于模型的光源位置被保留。
- ⚡【X 坐标】：点光源的 X 轴坐标。
- ⚡【Y 坐标】：点光源的 Y 轴坐标。
- ⚡【Z 坐标】：点光源的 Z 轴坐标。

图 13-5　【点光源】属性管理器

13.2.3　聚光源

在管理区域中，展开 ●【DisplayManager】文件夹，单击 ▦【查看布景、光源和相机】按钮，用鼠标右键单击【SolidWorks 光源】图标，选择【添加聚光源】命令，弹出【聚光源】属性管理器，如图 13-6 所示。

1.【基本】选项组

聚光源的【基本】选项组与线光源的【基本】选项组属性设置相同，在此不再赘述。

2.【光源位置】选项组

- 【球坐标】：使用球形坐标系指定光源的位置。
- 【笛卡儿式】：使用笛卡儿式坐标系指定光源的位置。
- 【锁定到模型】：选择此选项，相对于模型的光源位置被保留。

图 13-6　【聚光源】属性管理器

- ⚬ ⚡【X 坐标】：聚光源在空间中的 *X* 轴坐标。
- ⚬ ⚡【Y 坐标】：聚光源在空间中的 *Y* 轴坐标。
- ⚬ ⚡【Z 坐标】：聚光源在空间中的 *Z* 轴坐标。
- ⚬ ⚡【目标 X 坐标】：聚光源在模型上所投射到的点的 *X* 轴坐标。
- ⚬ ⚡【目标 Y 坐标】：聚光源在模型上所投射到的点的 *Y* 轴坐标。
- ⚬ ⚡【目标 Z 坐标】：聚光源在模型上所投射到的点的 *Z* 轴坐标。
- ⚬ ⚡【圆锥角】：指定光束传播的角度，较小的角度生成较窄的光束。

13.2.4 添加日光

选择【视图】|【光源与相机】|【添加日光】菜单命令，弹出【阳光】属性管理器，如图 13-7 所示。

1.【基本】选项卡

该选项卡用来设置【位置】、【时间】和【日期】等选项。

（1）⚡【为北向选择平面或直线】：选择平面、模型边线或轴线来定义投影于布景地板的北方。

（2）⚡【位置】：从列表中选择位置，或者单击指定位置并输入北纬和东经的值。

（3）⚡【GMT 时区】：指定日光位置相对于格林尼治标准时间的时区。

（4）⚡【日期】：指定应用日光的日期。

（5）⚡【一天中的时间】：指定应用日光的时间。

2.【高级】选项卡

该选项卡用来设置【薄雾】、【太阳直径】、【地面反射率】和【太空伽马射线】等选项，如图 13-8 所示。

图 13-7 【阳光】属性管理器

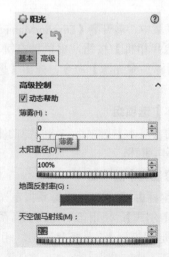

图 13-8 【高级】属性管理器

（1）【薄雾】：设置值将使地平线颜色更加橙黄或暗黄。

（2）【太阳直径】：设置布景中可见光的直径。

（3）【地面反射率】：表示使用阳光时地面反射任何光线的能力。

（4）【太空伽马射线】：灰度系数调整功能允许以非线性方式调整目标的整体对比。

13.3　外观

外观是模型表面的材料属性，添加外观是使模型表面具有某种材料的表面属性。

选择【PhotoView 360】|【编辑外观】菜单命令，弹出【颜色】属性管理器，如图 13-9 所示。

1.【颜色 / 图像】选项卡

（1）【所选几何体】选项组。

- 　【应用到零部件层】（仅用于装配体）：将颜色应用到零部件文件上。

- 【应用到零件文档层】（仅用于装配体）：将颜色应用到零件文件上。

- 　、　、　、　【过滤器】：可以帮助选择模型中的几何实体。

- 　【移除外观】：单击该按钮，可以从选择的对象上移除设置好的外观。

（2）【外观】选项组。

- 　【外观文件路径】：标识外观名称和位置。

- 　【浏览】：单击该按钮，可以查找并选择外观。

- 　【保存外观】：单击该按钮，可以保存外观的自定义复件。

（3）【颜色】选项组。

可以添加颜色到所选实体的【所选几何体】中列出的外观。

（4）【显示状态】选项组。

- 　【此显示状态】：所做的更改只反映在当前显示状态中。

- 　【所有显示状态】：所做的更改反映在所有显示状态中。

- 　【指定显示状态】：所做的更改只反映在所选的显示状态中。

图 13-9　【颜色】属性管理器

2.【照明度】选项卡

在【照明度】选项卡中，可以选择显示其照明属性的外观类型，如图 13-10 所示，根据所选择的类型，其属性设置发生改变。

- 　【动态帮助】：显示每个特性的弹出工具提示。

- 　【漫射量】：控制面上的光线强度，值越高，面上显得越亮。

- 　【光泽量】：控制高亮区，使面显得更为光亮。

- 　【光泽颜色】：控制光泽零部件内反射高亮显示的颜色。

- 　【光泽传播 / 模糊】：控制面上的反射模糊度，使面显得粗糙或光滑，值越高，高亮区越大越柔和。

- 　【反射量】：以 0 到 1 的比例控制表面反射度。

- 　【模糊反射度】：在面上启用反射模糊，模糊水平由光泽传播控制。

- 【透明量】：控制面上的光通透程度，该值降低，不透明度升高。
- 【发光强度】：设置光源发光的强度。

3.【表面粗糙度】选项卡

在【表面粗糙度】选项卡中，可以选择表面粗糙度类型，如图 13-11 所示，根据所选择的类型，其属性设置发生改变。

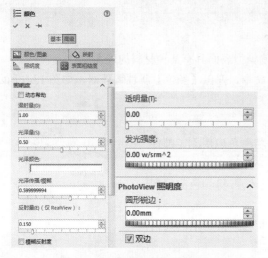

图 13-10 【照明度】选项卡

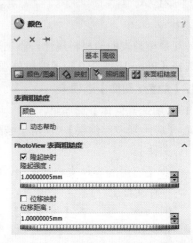

图 13-11 【表面粗糙度】选项卡

（1）【表面粗糙度】选项组。

【表面粗糙度类型】下拉列表中，有如下类型选项：颜色、从文件、涂刷、喷砂、磨光、铸造、机加工、菱形防滑板、防滑板 1、防滑板 2、节状凸纹、酒窝形、链节、锻制、粗质 1、粗质 2、无等。

（2）【PhotoView 表面粗糙度】选项组。

- 【隆起映射】：模拟不平的表面。
- 【隆起强度】：设置模拟的高度。
- 【位移映射】：在物体的表面加纹理。
- 【位移距离】：设置纹理的距离。

13.4 贴图

贴图是在模型的表面附加某种平面图形，一般用于商标和标志的制作。

选择【PhotoView 360】|【编辑贴图】菜单命令，弹出【贴图】属性管理器，如图 13-12 所示。

1.【图像】选项卡

- 【贴图预览】框：显示贴图预览。
- 【浏览】按钮：单击此按钮，选择浏览图形文件。

2.【映射】选项卡

【映射】选项卡如图 13-13 所示。

▣、◈、▣、▣【过滤器】：可以帮助选择模型中的几何实体。

3.【照明度】选项卡

【照明度】选项卡如图 13-14 所示。可以选择贴图对照明度的反应。

 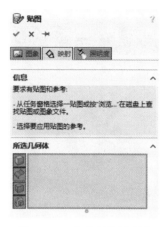 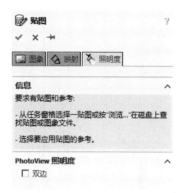

图 13-12 【贴图】属性管理器　　图 13-13 【映射】选项卡　　图 13-14 【照明度】选项卡

13.5 输出图像

PhotoView 能以逼真的外观、布景、光源等渲染 SolidWorks 模型，并提供直观显示渲染图像的多种方法。

13.5.1 PhotoView 整合预览

可在 SolidWorks 图形区域内预览当前模型的渲染。要开始预览，插入 PhotoView 插件后，选择【PhotoView 360】|【整合预览】命令，显示界面如图 13-15 所示。

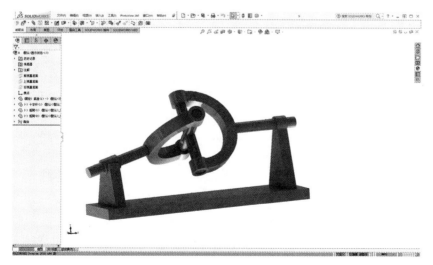

图 13-15　整合预览

13.5.2 PhotoView 预览窗口

PhotoView 预览窗口是独立于 SolidWorks 主窗口外的单独窗口。要显示该窗口，单击【CommandManager】工具栏中的 | 【预览窗口】按钮，显示界面如图 13-16 所示。

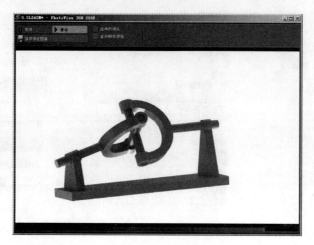

图 13-16 预览窗口

13.5.3 PhotoView 选项

【PhotoView 360 选项】属性管理器可以控制图片的渲染质量，包括输出图像品质和渲染品质。在插入了 PhotoView 360 后，单击【CommandManager】工具栏中的 💽【PhotoView 360 选项】按钮，打开【PhotoView 360 选项】属性管理器，如图 13-17 所示。

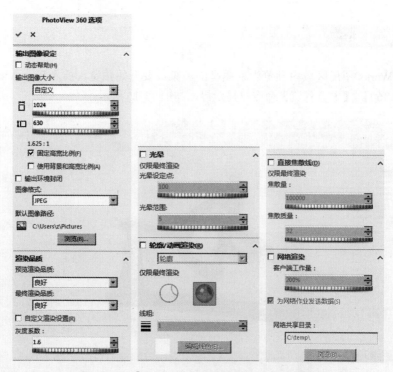

图 13-17 【PhotoView 360 选项】属性管理器

1.【输出图像设定】选项组

- 【动态帮助】：显示每个特性的弹出工具提示。
- 【输出图像大小】：将输出图像的大小设定到标准宽度和高度。
- ⊟【图像宽度】：以像素设定输出图像的宽度。
- ⊞【图像高度】：以像素设定输出图像的高度。
- 【固定高宽比例】：保留输出图像中宽度与高度的当前比例。
- 【使用背景和高宽比例】：将最终渲染的高宽比设定为背景图像的高宽比。
- 【图像格式】：为渲染的图像更改文件类型。
- 【默认图像路径】：为使用 Task Scheduler 所排定的渲染设定默认路径。

2.【渲染品质】选项组

- 【预览渲染品质】：为预览设定品质等级，高品质图像需要更多时间才能渲染。
- 【最终渲染品质】：为最终渲染设定品质等级。
- 【灰度系数】：设定灰度系数。

3.【光晕】选项组

- 【光晕设定点】：标识光晕效果应用的明暗度或发光度等级。
- 【光晕范围】：设定光晕从光源辐射的距离。

4.【轮廓 / 动画渲染】选项组

- ◷【只随轮廓渲染】：只以轮廓线进行渲染，保留背景或布景显示和景深设定。
- ◐【渲染轮廓和实体模型】：以轮廓线渲染图像。
- 【线粗】：以像素设定轮廓线的粗细。
- 【编辑线色】：设定轮廓线的颜色。

13.6 添加走查

选择【视图】|【光源与相机】|【添加走查】菜单命令，弹出【走查】属性管理器，如图 13-18 所示。

1.【开始走查】按钮

单击【开始走查】按钮后，打开控制面板，当将化身移过模型时，可以使用控制面板中的工具来控制行进方向和速度以及视图方向。

2.【录制】选项组

- ▷【播放录制内容】：播放走查记录。
- ▦【生成视频】：保存走查视频。

3.【视口设定】选项组

- ↗【竖直方向】：定义朝上方向，选择线性曲线、基准面或平面，绿色箭头表示方向。
- 【反转方向】：反向颠倒方向。
- ⊥【观察高度】：设置距离所在的地板或运动路径之上的高度。

图 13-18 【走查】属性管理器

4.【运动约束】选项组

- ⊥【定义楼板和运动路径的曲线、基准面和平面】：定义约束以限制系统内的运动。可以定义无约束、一个约束或多个约束。
- ⬆||⬇【上移】、【下移】：排列约束。
- 【打开化身以随路径变化】：转动相机，使其朝向行进方向；清除该选项，以使化身一直保持所朝方向。
- 【视面为无限基准面】：允许化身超出任何化身约束面的边线移动。

13.7 图片渲染范例

本范例通过一个眼镜模型介绍图片渲染的全过程，从而生成比较逼真的图片。主要介绍了设置模型外观，贴图，外部环境和光源，照相机以及输出图像的具体内容，详细介绍了参数变化对光源和照相机的影响，模型如图 13-19 所示。

图 13-19　眼镜模型

本范例的主要步骤如下。
（1）设置材质与贴图。
（2）设置外部环境。

13.7.1　设置材质与贴图

扫码看视频

（1）启动 SolidWorks，单击快速访问工具栏中的 🗁【打开】按钮，弹出【打开】对话框，在配套资源中选择【源文件 / 第 13 章 /13.SLDPRT】，单击【打开】按钮。

（2）在 SolidWorks 中，由于 PhotoView 360 是一个插件，因此在模型打开时需插入 PhotoView 360 才能进行渲染。选择【工具】|【插件】菜单命令，弹出【插件】对话框，勾选【PhotoView 360】前、后的复选框，如图 13-20 所示，单击【确定】按钮，启动 PhotoView 360 插件。

（3）在视图窗口中单击右键，弹出快捷菜单，选取【放大或缩小】命令，放大图形；再次单击右键，在快捷菜单中选取【平移】命令，将模型调整到恰当位置，如图 13-21 所示。

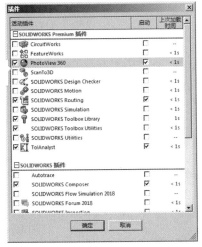

图 13-20　启动 PhotoView 360 插件

图 13-21　放大 / 移动模型

（4）单击【CommandManager】工具栏中的【预览窗口】按钮，弹出预览窗口，对渲染前的模型进行预览，如图 13-22 所示。

（5）选择【PhotoView 360】|【编辑外观】菜单命令，弹出【颜色】属性管理器及材料库，在【外观、布景和贴图】任务窗格中列举了各种类型的材料以及它们所附带的外观属性，如图 13-23 所示。

图 13-22　预览模型

（6）在【外观、布景和贴图】任务窗格中，选取【玻璃】|【光泽】|【棕玻璃】，显示【棕玻璃】属性管理器，在【所选几何体】选项组中选取实体【5】和【10】，在【主要颜色】选择框中选择一种色彩，在视图窗口中单击镜片，如图 13-24 所示，单击 【确定】按钮，完成对镜片的设置。

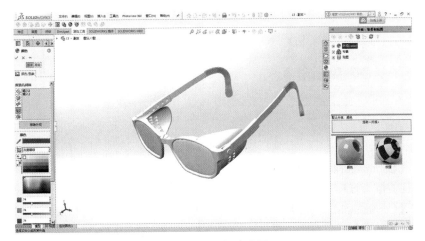

图 13-23　编辑外观界面

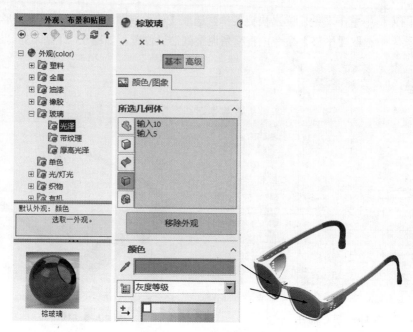

图 13-24　对镜片的设置

　　（7）在【外观、布景和贴图】任务窗格中，选取【塑料】|【高光泽】|【深灰色高光泽塑料】，显示【深灰色高光泽塑料】属性管理器，在【所选几何体】选项组中选取实体【1】、【3】和【9】，在视图窗口中单击镜框，如图 13-25 所示，单击 ✅【确定】按钮，完成对镜框的设置。

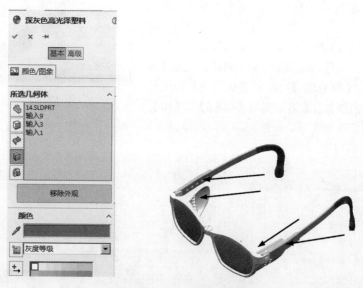

图 13-25　对镜框的设置

　　（8）单击【CommandManager】工具栏中的 ❸【最终渲染】按钮，对先前得到的外观效果进行预览，经过软件的渲染过程后，得到了初步的渲染效果，如图 13-26 所示。
　　（9）单击【CommandManager】工具栏中的 ❸【编辑贴图】按钮，弹出【贴图】属性管理器，在【外观、布景和贴图】任务窗格中提供了一些预置的贴图，如图 13-27 所示。

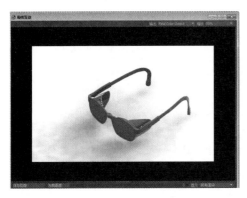

图 13-26　外观渲染效果　　　　　　图 13-27　【外观、布景和贴图】任务窗格

（10）在【外观、布景和贴图】任务窗格中选择【贴图】｜【标志】，单击镜框，如图 13-28 所示，单击 ✔【确定】按钮，完成贴图设置。

（11）在【CommandManager】工具栏中单击 ◉【最终渲染】按钮，得到添加了图标的效果图，此时已经得到了较逼真的图像，如图 13-29 所示。

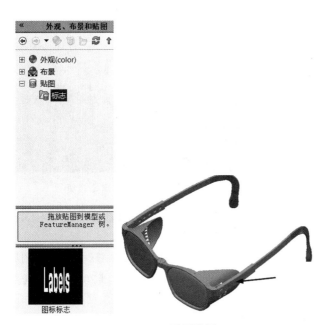

图 13-28　贴图设置　　　　　　　　图 13-29　贴图渲染效果

13.7.2 设置外部环境

（1）应用环境会更改模型后面的布景，环境可影响光源和阴影的外观。在【CommandManager】工具栏中单击🐾【编辑布景】按钮，弹出【编辑布景】属性管理器及布景材料库。在【外观、布景和贴图】任务窗格中，选取【布景】|【演示布景】|【办公场所背景】，双击此布景，则布景出现在视图中，单击✅【确定】按钮，完成布景设置，效果如图 13-30 所示。

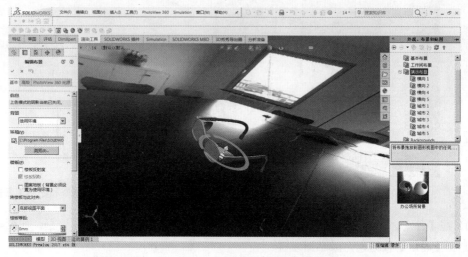

图 13-30 编辑布景

（2）单击【CommandManager】工具栏中🔘【最终渲染】按钮，对效果进行预览，此时得到的是添加了布景之后的效果图，如图 13-31 所示。

（3）选择【视图】|【光源与相机】|【添加线光源】菜单命令，弹出【线光源】属性管理器，为视图添加线光源。在【光源位置】选项组中，设置⚪【经度】为【60 度】，🔵【纬度】为【40 度】，在绘图区中将显示出虚拟的线光源灯泡的位置，光照的效果出现在预览窗口中，如图 13-32 所示。单击✅【确定】按钮，完成添加线光源的设置。

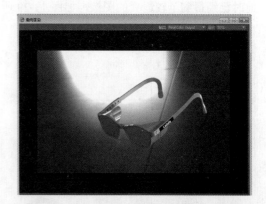

图 13-31 布景渲染效果

（4）单击🌐【DisplayManager】下的🔳【察看布景、光源和相机】按钮，单击设置的【线光源 6】，使之处于选中状态，单击【CommandManager】工具栏中的【预览窗口】按钮，对效果进行查看，如图 13-33 所示。

（5）选择【视图】|【光源与相机】|【添加光点源】菜单命令，弹出【点光源】属性管理器，为视图添加点光源。在【光源位置】选项组中，设置⚪【经度】为【-60 度】，🔵【纬度】为【20 度】，🔷【距离】为【300mm】，在绘图区中将显示出虚拟的点光源位置，光照的效果出现在预览窗口中，如图 13-34 所示。单击✅【确定】按钮，完成添加点光源的设置。

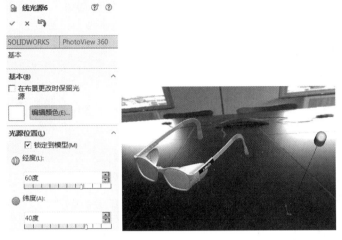

图 13-32　添加线光源

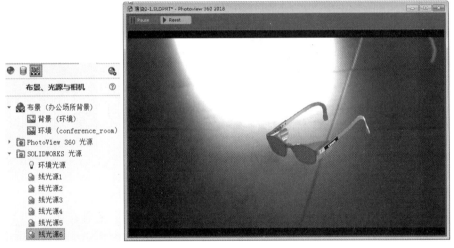

图 13-33　线光源预览

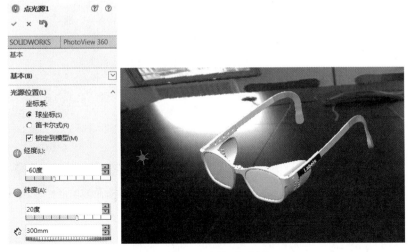

图 13-34　添加点光源

（6）选择【视图】|【光源与相机】|【添加聚光源】菜单命令，弹出【聚光源】属性管理器，为视图添加聚光源。在【光源位置】选项组中，选择【球坐标】单选按钮，设置 ⦿【经度】为【140 度】，⊜【纬度】为【40 度】，✎【距离】为【1000mm】，在绘图区中将显示出虚拟的聚光源位置，光照的效果出现在预览窗口中，如图 13-35 所示。单击 ✅【确定】按钮，完成添加聚光源的设置。

（7）选择【视图】|【光源与相机】|【添加相机】菜单命令，弹出【相机】属性管理器，为视图添加相机。在【视野】选项组中，设置【视图角度】为【73.8 度】，【视图矩形的距离】为【310.89mm】，【视图矩形的高度】为【466.84mm】，如图 13-36 所示。单击 ✅【确定】按钮，完成添加相机的设置。

图 13-35　添加聚光源

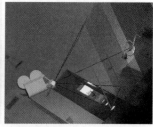

图 13-36　添加相机

（8）单击 ◉【DisplayManager】下的 ▦【察看布景、光源和相机】按钮，鼠标右键单击设置的【相机 4】，在快捷菜单中选择【相机视图】命令，对相机进行查看，如图 13-37 所示。在【CommandManager】工具栏中单击【预览窗口】按钮，对效果进行查看，如图 13-38 所示。

图 13-37　选择【相机视图】命令

图 13-38　相机预览

（9）准备输出结果图像，首先需要对输出进行必要的设置。在【CommandManager】工具栏中

单击【PhotoView360 选项】按钮，弹出【PhotoView360 选项】属性管理器，在【输出图像设定】
选项组中，设定【图像宽度】为【720】,【图像高度】为【556】,【图像格式】为【JPEG】，单击✔【确
定】按钮完成设置，如图 13-39 所示。

（10）在【CommandManager】工具栏中单击 ◎【最终渲染】按钮，在完成所有设置后对图像
进行预览，得到最终效果，如图 13-40 所示。

图 13-39 输出设置

图 13-40 最终渲染

（11）在【最终渲染】窗口中单击【保存图像】按钮，弹出【保存图像】对话框，设置文件名
为"眼镜渲染图"，选择【保存类型】为【JPEG】，单击【保存】按钮，则渲染效果将保存成图像
文件，如图 13-41 所示。

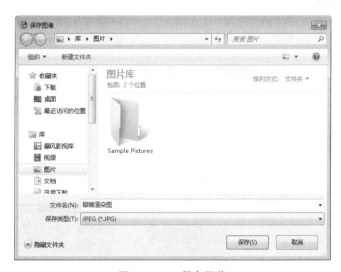

图 13-41 保存图像

至此，眼镜的渲染过程全部完成，得到图像结果后，可以通过图像浏览器直接查看。

第 14 章
配置与系列零件表

配置是 SolidWorks 软件的一大特色，它提供简便的方法以开发与管理一组有着不同尺寸、零部件或者其他参数的模型，并可以在单一的文件中使零件或者装配体生成多个设计变化。可以使用系列零件设计表同时生成多个配置。

重点与难点

- 配置项目
- 设置配置的方法
- 零件设计表

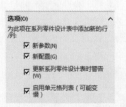

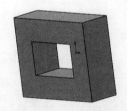

14.1 配置项目

下面介绍零件和装配体的配置项目。

14.1.1 零件的配置项目

零件的配置项目主要包括以下各项。

- 修改特征尺寸和公差。
- 压缩特征、方程式和终止条件。
- 指定质量和引力中心。
- 使用不同的草图基准面、草图几何关系和外部草图几何关系。
- 设置单独的面颜色。
- 控制基体零件的配置。
- 控制分割零件的配置。
- 控制草图尺寸的驱动状态。
- 生成派生配置。
- 定义配置属性。

对于零件，可以在设计表中设置特征的尺寸、压缩状态和主要配置属性，包括材料明细表中的零件编号、派生的配置、方程式、草图几何关系、备注以及自定义属性。

14.1.2 装配体的配置项目

装配体的配置项目主要包括以下各项。

- 改变零部件的压缩状态（如压缩、还原等）。
- 改变零部件的参考配置。
- 更改显示状态。
- 改变距离或者角度配合的尺寸，或者压缩不需要的配合。
- 修改属于装配体特征的尺寸、公差或者其他参数，包括属于装配体（而不是属于装配体的一个零部件）的装配特征（如切除和孔等）、零部件阵列、参考几何体和草图等。
- 指定质量和引力中心。
- 压缩属于装配体的特征。
- 定义配置特定的属性（如终止条件和草图几何关系等）。
- 生成派生配置。
- 更改 FeatureManager 设计树中【模拟】文件夹的压缩状态。

使用设计表可以生成配置，通过在嵌入的 Microsoft Excel 工作表中指定参数，可以使用材料明细表构建多个不同配置的零件或者装配体。设计表保存在模型文件中，并且不会链接到原来的 Excel 文件，在模型中所进行的更改不会影响原来的 Excel 文件。如果需要，也可以将模型文件链接到 Excel 文件。

对于装配体，可以在装配体设计表中控制以下参数。

（1）零部件中的压缩状态、参考配置。

（2）装配体特征中的尺寸、压缩状态。

（3）配合中距离和角度的尺寸、压缩状态。

（4）配置属性，如零件编号及其在材料明细表中的显示（作为子装配体使用时）、派生的配置、方程式、草图几何关系、备注、自定义属性以及显示状态。

14.2 设置配置

下面介绍手动生成配置的方法，并对激活和编辑配置进行介绍。

14.2.1 手动生成配置

如果手动生成配置，需要先指定其属性，然后修改模型以在新配置中生成不同的设计变化。

（1）在零件或者装配体文件中，单击 【配置管理器】选项卡，切换到【配置】管理器。

（2）在【配置】管理器中，用鼠标右键单击零件或者装配体的图标，在弹出的快捷菜单中选择【添加配置】命令，如图14-1所示，弹出【添加配置】属性管理器，如图14-2所示，键入配置名称并指定新配置的相关属性，单击 【确定】按钮。

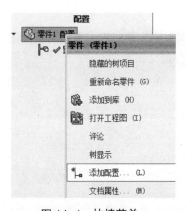

图 14-1 快捷菜单

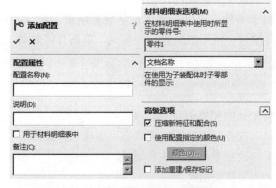

图 14-2 【添加配置】属性管理器

按照需要，修改模型已生成设计变体，保存该模型。

14.2.2 激活配置

（1）单击 【配置管理器】选项卡，切换到【配置】管理器。

（2）在所要显示的配置图标上单击鼠标右键，在弹出的快捷菜单中选择【显示配置】命令（如图14-3所示）或者双击该配置的图标。

此配置成为激活的配置，模型视图立即更新以反映新选择的配置。

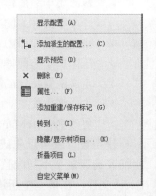

图 14-3 快捷菜单

14.2.3 编辑配置

编辑配置主要包括编辑配置本身和编辑配置属性。

1. 编辑配置本身

激活所需的配置，切换到 FeatureManager 设计树。

（1）在零件文件中，根据需要改变特征的压缩状态或者修改尺寸等。

（2）在装配体文件中，根据需要改变零部件的压缩状态或者显示状态等。

2.　编辑配置属性

切换到【配置】管理器中，用鼠标右键单击配置名称，在弹出的快捷菜单中选择【属性】命令，如图 14-4 所示，弹出【配置属性】属性管理器，如图 14-5 所示。根据需要，设置【配置名称】、【说明】、【备注】等属性，单击【自定义属性】按钮，可以添加或者修改配置的自定义属性，设置完成后，单击 ✔【确定】按钮。

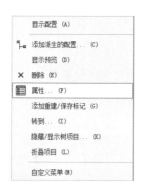

图 14-4　快捷菜单

图 14-5　【配置属性】属性管理器

14.2.4　删除配置

可以手动或者在设计表中删除配置。

1.　手动删除配置

（1）在【配置】管理器中激活一个想保留的配置（想要删除的配置必须处于非激活状态）。

（2）在想要删除的配置图标上单击鼠标右键，在弹出的快捷菜单中选择【删除】命令，弹出【确认删除】对话框，确认删除配置的操作，如图 14-6 所示，单击【是】按钮，所选配置被删除。

2.　在设计表中删除配置

（1）在【配置】管理器中激活一个想保留的配置（想要删除的配置必须处于非激活状态）。

（2）在 FeatureManager 设计树中，用鼠标右键单击【设计表】图标，在弹出的快捷菜单中选择【编辑表格】命令（或者选择【在单独窗口中编辑表格】命令），如图 14-7 所示，工作表会出现在图形区域中（如果选择【在单独窗口中编辑表格】命令，则工作表会出现在单独的 Excel 软件窗口中）。

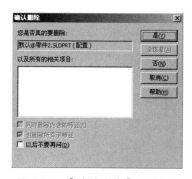

图 14-6　【确认删除】对话框

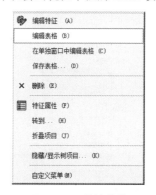

图 14-7　快捷菜单

（3）在要删除的配置名称旁的编号单元格上单击（这样可以选择整行），选择【编辑】|【删除】
菜单命令，也可以用鼠标右键单击编号单元格，在弹出的快捷菜单中选择【删除】命令。

14.3 零件设计表

14.3.1 插入设计表

通过在嵌入的 Microsoft Excel 工作表中指定参数，可以使用材料明细表构建多个不同配置的零件或者装配体。

使用设计表的注意事项如下。

（1）在 SolidWorks 软件中使用设计表时，将表格正确格式化很重要。

（2）如果需要使用设计表，在电脑中必须安装有 Microsoft Excel 软件。

插入设计表有多种不同的方法。

1. 通过 SolidWorks 软件自动插入设计表

（1）在零件或者装配体文件中，单击【工具】工具栏中的 ▦【设计表】按钮，或者选择【插入】|【表格】|【设计表】菜单命令，弹出【系列零件设计表】属性管理器，如图 14-8 所示。

（2）在【源】选项组中，单击【自动生成】单选按钮。根据需要，设置【编辑控制】和【选项】选项组参数，单击 ✔【确定】按钮，一个嵌入的工作表出现在图形区域中，并且 Excel 工具栏会替换 SolidWorks 工具栏，单元格 A1 标识工作表为【系列零件设计表是：<模型名称>】。

（3）在表格以外的任何地方（在图形区域中）单击以关闭设计表。

2. 插入空白设计表

（1）在零件或者装配体文件中，单击【工具】工具栏中的 ▦【设计表】按钮，或者选择【插入】|【表格】|【设计表】菜单命令，弹出【系列零件设计表】属性管理器。

（2）在【源】选项组中，单击【空白】单选按钮。根据需要，设置【编辑控制】和【选项】选项组参数，单击 ✔【确定】按钮。根据所选择的设置，弹出【添加行和列】对话框，询问希望添加的配置或者参数，如图 14-9 所示。

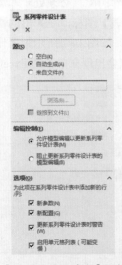

图 14-8 【系列零件设计表】属性管理器

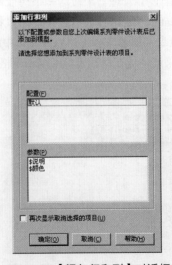

图 14-9 【添加行和列】对话框

（3）单击【确定】按钮，一个嵌入的工作表出现在图形区域中。在 FeatureManager 设计树中显示出 【设计表】图标，并且 Excel 工具栏会替换 SolidWorks 工具栏。A1 单元格显示工作表的名称为【设计表是：<模型名称>】，A3 单元格显示第一个新配置的默认名称。

（4）在行 2 可以键入想控制的参数，保留单元格 A2 为空白。在列 A（如单元格 A3、A4 等）中键入想生成的配置名称，名称可以包含数字，但不能包含正斜线"/"或者"@"字符。在工作表单元格中键入参数值。

（5）向工作表中添加信息完成后，在表格以外的任何地方（在图形区域中）单击以关闭设计表。

14.3.2　插入外部 Microsoft Excel 文件为设计表

（1）在零件或者装配体文件中，单击【工具】工具栏中的 【设计表】按钮，或者选择【插入】|【表格】|【设计表】菜单命令，弹出【系列零件设计表】属性管理器。

（2）在【源】选项组中，单击【来自文件】单选按钮，再单击【浏览】按钮选择 Excel 文件。如果需要将设计表链接到模型，选择【链接到文件】复选框，链接的设计表可以从外部 Excel 文件中读取其所有信息。

（3）根据需要，设置【编辑控制】和【选项】选项组参数，单击 【确定】按钮。一个嵌入的工作表出现在图形区域中，并且 Excel 工具栏会替换 SolidWorks 工具栏。

（4）在表格以外的任何地方（在图形区域中）单击以关闭设计表。

14.3.3　编辑设计表

（1）在 FeatureManager 设计树中，用鼠标右键单击【设计表】图标，在弹出的快捷菜单中选择【编辑表格】（或者【在单独窗口中编辑表格】）命令，则表格会出现在图形区域中。

（2）根据需要编辑表格。可以改变单元格中的参数值、添加行以容纳增加的配置，或者添加列以控制所增加的参数等，也可以编辑单元格的格式，使用 Excel 功能修改字体、边框等。

（3）在表格以外的任何地方（在图形区域中）单击以关闭设计表。如果弹出设计表生成新配置的确认信息，单击【确定】按钮，此时配置被更新以反映更改。

14.3.4　保存设计表

可以直接在 SolidWorks 软件中保存设计表。

（1）在包含设计表的文件中，单击 FeatureManager 设计树中的【设计表】图标，再选择【文件】|【另存为】菜单命令，打开【另存为】对话框。

（2）键入文件名称，单击【保存】按钮，设计表保存为 Excel 文件 (*.XLS)。

14.4 方筒系列零件范例

本范例以方筒为例来说明如何利用系列零件设计表生成配置，采用的方法是插入外部 Excel 文件为系列零件设计表。

本范例的主要步骤如下。

（1）创建表格。

（2）插入设计表。

14.4.1　创建表格

扫码看视频

（1）启动中文版 SolidWorks 软件，单击快速访问工具栏中的 📂【打开】按钮，弹出【打开】对话框，在配套资源中选择【源文件 / 第 14 章 / 方筒 .SLDPRT】，单击【打开】按钮，在图形区域中显示出模型，如图 14-10 所示。

（2）运行 Microsoft Excel 软件，新建一个 Microsoft Excel 文件，并命名为"系列零件设计表"。

（3）在表格的第一列（单元格 A2、A3 等）中键入想要生成的配置名称，保留单元格 A1 为空白，如图 14-11 所示。注意名称可以包括数字，但不能包含正斜线（/）或 @ 字符。

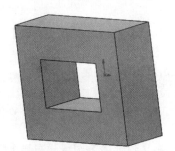

图 14-10　方筒　　　　　　　图 14-11　输入名称

（4）在 Solidworks 中，双击零件模型后便显示模型的具体尺寸，如图 14-12 所示，光标移动到一个尺寸时就会显示该尺寸的参数名称。例如，光标靠近尺寸"20"时，显示它的参数名称为"D1@ 草图 1"。用同样的方法获取其他两个尺寸的参数名称，故控制该零件模型的尺寸参数为"D1@ 草图 1""D2@ 草图 1"和"D1@ 凸台 - 拉伸 1"。

（5）在第一行（单元格 B1、C1 等）中键入想要控制的参数，即"D1@ 草图 1""D2@ 草图 1"和"D1@ 凸台 - 拉伸 1"，如图 14-13 所示。

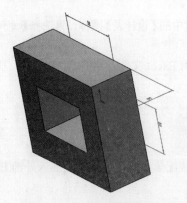

图 14-12　显示模型尺寸　　　　　　　图 14-13　输入参数名称

（6）在 Excel 表格中的 B2、C2、D2 中输入"A20"配置的具体参数值，如图 14-14 所示。

（7）采用同样的方法输入配置"A30"和"A40"的具体参数值，如图 14-15 所示。

图 14-14　键入参数值

图 14-15　键入参数值

（8）选择【文件】|【保存】菜单命令，将【系列零件设计表】表格保存。

14.4.2　插入设计表

扫码看视频

（1）在 SolidWorks 软件中，选择【插入】|【表格】|【设计表】菜单命令，弹出【系列零件设计表】属性管理器，如图 14-16 所示。

（2）在【源】选项组中，选中【来自文件】单选按钮，然后单击【浏览】按钮，弹出【打开】对话框，在目录中找到之前创建的系列零件设计表，如图 14-17 所示。

图 14-16　【系列零件设计表】属性管理器　　　图 14-17　【打开】对话框

（3）单击【打开】按钮后，Excel 文件的路径就出现在【浏览】按钮的上面。勾选【链接到文件】复选框，将此表格链接到模型。链接的系列零件设计表可从外部 Excel 文件读取其所有信息。当系列零件设计表被链接时，在 SolidWorks 以外对表格所做的任何更改将反映在 SolidWorks 模型内部的表格中，反之亦然。

（4）在【编辑控制】选项组中，选中【允许模型编辑以更新系列零件设计表】单选按钮，如图 14-18 所示。

（5）在【选项】选项组中，勾选【新参数】、【新配置】和【更新系列零件设计表时警告】复选框，如图 14-19 所示。

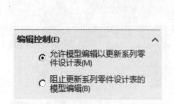

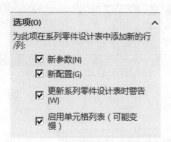

图 14-18 【编辑控制】选项组　　　　　　图 14-19 【选项】选项组

（6）单击 ✔【确定】按钮，工作表出现在绘图区中，而且 Excel 菜单和工具栏会替换 SolidWorks 的菜单和工具栏，如图 14-20 所示。

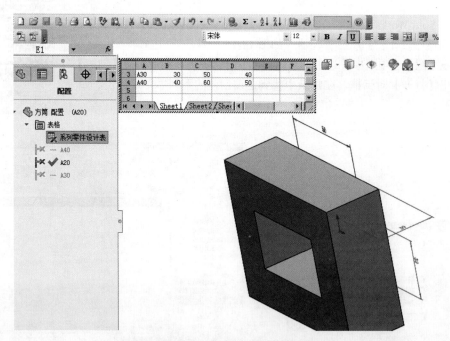

图 14-20 工作表出现在绘图区中

（7）单击工作表以外的地方即可关闭该表格，然后弹出一信息提示框，显示由系列零件设计表所生成的新的配置名称。

（8）单击【确定】按钮后，在【ConfigurationManager】中出现了新添加的 3 个配置，如图 14-21 所示。

（9）在【ConfigurationManager】中双击任何一个配置，图形区域中的模型会显示相应的配置。例如，双击配置"A20"，绘图区便显示配置"A 20"的尺寸值，如图 14-22 所示。

图 14-21　新的配置

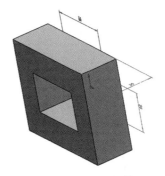

图 14-22　A20 方筒

（10）"A 30"和"A40"的配置显示如图 14-23 和图 14-24 所示。

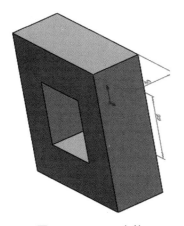

图 14-23　A30 方筒

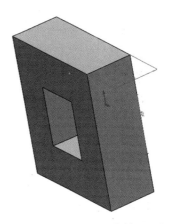

图 14-24　A40 方筒

第 15 章
特征识别

SolidWorks 的特征识别插件 FeatureWorks 可以对输入实体进行特征识别。识别的特征与使用 SolidWorks 软件生成的特征相同，可以编辑所识别特征的定义来改变其参数。对于基于草图的特征，在识别特征后，就可从 SolidWorks 特征管理器设计树编辑草图以更改特征的几何形状。本章主要介绍 FeatureWorks 选项设置、FeatureWorks 识别类型、识别不同的实体和诊断错误信息。

重点与难点

- 选项设置
- 识别类型
- 识别不同实体
- 诊断错误信息

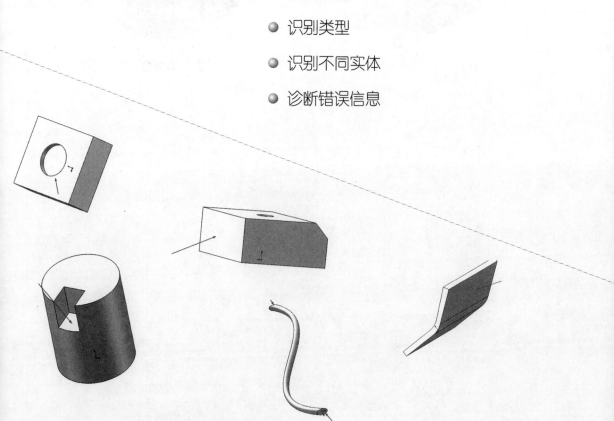

15.1 FeatureWorks 选项设置

可使用 FeatureWorks PropertyManager 来设定大部分 FeatureWorks 识别选项。

15.1.1 FeatureWorks 选项

在 SolidWorks 中允许自定义 FeatureWorks 的选项，以及设定默认的参数。

选择【插入】|【FeatureWorks】|【选项】命令，弹出【FeatureWorks 选项】对话框，如图 15-1 所示。

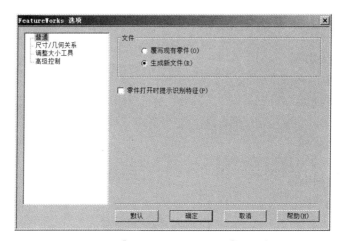

图 15-1 【FeatureWorks 选项】对话框

其中的选项含义如下。

1.【普通】选项卡

- 【覆写现有零件】：在现有的零件文件中生成新特征，并且替换原来的输入实体。
- 【生成新文件】：在新的零件文件中生成新特征。
- 【零件打开时提示识别特征】：选择此选项时，当在 SolidWorks 零件文件中打开来自另一系统的零件作为输入实体时，将自动开始特征识别。

2.【尺寸 / 几何关系】选项卡

- 【启用草图自动标注尺寸】：自动将尺寸添加到识别的特征。
- 【模式】：将尺寸标注方案设定为基准线、链或尺寸链。
- 【放置】：设定尺寸的水平和垂直放置方式。
- 【几何关系】：给草图添加约束。

3.【调整大小工具】选项卡

- 【识别顺序】：设定调整大小工具识别特征的顺序。
- 【在使用编辑特征时自动识别子特征】：在使用编辑特征识别输入实体上的面时，识别面的子特征。

4.【高级控制】选项卡

（1）【诊断】选项组。

- 【允许失败的特征生成】：允许软件生成有重建模型错误的特征。

○ 【进行实体区别检查】：在特征识别后比较原始的输入实体及新的实体。

（2）【性能】选项组。

○ 【不进行特征侵入检查】：当勾选此复选框时，软件在自动特征识别过程中不会对侵入另一
特征的特征进行检查。

○ 【不进行实体检查】：当勾选此复选框时，软件可以在特征识别过程中周期性地检查实体。

（3）【孔】选项组。

【识别孔为异型孔向导孔】：FeatureWorks 支持识别柱孔、锥孔、螺纹孔（仅对于 ANSI Metric
标准）以及管道螺纹孔（仅对于 ISO 标准）。所有其他类型的异型孔将识别为旧制类型孔。

15.1.2　特征识别的步骤

1．自动识别特征的步骤

（1）选择【插入】|【FeatureWorks】|【识别特征】命令，弹出【FeatureWorks】属性管理器。

（2）在【识别模式】选项组中，单击【自动】单选按钮。

（3）在【特征类型】选项组中，单击以下选项之一：【标准特征】、【钣金特征】。

（4）单击 ◉【下一步】按钮以自动识别所选特征。

（5）单击 ✔【确定】按钮完成特征识别，特征出现在 FeatureManager 设计树中。

2．交互识别特征的步骤

（1）选择【插入】|【FeatureWorks】|【识别特征】命令，弹出【FeatureWorks】属性管理器。

（2）在【识别模式】选项组中，单击【交互】按钮单选。

（3）在【特征类型】选项组中，单击以下选项之一：【标准特征】、【钣金特征】。

（4）在【交互特征】选项组中，选择特征类型。

（5）在 ⬚【所选实体】选项组中，从图形区域选择想识别的几何体。

（6）如果识别成功，在图形区域内，特征会从输入的实体中移出。

（7）单击 ✔【确定】按钮完成特征识别，并生成新的特征。

15.1.3　【中级阶段】属性管理器

可以使用【中级阶段】属性管理器来查找阵列并组合或重新识别特征。在【FeatureWorks】属
性管理器中，单击 ◉【下一步】按钮，可以显示【中级阶段】
属性管理器，如图 15-2 所示。

其中各选项含义如下。

1．【识别的特征】选项组

○ 【识别的特征】列表：根据【FeatureWorks】属性管理
器中的选择内容来显示识别的特征。

○ 【查找阵列】：打开【阵列识别】属性管理器。

○ 【组合特征】：从识别的特征列表中选取要组合的特
征，然后单击【组合特征】按钮。

2．【重新识别】选项组

在使用【FeatureWorks】属性管理器识别了特征之后，可

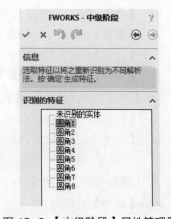

图 15-2　【中级阶段】属性管理器

将其重新识别为不同的特征。

- 【重新识别的特征】列表：为重新识别显示交替特征类型。
- 【重新识别】：单击以重新识别特征为交替特征。

15.2　FeatureWorks 识别类型

FeatureWorks 插件可以将导入到 SolidWorks 中的实体识别成特征。FeatureWorks 可以识别以下特征。

- 拉伸或旋转特征。
- 线性或圆形的边线上的倒角。
- 线性或圆形边线上的等半径或变半径圆角。
- 平行于草图而拉伸的筋、垂直于草图而拉伸的筋。
- 拔模特征。
- 简单孔、简单钻孔、螺纹孔、螺纹钻孔、锥孔、锥形钻孔和柱孔。
- 放样：交互识别基体放样。
- 壳体。
- 扫描：交互识别基体扫描。
- 特征阵列：线性阵列、圆周阵列、矩形阵列及镜像阵列。
- 钣金特征：基体法兰、边线法兰、绘制的折弯、褶边法兰以及斜接法兰。
- 草图阵列：可使用交互识别从随意生成的类似特征中生成草图阵列。
- 多体零件：一次选择一个实体来识别多体零件。

FeatureWorks 可以自动将其识别的尺寸添加到特征上。其支持基准线、更改和尺寸链尺寸标注方案，并可识别同轴心和其他几何关系。

15.2.1　自动 / 交互的特征识别

（1）自动特征辨认：FeatureWorks 尝试自动识别并高亮显示尽可能多的特征。这种方法的好处是加速特征的识别，因为不必选取面或特征。

（2）交互特征识别：选择特征类型和构成所要识别特征的实体。这种方法的好处是可以控制所识别的特征。例如，可以决定要将圆柱切除识别为拉伸、旋转或孔。

15.2.2　交互特征识别类型

1. 标准特征类型

（1）特征类型：凸台拉伸或切除拉伸。

- 对于选择对象为面，需要选择的对象为：选择代表特征草图的模型面。对于所有拉伸，FeatureWorks 会识别给定深度终止条件。对于切除拉伸，FeatureWorks 也会识别完全贯穿和成形到下一面，如图 15-3 所示。
- 对于选择对象为边线或环，需要选择的对象为：选择代表特征草图的一组边线或环，如图 15-4 所示。

图 15-3　面的选择

图 15-4　边线或环的选择

（2）特征类型：凸台旋转或切除旋转。

需要选择的对象为：选择代表旋转特征草图的一组面，如图 15-5 所示。

（3）特征类型：倒角。

需要选择的对象为：选择代表倒角面的模型面，如图 15-6 所示。

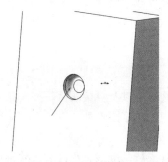

图 15-5　面的选择

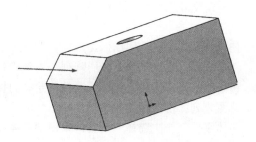

图 15-6　面的选择

（4）特征类型：拔模。

需要选择的对象为：选择拔模面和代表中性面的面，如图 15-7 所示。

（5）特征类型：圆角 / 圆化。

需要选择的对象为：选择代表圆角面的模型面，如图 15-8 所示；选择一变半径圆角，如图 15-9
所示。

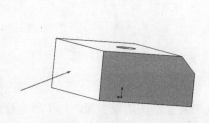

图 15-7　面的选择

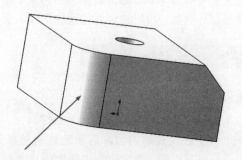

图 15-8　等半径

（6）特征类型：孔。

需要选择的对象为：选择代表孔特征草图的一组面。FeatureWorks 识别这些终止条件：给定深度、完全贯穿和成形到下一面。FeatureWorks 也在使用调整大小工具时识别这些终止条件，图 15-10 所示为选择箭头指示的面。

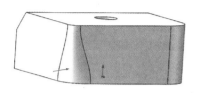

图 15-9　变半径

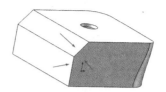

图 15-10　选择面

（7）特征类型：基体 - 放样。

需要选择的对象为：选择端面 1 和端面 2，如图 15-11 所示。

（8）特征类型：筋。

需要选择的对象为：选择对于筋独特的面，如图 15-12 所示。

图 15-11　选择端面 1 和端面 2

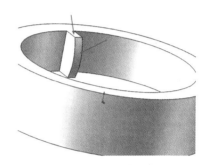

图 15-12　选择面

（9）特征类型：抽壳。

需要选择的对象为：选择抽壳特征顶端的面，如图 15-13 所示。只有具有统一厚度的抽壳特征才可被识别。

（10）特征类型：基体 - 扫描。

需要选择的对象为：选择端面 1，然后选择端面 2，如图 15-14 所示。

图 15-13　选择面

图 15-14　选择面

（11）特征类型：体积特征。

需要选择的对象为：选择代表加厚曲面的模型面，如图 15-15 所示。

2. 钣金特征类型

（1）特征类型：基体法兰。

需要选择的对象为：选择任何基体法兰面，如图 15-16 所示。

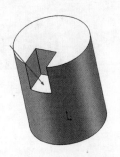
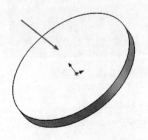

图 15-15　选择面　　　　　　　图 15-16　选择面

（2）特征类型：绘制的折弯。

需要选择的对象为：选择零件折弯所沿的固定面。如图 15-17 所示。尖角折弯不能被识别。

（3）特征类型：褶边。

需要选择的对象为：选择褶边面或折弯面，如图 15-18 所示。

图 15-17　选择固定面　　　　　　图 15-18　选择面

（4）特征类型：边线法兰。

需要选择的对象为：选择任何边线法兰面，如图 15-19 所示。

（5）特征类型：斜接法兰。

需要选择的对象为：选择斜接法兰与固定面相遇的内部或外部法兰面，如图 15-20 所示。

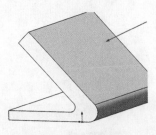
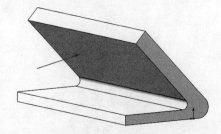

图 15-19　选择面　　　　　　　图 15-20　选择面

15.2.3　逐步识别

逐步识别可以识别零件的某些输入实体特征。逐步识别输入的实体特征的步骤如下。

（1）打开带输入的实体特征的零件。

（2）选择【插入】|【FeatureWorks】|【识别特征】命令。

（3）在【FeatureWorks】属性管理器中，选择要识别的特征，然后单击 ⏩【下一步】按钮。

（4）单击 ✔【确定】按钮，识别的特征出现在 FeatureManager 设计树中。

（5）保存该零件。

15.3　识别不同实体

SolidWorks 可以对一些实体特征进行识别，包括放样特征、阵列特征和扫描特征等。

15.3.1　放样特征识别

1. 可以识别的放样特征和不支持的放样实体

FeatureWorks 可以交互识别基体放样特征。FeatureWorks 可以识别有两个或多个相似或完全不同的基体放样，轮廓可以平行，也可以不平行。

不支持的放样实体如下。

（1）终止条件垂直于轮廓和方向向量。

（2）引导线。

（3）轮廓连接线。

（4）轮廓样条曲线。

2. 交互识别放样特征的步骤

（1）打开模型。

（2）选择【插入】|【FeatureWorks】|【识别特征】命令。

（3）在【FeatureWorks】属性管理器中，进行以下设置。

- 在【识别模式】中选择【交互】选项。
- 在【特征类型】中选择【标准特征】选项。

（4）在【交互特征】选项组中，进行以下设置。

- 选择【特征类型】下的【基体 - 放样】选项。
- 选择 🔲【端面 1】和 🔲【端面 2】的面，如图 15-21 所示。

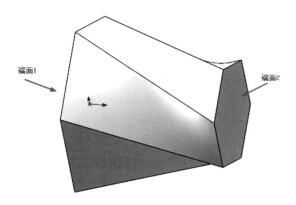

图 15-21　选择端面 1 和端面 2

（5）单击【识别】按钮。

（6）单击 ✔ 【确定】按钮。

15.3.2 阵列特征识别

1. 识别阵列

可识别以下类型的阵列：线性阵列，如图 15-22 所示；圆周阵列，如图 15-23 所示；矩形阵列，如图 15-24 所示；镜像阵列，如图 15-25 所示。

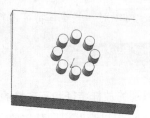

图 15-22　线性阵列　　　　　　　　　　图 15-23　圆周阵列

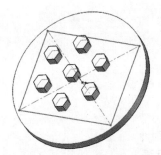

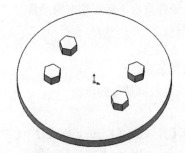

图 15-24　矩形阵列　　　　　　　　　　图 15-25　镜像阵列

识别阵列的步骤如下。

（1）选择【插入】|【FeatureWorks】|【识别特征】命令。

（2）在【FeatureWorks】属性管理器中，选择识别模式和特征类型。

（3）选择自动特征或交互特征选项。

（4）单击 ➡ 【下一步】按钮以显示【中级阶段】属性管理器。

（5）单击【查找阵列】按钮。

（6）在【阵列识别】属性管理器中，选择阵列识别模式和阵列类型。

（7）单击 ➡ 【下一步】按钮，弹出的提示对话框会报告所找到的阵列数量。

（8）单击提示对话框的【确定】按钮，然后单击【中级阶段】属性管理器的 ✔ 【确定】按钮，将阵列添加到 FeatureManager 设计树中，如图 15-26 所示。

2. 识别镜像阵列

可以使用自动或交互模式识别镜像阵列，FeatureWorks 自动选择镜像基准面。

识别镜像阵列的步骤如下。

（1）在【FeatureWorks】属性管理器中选取一个识别模式、特征类型，然后单击 ➡ 【下一步】

按钮。

（2）在【中级阶段】属性管理器的【识别的特征】下单击【查找阵列】按钮。

（3）在【阵列识别】属性管理器中进行如下设置。

- 选取一个阵列识别模式。
- 选择阵列类型中的镜像。
- 在阵列特征下为源特征选取一个特征，如图 15-27 所示。

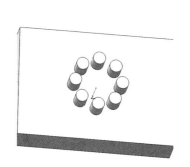

图 15-26　识别圆周阵列

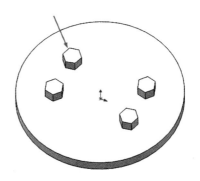

图 15-27　选取一个特征

- 为镜像特征选取另一个特征，如图 15-28 所示。
- 单击 ● 【下一步】按钮，提示对话框报告出发现的镜像数量，FeatureWorks 计算每个单独特征的镜像数量。

（4）单击【确定】按钮，关闭提示对话框。

（5）单击 ✔ 【确定】按钮。

（6）在 FeatureManager 设计树中，选择镜像特征以在图形区域高亮显示它们，如图 15-29 所示。

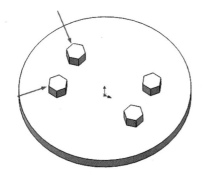

图 15-28　选取另一个特征

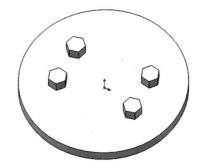

图 15-29　镜像特征的识别

15.3.3　扫描特征识别

可使用交互特征识别方式来识别以轮廓和路径所生成的基体扫描特征。

可识别以下类型的基体扫描特征：方形轮廓，如图 15-30 所示；半圆轮廓，如图 15-31 所示；带内部循环的扫描特征，如图 15-32 所示。

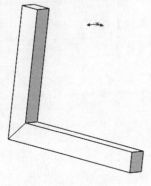

图 15-30　方形轮廓

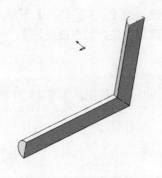

图 15-31　半圆轮廓

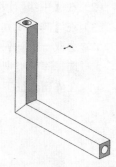

图 15-32　带内部循环的扫描特征

不可识别以下类型的基体扫描特征：凸台扫描特征（添加到基体特征的扫描特征），如图 15-33 所示；切除 - 扫描特征，如图 15-34 所示。

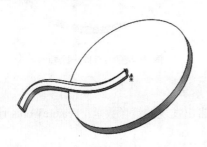

图 15-33　添加到基体特征的扫描特征

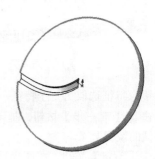

图 15-34　切除 – 扫描特征

15.4　诊断错误信息

在进行交互识别时，如果软件未能识别出特征，则会显示详细的错误信息，说明失败的原因并推荐可能的解决办法。同时，该信息还含有帮助主题的链接。

15.4.1　拉伸的错误诊断

出现以下情况，将提示拉伸识别错误。

1. 拉伸 - 非平面

要使 FeatureWorks 能够识别凸台拉伸或切除拉伸，所选面必须为平面，所选面也可以是近似处理为平面的样条曲线面，球面、圆柱面和圆锥面都不是有效的拉伸面。球面如图 15-35 所示，圆柱面如图 15-36 所示，圆锥面如图 15-37 所示。

2. 拉伸 - 非共平面

所选面必须为共平面。如果选择的面是平行的，但不是共平面，可以尝试使用成形到面。如图 15-38 所示，所选面是平行的，但不是共平面。

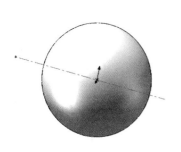

图 15-35　球面　　　　　　图 15-36　圆柱面　　　　　　图 15-37　圆锥面

3. 拉伸 - 嵌套面

特征包含嵌套面或内部环，所选面具有多种可能的草图组合，因此存在多种可能的拉伸，如图 15-39 所示。

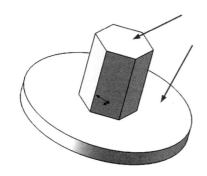

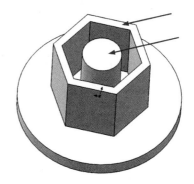

图 15-38　非共平面　　　　　　　　　　图 15-39　拉伸 – 嵌套面

4. 拉伸 - 自相交草图

当拉伸轮廓的草图自相交叉时，将无法识别该拉伸特征，如图 15-40 所示。

5. 拉伸 - 无效的边线

FeatureWorks 无法识别从所选边线开始的拉伸特征，如图 15-41 所示。

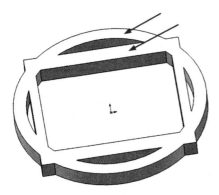

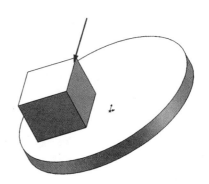

图 15-40　拉伸 – 自相交草图　　　　　　图 15-41　拉伸 – 无效的边线

15.4.2　旋转的错误诊断

出现以下情况，将提示旋转识别错误。

1.　旋转 - 面不形成旋转

单一旋转实体不能从所选面生成，如图 15-42 所示。

2.　旋转 - 无共同轴

旋转面不共享同一轴线，如图 15-43 所示。

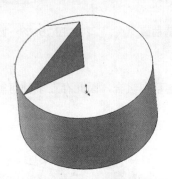

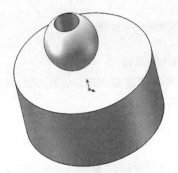

图 15-42　旋转 – 面不形成旋转　　　　　　　图 15-43　旋转 – 无共同轴

15.4.3　倒角的错误诊断

出现以下情况，将提示倒角识别错误。

1.　倒角 - 宽度比率

倒角面相对于相邻面太大而无法识别。当倒角的宽度比该倒角最窄支撑面的宽度大 1000 倍以上时，就会出现此错误。

2.　倒角 - 宽度

倒角的宽度太大而无法识别。FeatureWorks 只能识别宽度不超过上限的倒角。可识别的方倒角的宽度上限为 $490\sqrt{2}$ m。方倒角是指角度设定为 45° 的倒角。

3.　倒角 - 支撑面角度

支撑面之间的角度太大而无法识别。当两个支撑面之间的角度太大时，倒角面看起来就像是另一个支撑面，而不像倒角，如图 15-44 所示。当支撑面之间的角度超过 137° 时，就会显示错误信息。

图 15-44　倒角 – 支撑面角度

4.　倒角 - 边线角度

倒角边线角度是指倒角面与支撑面之间的角度。当倒角边线角度太大或太小时，倒角面看起来就像是支撑面的一部分。当该角度太平（小于 6°）或太陡（大于 89°）时，就会显示错误信息。

最小边线角度如图 15-45 所示，最大边线角度如图 15-46 所示。

5.　倒角 - 直倒角

倒角面不能消除相邻面而无法识别。如果倒角的宽度占据了基体零件几何体，以至于倒角面替换了其中一个支撑面，就会形成直倒角，如图 15-47 所示。

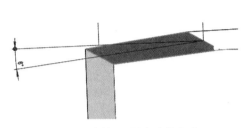

图 15-45 倒角 - 最小边线角度   图 15-46 倒角 - 最大边线角度

6. 倒角 - 多个

FeatureWorks 无法同时识别多个倒角，只能单独识别每个倒角，如图 15-48 所示。

7. 倒角 - 顶点

FeatureWorks 无法识别顶点倒角，如图 15-49 所示。

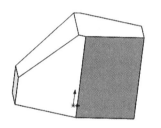

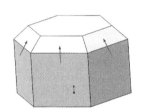

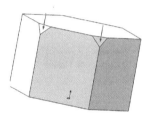

图 15-47 直倒角   图 15-48 倒角 - 多个   图 15-49 倒角 - 顶点

15.4.4 圆角的错误诊断

出现以下情况，将提示圆角识别错误。

1. 圆角 - 相切

圆角几何体必须平滑地合并到相邻面。部分孔看起来与圆角类似，但 FeatureWorks 不会将其识别为圆角，如图 15-50 和图 15-51 所示。

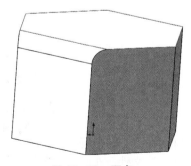

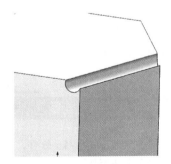

图 15-50 圆角   图 15-51 孔的一部分

2. 圆角 - 支撑面半径

圆角面的半径与相邻面的曲率半径相同而无法识别。如果支撑面与圆角面的曲率半径相同，该圆角实际上就是个分割面，如图 15-52 所示。

3. 圆角 - 大半径

FeatureWorks 无法识别半径大于 490m 的圆角。

4. 圆角 - 顶点

FeatureWorks 无法识别顶点圆角，如图 15-53 所示。

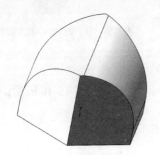

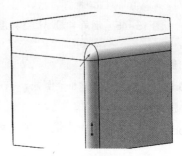

图 15-52 　圆角 – 支撑面半径　　　　　　图 15-53 　圆角 – 顶点

15.5 减速器箱体特征识别范例

本节以减速器箱体（如图 15-54 所示）为例，来说明 SolidWorks 软件中的特征识别功能。

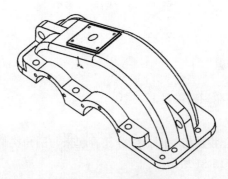

图 15-54 　零件模型

本范例的主要步骤如下。

（1）识别特征前的准备工作。

（2）交互特征识别。

15.5.1 　识别特征前的准备工作

（1）启动中文版 SolidWorks 软件，单击快速访问工具栏中的 📂【打开】按钮，弹出【打开】对话框，将打开的文件类型选择为 ".x_b" 文件，在配套资源中选择【源文件 / 第 15 章 / 箱体 .x_b】，单击【打开】按钮。

扫码看视频

（2）系统弹出【输入诊断】对话框，单击【否】按钮，如图 15-55 所示。

（3）零件在 FeatureManager 设计树中显示为【输入 1】，如图 15-56 所示。

（4）选择【插入】|【FeatureWorks】|【选项】菜单命令，弹出【FeatureWorks 选项】对话框。

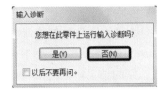

图 15-55 【输入诊断】对话框

（5）单击【普通】选项卡，在【文件】选项组中选择【覆写现有零件】选项，如图 15-57 所示。

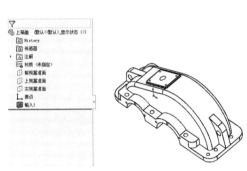

图 15-56 输入 1

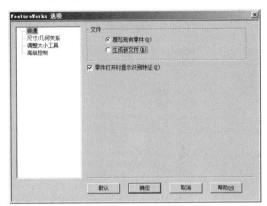

图 15-57 【普通】选项卡

（6）单击【尺寸 / 几何关系】选项卡，勾选【给草图添加约束】复选框，如图 15-58 所示。

（7）单击【高级控制】选项卡，在【诊断】选项组中勾选【允许失败的特征生成】复选框；在【性能】选项组中消除选择【不进行特征侵入检查】和【不进行实体检查】复选框，其他设置如图 15-59 所示。单击【确定】按钮，完成 FeatureWorks 选项的设置。

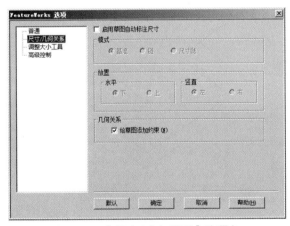

图 15-58 【尺寸 / 几何关系】选项卡

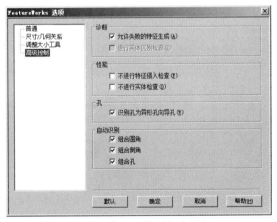

图 15-59 【高级控制】选项卡

15.5.2 交互特征识别

1. 识别圆角 / 倒角特征

（1）选择【插入】|【FeatureWorks】|【识别特征】菜单命令，弹出【FeatureWorks】属性管理器。

扫码看视频

（2）在【识别模式】选项组中，选择【自动】选项；在【特征类型】选项组中，选择【标准特征】选项；在【自动特征】选项组中，勾选【圆角 / 倒角】复选框，如图 15-60 所示。

（3）单击 ⊝【下一步】按钮，系统自动识别，结果如图 15-61 所示。在【识别的特征】中显示所有识别的结果，单击某一特征后，在图形区域中相应的圆角会高亮显示，如选中【圆角 6】选项后，在零件模型中显示相应的圆角面。

图 15-60 【FeatureWorks】属性管理器

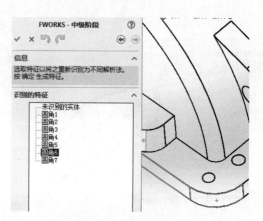

图 15-61 识别结果

（4）单击 ⊛【上一步】按钮，系统弹出一个提示对话框，如图 15-62 所示，单击【确定】按钮。

（5）FeatureWorks 识别后的特征将会从模型中消失，结果如图 15-63 所示。

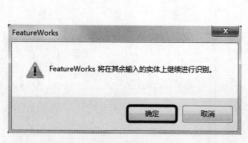

图 15-62 提示对话框

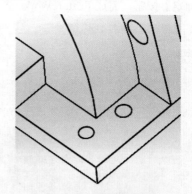

图 15-63 识别后的结果

2. 识别孔特征

（1）在【识别模式】选项组中，选择【自动】选项；在【特征类型】选项组中，选择【标准特征】选项；在【自动特征】选项组中，勾选【孔】复选框，如图 15-64 所示。

（2）单击 ⊝【下一步】按钮，系统自动识别，结果如图 15-65 所示。在【识别的特征】中显示所有识别的结果，单击某一特征后，在图形区域中相应的孔特征会高亮显示，如选中【孔 11】后，在零件模型中显示相应的孔。

（3）单击 ⊛【上一步】按钮，系统弹出一个提示对话框，如图 15-66 所示，单击【确定】按钮。

（4）FeatureWorks 识别的孔特征将会从模型中消失，结果如图 15-67 所示。

图 15-64 【FeatureWorks】属性管理器

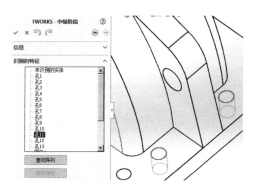

图 15-65 识别结果

图 15-66 提示对话框

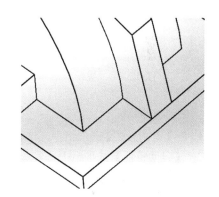

图 15-67 识别后的结果

3. 识别筋特征

（1）在【识别模式】选项组中，选择【自动】选项；在【特征类型】选项组中，选择【标准特征】选项；在【自动特征】选项组中，勾选【筋】复选框，如图 15-68 所示。

（2）单击 ⊕【下一步】按钮，系统自动识别，结果如图 15-69 所示，在【识别的特征】中显示所有识别的结果，按住 Ctrl 键后选中【筋 1】和【筋 2】，在零件模型中显示相应的筋特征。

图 15-68 【FeatureWorks】属性管理器

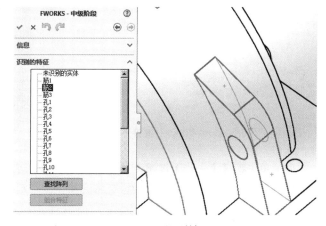

图 15-69 识别结果

（3）单击 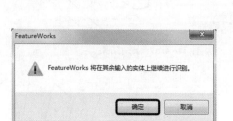【上一步】按钮，系统弹出一个提示对话框，如图 15-70 所示，单击【确定】按钮。

（4）FeatureWorks 识别的这些特征将会从模型中消失，结果如图 15-71 所示。

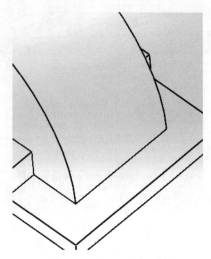

图 15-70　提示对话框

图 15-71　识别后的结果

4. 识别拉伸特征

（1）在【识别模式】选项组中，选择【自动】选项；在【特征类型】选项组中，选择【标准特征】选项；在【自动特征】选项组中，勾选【拉伸】复选框，如图 15-72 所示。

（2）单击 ⊙【下一步】按钮，系统自动识别，结果如图 15-73 所示，在【识别的特征】中显示所有识别的结果，选中【凸台 - 拉伸 2】选项后，在零件模型中显示相应的拉伸特征。

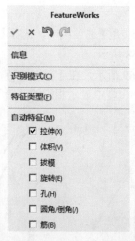

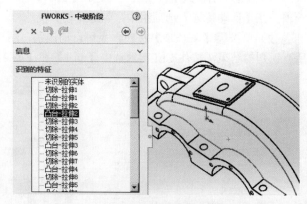

图 15-72　【FeatureWorks】属性管理器

图 15-73　识别结果

（3）单击 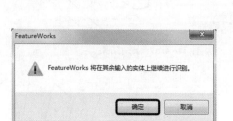【上一步】按钮，系统弹出一个提示对话框，如图 15-74 所示，单击【确定】按钮。

（4）FeatureWorks 识别的拉伸特征将会从模型中消失，结果如图 15-75 所示。

图 15-74　提示对话框

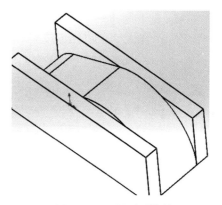

图 15-75　识别后的结果

（5）单击【FeatureWorks】属性管理器中的✔【确定】按钮，完成特征识别。零件将自动重建，在 FeatureManager 设计树中显示零件模型的所有特征，如图 15-76 所示。

图 15-76　FeatureManager 设计树

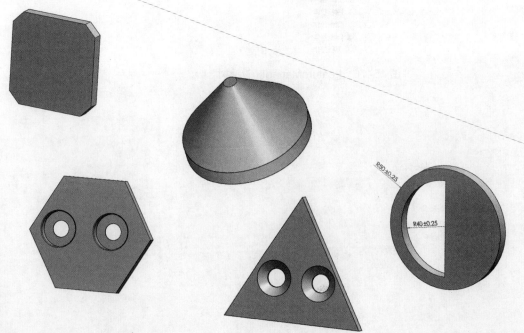

第 16 章
公差分析

公差就是实际参数值的允许变动量。SolidWorks 公差分析可以帮助确定零件的公差在一定的范围之内，以便达到互换或配合的要求。

重点与难点

- 零件的尺寸标注专家
- 尺寸标注专家工具
- 尺寸标注专家选项
- 公差分析

16.1 公差分析概述

SolidWorks 可以对零件和装配体进行智能尺寸标注，并能对装配体的装配次序所导致的最终误差进行分析。

16.1.1 公差的优点

几何尺寸和形位公差（GD&T）具有如下很多优点。

- 实现了设计语言的标准化。
- 对客户、供应商和生产小组而言，设计意图更加清晰、精确。
- 可以计算最糟情形下的配合限制。
- 通过使用基准点，可以保证生产和检验过程的可重复性。
- 优质的生产零件为装配体提供了品质保证。

16.1.2 两个基于 GD&T 的应用程序

系统提供了两个基于 GD&T 的应用程序。

1. 零件的 DimXpert（尺寸标注专家）

零件的 DimXpert 用于在零件上标注尺寸和公差。

2. TolAnalyst（公差分析）

TolAnalyst 应用程序专门用于公差分析，可确定尺寸和公差对零件和装配体的影响。

注：TolAnalyst 只可在 SolidWorks Premium 中使用。

16.1.3 TolAnalyst 使用四步骤

为了确保具有有效的公差数据，TolAnalyst 使用具有四步骤程序的向导界面。

（1）生成被定义为两个 DimXpert 特征间距离的测量值。

（2）生成装配体顺序，它是在测量特征之间建立公差链的装配体零件的按序选择，这个"子装配体"被称为"简化装配体"。

（3）向每个零件应用约束，约束定义每个零件如何放置或配合到简化装配体内。

（4）评估测量值。

16.2 零件的 DimXpert（尺寸标注专家）

16.2.1 零件的 DimXpert 概述

零件的 DimXpert 是一组工具，这些工具可依据 ASME Y14.41—2003 和 ISO 16792:2006 标准的要求对零件应用尺寸和公差。然后，可以在 TolAnalyst 中使用公差对装配体进行堆栈分析，或在下游 CAM、其他公差分析或测量应用程序中进行分析。

1. 使用 DimXpert 的基本步骤

（1）打开一个零件，以使用 DimXpert 标注尺寸。

（2）设定 DimXpert 选项。选择【工具】|【选项】菜单命令，弹出【系统选项】对话框，在【文档属性】选项卡中设定各种 DimXpert 选项，例如【形位公差】，如图 16-1 所示。

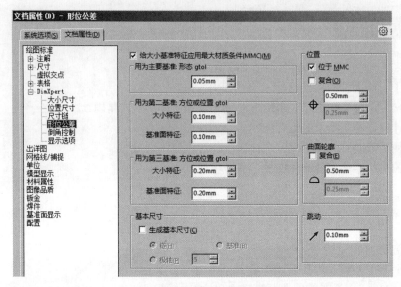

图 16-1　DimXpert 选项

（3）手动或自动插入尺寸和形位公差。

① 手动插入尺寸和形位公差：

a. 单击【DimXpert】工具栏中的 🔲【基准】按钮，在零件上设置基准。

b. 使用 DimXpert 工具（例如 🔲【大小尺寸】、🔲【位置尺寸】、🔲【阵列特征】和 🔲【形位公差】）添加公差和尺寸。

c. 单击 🔲【显示公差状态】按钮，查看哪些特征的大小和位置欠约束或过约束。

d. 根据需要应用附加尺寸和公差，以完全约束零件。

② 自动插入尺寸和形位公差。

a. 单击【DimXpert】工具栏中的 🔲【自动尺寸方案】按钮，或者选择【工具】|【DimXpert】|【自动尺寸方案】菜单命令。

b. 在弹出的【自动尺寸方案】属性管理器中设定 PropertyManager 选项。

c. 单击 🔲【确定】按钮。

（4）保存此零件。

2. DimXpert 特征

零件的 DimXpert 支持如下的很多制造特征。

（1）凸台，如图 16-2 所示。拓扑：外部圆柱面具有完整的 360° 圆弧。

（2）倒角，如图 16-3 所示。拓扑：平面、圆锥面或扫描直线。

（3）圆锥体，如图 16-4 所示。拓扑：内部或外部圆锥面。

（4）圆柱，如图 16-5 所示。拓扑：部分或完整的内部或外部圆柱面。带有完整 360° 圆弧的外部面可被分类为凸台特征。

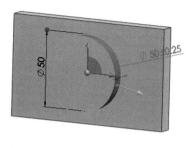

图 16-2 凸台

图 16-3 倒角

图 16-4 圆锥体

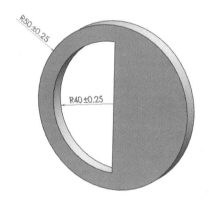

图 16-5 圆柱

（5）圆角，如图 16-6 所示。拓扑：圆柱面或扫描圆弧。

（6）柱形沉头孔，如图 16-7 所示。拓扑：包含两个同心圆柱的孔系列，圆柱由与其轴垂直的基准面分隔，孔系列带有或不带基准面或圆锥类型的给定深度终止条件。

图 16-6 圆角

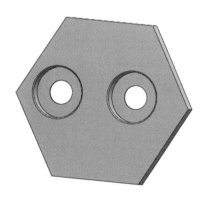

图 16-7 柱形沉头孔

（7）锥形沉头孔，如图 16-8 所示。拓扑：包含带有同心圆柱的圆锥的孔系列，带有或不带基准面或圆锥类型的给定深度终止条件。

（8）简单直孔，如图 16-9 所示。拓扑：包含圆柱面的孔系列，圆柱面具有大于 180° 的圆弧，孔系列带有或不带基准面或圆锥类型的给定深度终止条件。

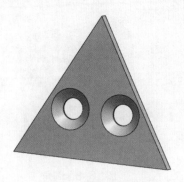

图 16-8　锥形沉头孔

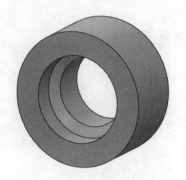

图 16-9　简单直孔

（9）相交圆，如图 16-10 所示。拓扑：圆派生自圆锥面和基准面的相交处。圆锥面必须与基准面垂直，而且不能从椭圆生成。圆锥面和基准面可被圆角或倒角中断。

（10）相交直线，如图 16-11 所示。相交直线在零件的底部基准面和斜交基准面的交叉点处形成。拓扑：在两个基准面交叉点处派生的直线。

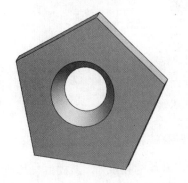

图 16-10　相交圆

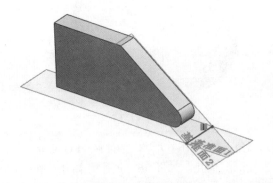

图 16-11　相交直线

（11）相交基准面，如图 16-12 所示。相交基准面在较大圆柱和圆锥面的交叉点处派生。相交基准面通常用于定位锥形曲面的开始和结束位置。拓扑：在同心圆柱和圆锥面的交叉点处派生的基准面。

（12）相交点，如图 16-13 所示。相交点显示为原点，它在基准面和圆柱的交叉点处派生。拓扑：在基准面和圆柱或圆锥面的轴的交叉点处派生的点。

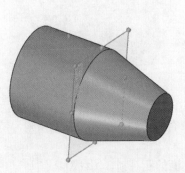

图 16-12　相交基准面

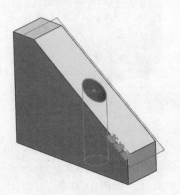

图 16-13　相交点

（13）凹口，如图 16-14 所示。拓扑：受到与侧基准面垂直的基准面或与侧基准面相切的圆柱约束的两个平行基准面，带有或不带平面给定深度终止条件。

（14）基准面，如图 16-15 所示。每个平面都代表一个基准面特征，可以组合蓝色（面 2）或橙色面（面 3），以定义复合基准面。拓扑：平面。

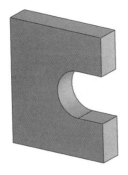

图 16-14　凹口

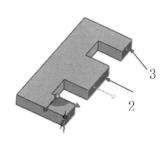

图 16-15　基准面

（15）袋套，如图 16-16 所示。穿通袋套嵌入盲袋套的范例。拓扑：内部拉伸型闭合轮廓，带有或不带平面给定深度终止条件。

（16）槽口，如图 16-17 所示。盲方形槽口（左侧）和带有径向端的穿通槽口（右侧）。拓扑：受到与侧基准面垂直的两个基准面或与侧基准面相切的两个圆柱约束的两个平行基准面，带有或不带平面给定深度终止条件。

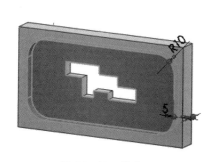

图 16-16　袋套

图 16-17　槽口

（17）曲面，如图 16-18 所示。拓扑：非棱柱形面。

（18）宽度，如图 16-19 所示。拓扑：带有相对的法向向量的两个平行基准面。

图 16-18　曲面

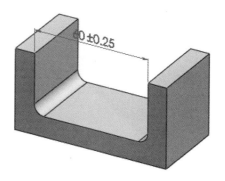

图 16-19　宽度

（19）球体，如图 16-20 所示。拓扑：内部或外部球面。

3. 离散 DimXpert 特征类型

离散 DimXpert 特征类型是基于 DimXpert 特征的。

（1）收藏，包含两个或多个制造特征的一组特征。则如，组成零件外围的特征被组合为一个收藏特征，如图 16-21 所示。在需要同时向一组特征和面应用曲面轮廓公差时，收藏特征最为有用。

图 16-20　球体

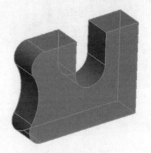

图 16-21　收藏

（2）复合圆柱，具有相同半径的一组同轴圆柱。例如，图 16-22 零件顶部的两个圆柱面。

（3）复合基准面，一组共平面的基准面。例如，图 16-23 零件右侧的 4 个面。支持的特征为基准面。

图 16-22　复合圆柱

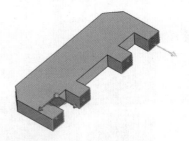

图 16-23　复合基准面

（4）复合孔，具有相同直径的一组同轴孔。例如，图 16-24 中被此零件中凹槽分割的两个内部圆柱面。支持的特征是简单直孔。

（5）阵列，具有相同类型（孔、槽口、凹口等）和大小参数的一组 DimXpert 特征，如图 16-25 所示。它们一般与共用尺寸和公差相关。例如，向孔阵列应用直径尺寸和几何位置公差。支持的特征有倒角、柱形沉头孔、锥形沉头孔、圆柱、圆角、凹口、简单直孔、槽口。

图 16-24　复合孔

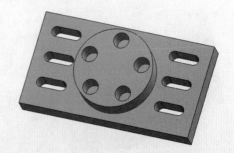

图 16-25　阵列

4. 使用特征选择器

特征选择器是浮动的、上下文相关的工具栏，可以使用它区分不同的 DimXpert 特征类型。

可用的特征选择器取决于所选的面和激活的命令，如
图 16-26 所示。特征选择器可用于所有特征的选择：尺
寸、基准点、形位公差、自动公差方案、阵列生成。

图 16-26 特征选择器

使用特征选择器为孔阵列生成单独的大小尺寸步骤
如下。

（1）打开一个零件，以使用零件的 DimXpert 标注尺寸。

（2）单击【DimXpert】工具栏中的 【大小尺寸】按钮，或者选择【工具】|【DimXpert】|【大
小尺寸】菜单命令。

（3）选择左侧孔的面。特征选择器默认为 2× 孔阵列，如图 16-27 所示。

（4）单击特征选择器上的 【孔】按钮。

（5）在图形区域中单击以放置尺寸，如图 16-28 所示。

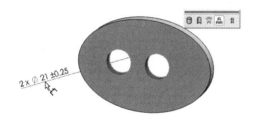

图 16-27 孔阵列大小尺寸

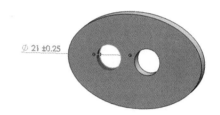

图 16-28 放置单个孔大小

（6）在【DimXpert】属性管理器中的【公差 / 精度】选项组中，设置 【最大变量】为"0.5mm"，
如图 16-29 所示。

（7）单击 【确定】按钮，结果如图 16-30 所示。

图 16-29 设置公差 / 精度

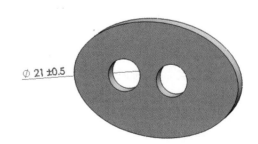

图 16-30 单个孔大小尺寸

（8）使用默认的公差值为右侧孔重复此程序，结果如图 16-31 所示。

5. DimXpert 尺寸和工程图

可以在工程图（包括剖面视图）中输入使用 DimXpert 生成的尺寸和公差。

（1）向工程图输入 DimXpert 尺寸。

① 打开一个包含由 DimXpert 生成的零件尺寸和公差的零件。

② 生成一个工程图文档。

③ 使用如下方法插入 DimXpert 尺寸。

a．选择一个工程图视图。

b．在【工程图视图】属性管理器的【输入选项】选项组中，选择【输入注解】和【DimXpert 注解】复选框，如图 16-32 所示。

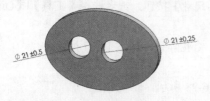

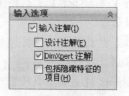

图 16-31　孔阵列单独大小尺寸　　　　　　图 16-32　输入选项

④ 单击 ✔【确定】按钮。

（2）向工程图中的剖面视图输入 DimXpert 尺寸

① 在工程图中，生成包含 DimXpert 尺寸的工程图视图。

② 单击【工程图】工具栏中的 ❖【剖面视图】按钮，或者选择【插入】|【工程图视图】|【剖面视图】菜单命令。

③ 在工程图视图上绘制直线草图，以生成剖面视图。

④ 在【剖面视图】属性管理器的【从此处输入注解】选项组中，进行以下设置。

a．在【注解视图】下，选择注解视图。

b．选择【输入注解】和【DimXpert 注解】复选框，如图 16-33 所示。

⑤ 单击以放置视图。

⑥ 单击 ✔【确定】按钮。

图 16-33　剖面视图输入注解

6．组合尺寸

要完全约束一个零件，通常需要向两个或更多特征应用相同的尺寸和形位公差。可以使用快捷键菜单将尺寸和形位公差组合为一个规格。

（1）组合位置尺寸

① 打开带有尺寸的模型进行组合。例如，可以将三个尺寸组合为一个。当组合位置尺寸时，它们必须具有相同的原点特征，如图 16-34 所示。

② 在按住 Ctrl 键的同时从左到右选择三个尺寸。

③ 右键单击并选择组合尺寸。在选择最后一个尺寸时，这些尺寸被组合为一个，并自动添加实例记数，如图 16-35 所示。

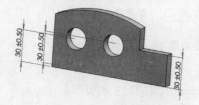

图 16-34　具有相同原点特征的位置尺寸　　　　图 16-35　组合后的尺寸

（2）组合大小尺寸和形位公差。

① 打开要组合的大小尺寸和形位公差所在的模型。例如，可以将两个尺寸组合为一个，如图 16-36 所示。

② 按住 <Ctrl> 键的同时从左到右选择两个大小尺寸。

③ 右键单击，在弹出的快捷菜单中，选择【组合尺寸】命令。这些尺寸在选择最后一个尺寸处被组合为一个尺寸，并自动添加实例记数，如图 16-37 所示。

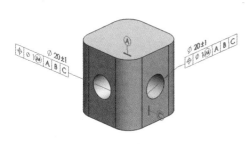
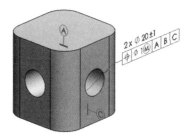

图 16–36　组合前的尺寸　　　　　　　　图 16–37　组合后的尺寸

16.2.2　DimXpert 工具

1. 【DimXpert】工具栏

【DimXpert】工具栏提供了用于在零件上放置尺寸和公差的工具，包括如下一些工具按钮。

- 自动尺寸方案。
- 位置尺寸。
- 大小尺寸。
- 基本位置尺寸。
- 阵列特征。
- 基准点。
- 形位公差。
- 显示公差状态。
- 复制方案。
- 删除所有公差。根据默认，该工具按钮不在 DimXpert 工具栏中显示。要使用此工具，单击【工具】|【DimXpert】|【删除所有公差】。也可将工具按钮添加到工具栏。
- TolAnalyst 算例。生成使可在装配体上执行"最糟情形"公差层叠分析的 TolAnalyst 算例。

2. 【自动尺寸方案】属性管理器

【自动尺寸方案】工具 可自动向零件的制造特征应用尺寸和公差。

单击【DimXpert】工具栏中的 【自动尺寸方案】按钮，或者选择【工具】|【DimXpert】|【自动尺寸方案】菜单命令，弹出【自动尺寸方案】属性管理器，如图 16-38 所示。

（1）【设定】选项组，如图 16-39 所示。

- 【零件类型】：根据零件的制造方式定义零件。
- 【公差类型】：控制如何相对于基准点或参考特征，对大小（孔类型、槽口、凹口、跨度和圆锥）、袋套和曲面特征进行定位。

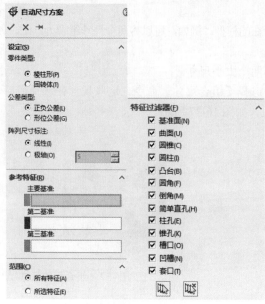

图 16-38 【自动尺寸方案】属性管理器　　　　图 16-39 【设定】选项组

- 【阵列尺寸标注】：应用线性或极轴加减尺寸方案。
  - 【线性】：使用线性加减尺寸根据情况找出相对于选定参考特征的 DimXpert 特征。
  - 【极轴】：应用于包含有定义螺栓圆的轴向特征的 DimXpert 阵列特征。设定【最低孔数】以识别为阵列。

（2）【参考特征】选项组：定义主要、第二和第三参考特征（用于加减方案）或基准点（用于几何方案），如图 16-40 所示。

选择要使用的一个至三个参考特征，以生成线性加减位置尺寸。DimXpert 按照 ASME Y116.5.1M-1994，根据定义用于建立基准点参考框的规则核准参考特征。例如，选择彼此平行的两个基准面会产生错误。

（3）【范围】选项组：控制 DimXpert 考虑哪些特征标注尺寸和公差，如图 16-41 所示。

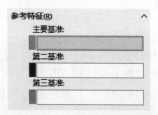

图 16-40 【参考特征】选项组　　　　图 16-41 【范围】选项组

- 【所有特征】：向整个零件应用尺寸和公差。DimXpert 考虑所有以前定义的特征，既包括未在【特征过滤器】下列出的那些特征，也包括在【特征过滤器】下列出的那些特征。此选项最适用于简单零件以及所有尺寸和公差均相对于单个基准点参考框或原点的零件。
- 【所选特征】：目标是标注所选特征的尺寸和公差。此选项对于具有多个基准点方案或需要从不同原点标注特征尺寸的更复杂的零件很有用。

（4）【特征过滤器】选项组

控制当在【范围】选项组中选择【所有特征】选项时，控制 DimXpert 将识别并考虑哪些特征以用于标注尺寸和公差，如图 16-42 所示。

该选项组还有以下两个按钮。

- 🔖 复选所有过滤器。
- 🔖 取消复选所有过滤器。

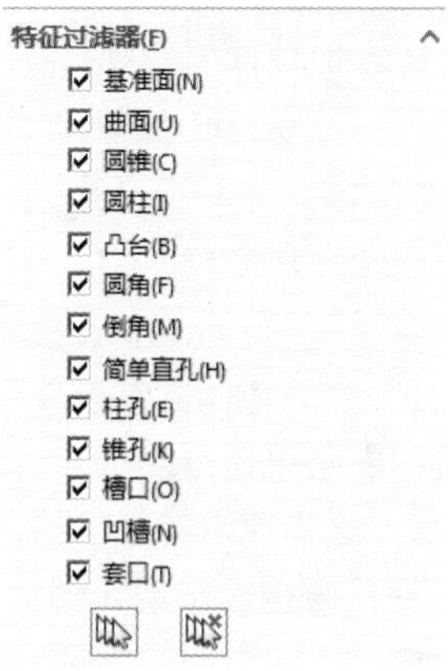

3. 自动尺寸方案的工作方式

在设置【自动尺寸方案】属性管理器的选项并单击 ✅【确定】按钮后，将发生以下过程。

（1）当为【范围】选择【所有特征】时，执行的第一步是特征识别，以推断制造特征。在识别特征时：

- 所有预先存在的特征都不变化，它们不会被放置到新定义的阵列中，它们的面也不会用于定义另一个特征。
- 假定模型特征的优先级高于通过拓扑识别的特征，就会建立特征。

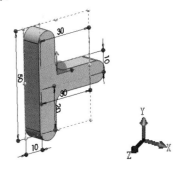

图 16-42 【特征过滤器】选项组

- 假定复杂特征的优先级高于简单特征，就会定义特征。例如，柱孔、槽口和袋套的识别优于基准面和简单直孔的识别。

（2）根据【设定】选项组中的【零件类型】和【公差类型】，为指定特征生成公差方案。

- 当【公差类型】选择【几何公差】时，通过应用使基准特征彼此相关所需的公差，将开始这一过程。这里的公差可以是方位、位置和曲面轮廓公差的组合。
- 大小公差被应用于所有大小特征，包括所有孔类型、槽口、凹口、圆角、倒角、预先存在的宽度以及阵列特征中包含的特征。
- 尺寸和公差用于根据所选的公差类型定位各个特征和阵列。

（3）根据零件类型、用于定义特征的几何要素的草图基准面和预先存在的注解视图，生成尺寸和公差的显示项目，并将其放置在适合的注解视图中。

- 显示项目是为各个尺寸和公差生成的。
- 定义公差组。例如，在适用时，大小、基准和形位公差被编组在一起。
- 显示项目被放置在适合的注解视图中。激活的和预先存在的注解视图具有第一优先级。如果这些注解视图不适合，就会生成新注解视图。下例是同一个零件沿不同方向拉伸所得出的草图，如图 16-43 ～图 16-45 所示。

图 16-43 沿 X 轴

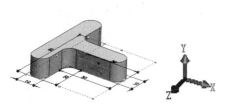

图 16-44 沿 Y 轴拉伸

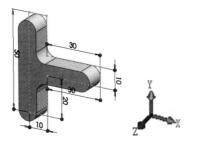

图 16-45 Z 轴

- 重复的尺寸被编组，实例记数被应用。
- 根据提供各注解的清晰视图的目标，布置尺寸和公差。

4. DimXpert 位置尺寸

【位置尺寸】工具 📷 用于在两个 DimXpert 特征（不包括曲面、圆角、倒角和袋套特征）之间应用线性和角度尺寸。

（1）使用 DimXpert 位置尺寸工具的操作步骤。

① 单击【DimXpert】工具栏中的 📷【位置尺寸】按钮，或选择【工具】|【DimXpert】|【位置尺寸】菜单命令。

② 选择原点特征的面。

特征选择器出现在图形区域，其中【孔】被选中，如图 16-46 所示。如有必要，可在特征选择器中选择不同类型的特征。

③ 单击具有公差特征的面。

特征选择器保持显示状态，其中公差特征的默认特征类型被选中，如图 16-47 所示。如有必要，可在特征选择器中选择不同类型的特征。

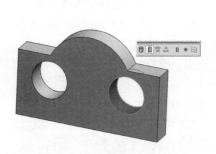

图 16-46　选中【孔】特征类型

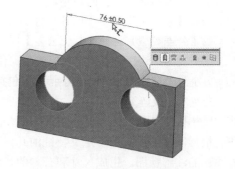

图 16-47　选择具有公差特征的面

④ 单击以放置尺寸，弹出【DimXpert】属性管理器。在【参考特征】选项组中，选中的孔特征被列为 ✎【公差特征】和 ✎【原点特征】，如图 16-48 所示。

⑤ 设定其余的选项并单击 ✔️【确定】按钮，结果如图 16-49 所示。

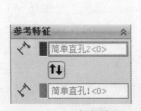

图 16-48　参考特征

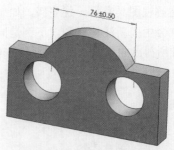

图 16-49　完成位置尺寸标注

（2）使用边线选择在两个基准面之间放置位置尺寸。

① 单击【DimXpert】工具栏中的 📷【位置尺寸】按钮，或者选择【工具】|【DimXpert】|【位置尺寸】菜单命令。

② 选择受到与边线垂直的两个平行面约束的线性边线，如图 16-50 所示。

③ 单击以放置尺寸，弹出【DimXpert】属性管理器。

④ 设定各选项，然后单击 ✅【确定】按钮，结果如图 16-51 所示。

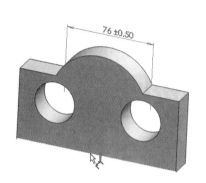

图 16-50 选择线性边线

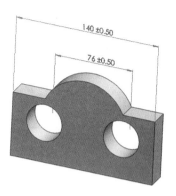

图 16-51 完成位置尺寸标注

5. DimXpert 大小尺寸

DimXpert 大小尺寸工具 用于在 DimXpert 特征上放置公差大小尺寸。按照以下步骤可标注简单直孔的尺寸。

（1）单击【DimXpert】工具栏中的 【大小尺寸】按钮，或者选择【工具】|【DimXpert】|【大小尺寸】菜单命令。

（2）选择要标注尺寸的特征面，如图 16-52 所示。

（3）单击以放置尺寸，弹出【DimXpert】属性管理器。

（4）设定 PropertyManager 选项，然后单击 ✅【确定】按钮，结果如图 16-53 所示。

图 16-52 选择标注特征面

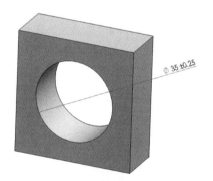

图 16-53 完成大小尺寸

6. DimXpert 基准

DimXpert 基准工具 用于定义基准特征。此工具支持下列特征类型：凸台、圆柱、凹口、基准面、简单直孔、槽口、宽度。

单击【DimXpert】工具栏中的 【基准】按钮，或者选择【工具】|【DimXpert】|【基准】菜单命令，弹出【基准特征】属性管理器，如图 16-54 所示。

大多数 DimXpert 基准特征与非 DimXpert 基准特征的属性设置相同，差异列出如下。

（1）【标号设定】选项组：在应用或编辑基准时，输入基准标签并指定引线类型。在【工具】|

【选项】|【文档属性】|【绘图标准】|【注解】|【基准点】下指定开始标签。

（2）【引线】选项组如图 16-55 所示。

图 16-54 【基准特征】属性管理器

图 16-55 【引线】选项组

-  【曲面】：将基准三角形附加到特征的曲面，如图 16-56 所示。
- 【指引的引线】：将基准三角形附加到指引的引线，如图 16-57 所示。

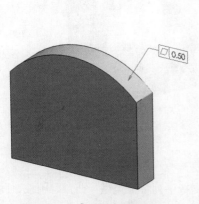

图 16-56 【曲面】基准特征

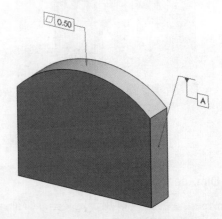

图 16-57 【指引的引线】基准特征

- 【尺寸】：将基准三角形附加到尺寸或特征控制框，如图 16-58 所示。
- 【形位公差】：将基准三角形附加到特征的控制框，如图 16-59 所示。

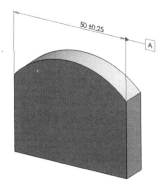

图 16-58 【尺寸】基准特征

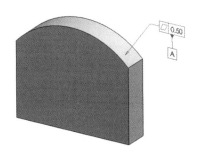

图 16-59 【形位公差】基准特征

7．形位公差

DimXpert 形位公差工具 用于向 DimXpert 特征应用形位公差。

单击【DimXpert】工具栏中的 【形位公差】
按钮，或者选择【工具】|【DimXpert】|【形位公差】
菜单命令，弹出【属性】对话框，如图 16-60 所示。

使用形位公差的【属性】对话框可以定义和编辑
DimXpert 形位公差。当从 DimXpert 使用【属性】对
话框时，软件将根据当前的工程图标准提供以下这些
过滤和检查功能。

图 16-60 【属性】对话框

- 【符号】

检查：软件执行检查程序以确保几何特性和特征
组合有效。如果组合无效，就会发生错误，例如，如
果在公差特征为【凸台】时应用【平性】。

- 【公差 1】

检查：软件执行检查程序以确保公差值被指定，且为正数。如果高度值缺失、不是数字或小于
零，就会发生错误。

- 【公差 2】

检查：软件执行检查程序以确保"MAX"前面的输入、公差值的格式有效。如果格式不能被
识别，就会发生错误。

- 【主要】、【第二】和【第三】基准点

过滤：软件根据所选的几何特性过滤基准点选项。例如，对【定位】启用选项，对【平性】禁
用选项。

检查：软件执行检查程序以确保输入的基准点标签是现有基准点的标签。如果并非如此，就会
发生错误。软件执行检查程序以确保基准点根据 ASME Y14.5.1M 指定的规则定义了有效的基准参
考框。对于不符合的基准点组会发生错误，例如，如果主要和第二基准点是两个平行的基准面。

- 【框】

检查：当指定基准点时，软件执行检查程序以确保在下层中指定的基准点以与上层相同的优先
顺序输入。如果基准点没有重复，就会发生错误，例如，如果上层中的主要基准点为"A"，但在
下层中输入"B"作为主要基准点。

8. 删除所有 DimXpert 公差

（1）打开一个带有 DimXpert 公差的零件。

（2）选择【工具】|【DimXpert】|【删除所有公差】菜单命令，弹出提示对话框，单击【是】按钮。

16.2.3　DimXpert 选项

1. DimXpert 公差选项

选择【工具】|【选项】菜单命令，打开【系统选项】对话框，单击【文档属性】选项卡，在【DimXpert】目录下的选项中，定义了 DimXpert 在不含公差的尺寸上是使用块公差、普通公差还是常规块公差。

（1）【方法】选项组，如图 16-61 所示。

- 【块公差】：使用英寸单位的常用形式公差。该公差基于各尺寸的指定精度，所以必须指定尾随零值。在【工具】|【选项】|【文档属性】|【尺寸】中，将【尾随零值】设置为【标准】，如图 16-62 所示。

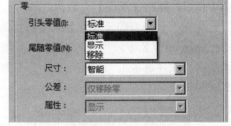

图 16-61　【方法】选项组　　　　　　　　　　　　图 16-62　尾随零值设置

- 【普通公差】：使用米制单位和 ISO 工程图标准的常用形式公差。普通公差基于无单独公差指示的 ISO 2768-1 线性和角度尺寸公差。

（2）【块公差】选项组如图 16-63 所示。

- 【长度单位尺寸】：设置 3 个块公差，各具有多位小数位数和公差值。

- 【角度单位尺寸】：设置用于所有角度尺寸的公差值，包括应用到圆锥和锥孔的角度尺寸以及在两个特征之间生成的角度尺寸。

（3）【普通公差】选项组：如图 16-64 所示。

图 16-63　【块公差】选项组　　　　　　　　　　　图 16-64　【普通公差】选项组

- 【公差级】：设置零件公差级。分为精细、中等、粗糙、很粗糙、Custom 1、Custom 2 共 6 个等级。

2. DimXpert 尺寸链选项

在【工具】|【选项】|【文档属性】|【DimXpert】|【尺寸链】选项组定义了应用于阵列和袋套特征的尺寸方案以及应用于尺寸链方案的公差类型和值。

（1）【尺寸标注方法】选项组：定义用于阵列和袋套特征的尺寸方案，如图 16-65 所示。

（2）【孔 / 槽口 / 凹口阵列公差】选项组：设置在生成尺寸链方案时使用的公差类型和值，如图 16-66 所示。

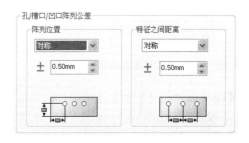

图 16-65　【尺寸标注方法】选项组　　　图 16-66　【孔 / 槽口 / 凹口阵列公差】选项组

3. DimXpert 倒角控制选项

在【工具】|【选项】|【文档属性】|【DimXpert】|【倒角控制】中的选项将影响 DimXpert 命令如何识别倒角特征，并定义了在使用 <img> 【自动尺寸方案】或 <img> 【大小尺寸】工具生成大小公差的情况下使用的公差值。

注：这些选项不会影响预先存在的特征、尺寸或公差。

（1）【宽度设定】选项组：控制何时可将面视为倒角特征的待选特征。如图 16-67 所示。

- 【倒角宽度比率】：设置倒角宽度比率，它通过将待选倒角的相邻面的宽度除以待选倒角的宽度计算得出。要能被识别为倒角，结果必须大于各次计算的比率。
- 【倒角最大宽度】：设置最大倒角宽度。例如，将【倒角最大宽度】设置为"10.00mm"，则宽度为 9mm 的面被识别为倒角，宽度为 20mm 的面被识别为基准面。

（2）【公差设定】选项组，如图 16-68 所示。

图 16-67　【宽度设定】选项组　　　图 16-68　【公差设定】选项组

公差设定主要是设定距离和角度。公差类型选项有 3 种，如图 16-69 所示。

- 【对称】：值被认为是加和减。
- 【双边】：从特征的名义大小增加或减去值。
- 【普通】：正负公差由用户自己定义。

4. DimXpert 显示选项

在【工具】|【选项】|【文档属性】|【DimXpert】|【显示选项】中的选项定义了一些默认的尺寸标注样式以及如何管理重复的尺寸和实例记数。

（1）【槽口尺寸】选项组：这些选项定义了槽口的长度和宽度尺寸是应用组合标注，还是被单独放置，如图 16-70 所示。左侧的选项为【组合】，右侧的选项为【分离】。

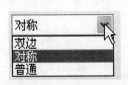

图 16-69　公差类型选项

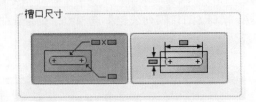

图 16-70　【槽口尺寸】选项组

（2）【Gtol 线性尺寸附加】选项组：这些选项定义形位公差特征控制框是根据大小限制进行组合，还是单独放置，如图 16-71 所示。左侧的选项为【组合】，右侧的选项为【分离】。

（3）【孔标注】选项组：这些选项定义孔标注是显示为独立的尺寸还是组合标注，如图 16-72 所示。左侧的选项为【组合】，右侧的选项为【分离】。

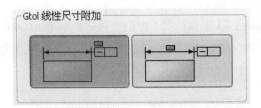

图 16-71　【Gtol 线性尺寸附加】选项组

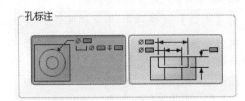

图 16-72　【孔标注】选项组

（4）【基准 gtol 附加】选项组：这些选项定义基准附加在哪里，是特征曲面、尺寸还是特征控制框，如图 16-73 所示。

- 【曲面】：左侧的选项为附加到特征控制框，右侧的选项为附加到曲面和尺寸。
- 【线性尺寸】：左侧的选项为附加到特征控制框，右侧的选项为附加到曲面和尺寸。

（5）【冗余尺寸】选项组：这些选项定义在使用 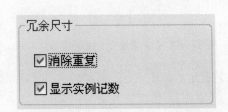 【自动尺寸方案】工具时，冗余尺寸和公差的显示方式，如图 16-74 所示。也可以手工组合和断开重复项。

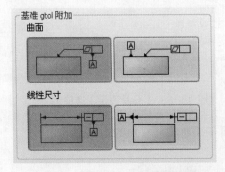

图 16-73　【基准 gtol 附加】选项组

图 16-74　【冗余尺寸】选项组

- 【消除重复】：指定尺寸是单独定义的还是组合为一个组的。选择此选项以自动组合这些实体：位置尺寸、加 / 减大小尺寸、有形位公差的大小尺寸、形位公差。
- 【显示实例记数】：定义实例记数是否与编组的尺寸一起显示。

5. DimXpert 形位公差选项

在【工具】|【选项】|【文档属性】|【DimXpert】|【几何公差】中的选项设置用于生成形位公差方案的公差值和准则。这里的形位公差方案是由 <img> 【自动尺寸方案】工具创建的。

（1）【给大小基准特征应用最大材质条件（MMC）】：定义在基准特征为大小特征时，是否在基准字段中放置最大材质条件（MMC）符号，如图 16-75 所示。

（2）【用为主要基准：形态 gtol】：设置应用于主要基准特征的形态公差的公差值，如图 16-75 所示。在主要基准特征为基准面时，DimXpert 将使用此选项，这种情况下将应用平性公差。

（3）【用为第二基准：方位或位置 gtol】：设置应用于第二基准特征的方位或位置公差的公差值，如图 16-75 所示。

（4）【用为第三基准：方位或位置 gtol】：设置应用于第三基准特征的方位或位置公差的公差值，如图 16-75 所示。

（5）【基本尺寸】选项组：启用或禁用基本尺寸的创建，并选择是否使用链、基准或极轴尺寸方案，如图16-76 所示。此选项适用于使用【自动尺寸方案】和【形位公差】命令所生成的位置公差。

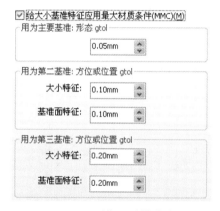

图 16-75　形位公差基准选项

图 16-76　【基本尺寸】

- 【链】：在平行的阵列特征之间生成链尺寸。在特征不平行时，使用基准尺寸。
- 【基准】：不论阵列彼此的方位如何，生成可应用于任何阵列的基准尺寸。
- 【极轴】：创建孔、圆锥、柱形沉头孔和锥形沉头孔阵列之间的极轴尺寸，在文本框中指定阵列的最低孔数。

（6）【位置】选项组：定义在生成位置公差时使用的公差值和准则，如图 16-77 所示。

- 【位于 MMC】：在适用时，在特征控制框的【公差 1】间隔中放置 MMC（最大材质条件）符号。
- 【复合】：生成复合的位置公差。清除【复合】复选框，则生成单段位置公差。

（7）【曲面轮廓】选项组：定义在生成曲面轮廓公差时使用的公差值和准则，如图 16-78 所示。

- 【复合】：生成复合的轮廓公差。清除【复合】复选框，则生成单段轮廓公差。

（8）【跳动】选项组：定义在生成跳动公差时使用的公差，如图 16-79 所示。

图 16-77 【位置】选项组

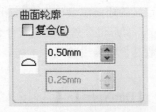

图 16-78 【曲面轮廓】选项组

图 16-79 【跳动】选项组

6. DimXpert 位置尺寸选项

在【工具】|【选项】|【文档属性】|【DimXpert】|【位置尺寸】中的选项定义了公差类型和值，以应用于在两个特征之间定义的新生成的线性和角度尺寸，如图 16-80 所示。这些选项被应用于使用 🖼 【位置尺寸】和 ⬦ 【自动尺寸方案】工具生成的尺寸。

【距离】和【角度】选项组这里就不再叙述，【倾斜基准面尺寸方案】是找出带有角度尺寸的基准面。⬦ 【自动尺寸方案】工具将与基准或参考基准面成一定角度的角度尺寸应用到基准面，其中左侧的选项为线性尺寸，右侧的选项为线性和角度尺寸。

7. DimXpert 大小尺寸选项

在【工具】|【选项】|【文档属性】|【DimXpert】|【大小尺寸】中的选项定义了公差类型和值，以应用于新生成的大小尺寸，包括使用 🖼 【大小尺寸】和 ⬦ 【自动尺寸方案】工具生成的尺寸，如图 16-81 所示。

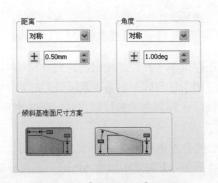

图 16-80 【位置尺寸】选项组

图 16-81 【大小尺寸】选项组

16.3 TolAnalyst（公差分析）

TolAnalyst 是一种公差分析工具，用于研究公差和装配体方法对一个装配体的两个特征间的尺寸向上层叠所产生的影响。每次研究的结果为一个最小与最大公差层叠、一个最小与最大和方根（RSS）公差层叠以及基值特征和公差的列表。

16.3.1　TolAnalyst 概述

TolAnalyst 执行一种名为算例的公差分析，可以通过一个四步程序生成算例。

（1）生成测量。测量指两个 DimXpert 特征之间的直线距离。

（2）生成装配体顺序。选择一组已列好顺序的零件以生成两个测量特征之间的公差链。所选零件构成 " 简化装配体 "。

（3）应用装配体约束。定义每个零件如何放置或约束到简化装配体内。

（4）分析结果。评估、审阅最小和最大的最糟情形公差层叠。

生成 TolAnalyst 算例的步骤如下。

（1）利用零件的 DimXpert 工具将公差及尺寸添加到装配体零件。

（2）打开装配体。

（3）单击【DimXpert】工具栏上的 【TolAnalyst 算例】按钮，或者选择【工具】|【DimXpert】|【TolAnalyst 算例】菜单命令。

（4）执行由四个步骤组成的流程。

16.3.2　生成测量

生成 TolAnalyst 算例的第一步是将测量指定为两个 DimXpert 特征之间的线性尺寸。可以在以下任何 DimXpert 特征之间定义测量。当选定的特征是基准面、直线或基准轴类型的组合时，它们必须彼此平行。

- 点类型：圆球、相交点。
- 轴类型：凸台、圆锥、圆柱、简单直孔、柱孔、锥孔、切口。
- 线类型：相交直线。
- 基准面类型：凹口、基准面、宽度。
- 曲面类型：曲面。

1. 定义测量的步骤

（1）选取两个特征的面，分别作为【测量】属性管理器中【从此处测量】和【测量到】的选项，以生成测量。

一个线性尺寸出现在图形区域中。

（2）单击以放置尺寸。

【信息】框会从黄色变为绿色，表示测量已定义，如图 16-82 所示。

（3）必要时请选择 PropertyManager 选项。

（4）单击 【下一步】按钮。

2.【测量】属性管理器

（1）【从此处测量】和【测量到】选项组。

- 【所选面】：选择两个特征的面以生成测量。
- 【指定准确点】：将测量指定至一个或两个特征的特定点。这样可以将最糟情形结果的计算限定在特定点，而不是特征轴的整个边界。

该指定点可以是顶点，也可以是参考点（使用【插入】|【参考几何体】|【点】命令定义）。指定点与特征的基准面或轴重合，但不一定要在特征的边界或轴端点内。选择【指定准确点】复选框，可控制作为【从此处测量】和【测量到】特征的测量的位置。指定点覆盖默认点选择项，此为选取产生最糟情形的特征上的点。

（2）【测量方向】选项组：在将测量应用于两个轴（包括切口轴）之间时，设定尺寸的方向，如图 16-83 所示。

图 16-82 【测量】属性管理器　　　　图 16-83 【测量方向】选项组

- 【X】、【Y】和【Z】：这些选项与坐标系相对，适用于每个与特征轴相垂直的轴。
- 【N】：法向，确定垂直于两个轴的最短距离尺寸。
- 【U】：用户定义，确定沿所选直线方向或垂直于所选平面区域的尺寸。

16.3.3　生成装配体顺序

生成 TolAnalyst 算例的第二步是定义简化装配体。简化装配体至少包括生成两个测量特征之间的公差链所需的零件。这一步还将生成零件放入简化装配体的次序或顺序，TolAnalyst 在计算最糟情形条件时会复制这一次序或顺序。装配顺序将会直接影响到结果。

1. 定义装配体顺序的步骤

（1）选择一个基体零件 。
（2）使用以下方法之一将零件添加到顺序中。
① 在图形区域中选取零件。
② 在【相邻内容】下选择零件，然后单击【添加】按钮。
（3）单击 【下一步】按钮，如图 16-84 所示。

2.【装配体顺序】属性管理器

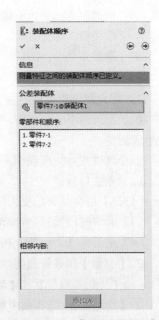

- 【基体零件】：定义简化装配体中的第一个 DimXpert 零件。基体零件是固定的，需设定要评估的测量的原点。
- 【零部件和顺序】：定义简化装配体中的其余零件。以反映实际或计划的装配流程的顺序选择零件。
- 【相邻内容】：此清单将用作向简化装配体添加零件的备选方式。清单包括与基体零件相邻的零件或先前存在于简化

图 16-84 【装配体顺序】
属性管理器

装配体中的零件。

相邻是指一个具有 DimXpert 数据的零件，其边界框与简化装配体中另一所选零件重叠。两个最常见的相邻内容范例是两个重合基准面或一个轴穿越一个具有间隙的孔。

16.3.4　应用装配体约束

创建 TolAnalyst 算例的第三步是定义如何将每个零件约束在简化装配体中。

装配体约束与配合类似。约束依据 DimXpert 特征之间的几何关系，而配合则依据几何实体之间的几何关系。此外，约束按顺序应用，应用顺序非常重要，将对结果产生重大影响。

1. 定义装配体约束的步骤

（1）在【公差装配体】下，选择要在装配体中约束的零件，如图 16-85 所示。

（2）通过单击凸台 1 标注约束中的 1 为主要约束，该约束会添加到约束列表中，如图 16-86 所示。

（3）单击 ➡ 【下一步】按钮，如图 16-87 所示。

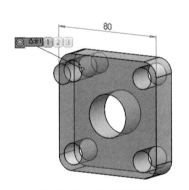
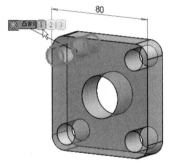

图 16-85　约束装配体　　　图 16-86　凸台 1 约束标注　　　图 16-87　【装配体约束】属性管理器

2.【装配体约束】属性管理器

（1）【约束过滤器】选项组：使用约束过滤器可隐藏或显示约束类型。

- ⊙ 🗡：重合。
- ⊙ ◎：同轴心。
- ⊙ ⊢⊣：距离。
- ⊙ 📐：相切。
- ● 【显示阵列】：显示阵列约束。清除后，将显示阵列中每个实例的约束。
- ● 【使用智能过滤器】：隐藏与所考虑特征距离较远的约束。

（2）【公差装配体】选项组：列出零件及其约束状态：

- ⊙ ❓：零件需要约束。
- ⊙ ✔：零件至少有一个约束。

【约束】：列出应用于各个零件的约束的细节。

16.3.5 分析结果

生成 TolAnalyst 算例的最后一步是设定和审阅结果。当【Result】属性管理器处于活动状态时，将用默认或保存的设置自动计算结果。

1. 使用分析结果的步骤

审阅【Result】下的结果，如图 16-88 所示。

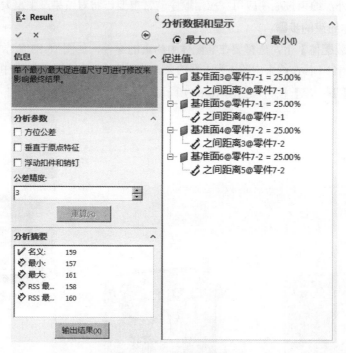

图 16-88　分析结果

2.【Result】属性管理器

（1）【分析参数】选项组：以下分析参数用于设定评估准则和结果的精度。

- 　【**方位公差**】：将几何方位公差（尖角性、平行性和垂直度）以及角度加减位置公差加入最糟情形条件的评估中。结果会在每次选择或清除选项时自动重算。
- 　【**垂直于原点特征**】：更新测量向量。这里的测量向量将垂直于基准面或【测量】属性管理器中【从此处测量】特征的轴的向量。结果会在每次选择或清除选项时自动重算。
- 　【**浮动扣件和销钉**】：使用孔和扣件之间的间隙来增大最糟情形的最小和最大结果。每个零件可以在等于孔与扣件之间径向距离的范围内移动。
- 　【**公差精度**】：设定【分析摘要】给出的结果的精度。可以在计算结果之前或之后设定精度。结果不会重算。
- 　【**重算**】：运行分析。在变更一个或多个基值公差的公差值（【最小/最大促进值】下）后，单击【重算】按钮。

（2）【分析摘要】：显示以下结果。这些结果是可以输出的。

① 测量的名义值。

② 最小和最大最糟情形条件。

③ 和方根（RSS）最小和最大最糟情形条件。

◉ 【输出结果】：单击该按钮，将结果保存为 Excel、XML 或 HTML 文件。

（3）【分析数据和显示】选项组：列出促进值并管理图形区域的显示。可以设定最小和最大最糟情形条件的数据和显示。

◉ 【最小 / 最大促进值】：促进值清单根据测量名义值和最糟情形结果之间的差值，说明各个基值特征及其对最糟情形最小或最大条件的促进百分比。

在每个特征下面，会显示得出促进值所依据的尺寸和公差列表。当在清单中选择一个项目时，图形区域将显示相应的尺寸和公差。双击清单中的一个项目可打开【尺寸公差】或【更改形位公差】对话框，可在这两个对话框中更改公差值，也可以对零件进行编辑，所输入的值将覆盖原数值。修改公差值后，单击【重算】按钮计算新结果。

（4）图形区域显示

图形区域显示的最小和最大最糟情形结果包括以下内容。

◉ 标注，表明结果发生的点对应的结果。红色表示最小，蓝色表示最大。

◉ 生成的实际特征的轮廓，以黄色显示。

◉ 从名义特征指向实际特征的箭头。在【分析数据和显示】下，选择【最大】或【最小】可切换显示。

◉ 将指针停留在箭头上，可显示表明相对位移（D）、向量（V）和点（P）坐标的工具提示，如图 16-89 所示。

图 16-89　工具提示

（5）警告

TolAnalyst 评估算例时，如果存在安装和评估方面的潜在问题，将发出警告信息。当两个测量特征之间不存在完全的公差链时，将出现不完全公差链的警告。

16.4　公差分析范例

下面通过一个简单的范例讲解公差分析的方法，装配体如图 16-90 所示。

主要步骤如下。

（1）使用零件的 DimXpert。

（2）使用装配体 TolAnalyst。

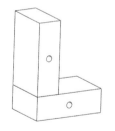

图 16-90　装配体模型

16.4.1　使用零件的 DimXpert

（1）启动中文版 SolidWorks，单击快速访问工具栏中的 📄【新建】按钮，弹出【新建 SolidWorks 文件】对话框，单击【零件】按钮，单击【确定】按钮。选择【文件】|【另存为】菜单命令，弹出【另存为】对话框，在【文件名】文本框中键入"08"，单击【保存】按钮。

（2）单击 FeatureManager 设计树中的【前视基准面】图标，使前视基准面成为草图绘制平面。单击【标准视图】工具栏中的 ⚓【正视于】按钮，并单击【草图】工具栏中的 ✏【草图绘制】按钮，进入草图绘制状态。使

扫码看视频

用【草图】工具栏中的 ✏️【中心线】工具和 ⬡【多边形】工具，绘制图 16-91 所示的草图。单击 ↩️【退出草图】按钮，退出草图绘制状态。

（3）单击【特征】工具栏中的 🔳【拉伸凸台 / 基体】按钮，弹出【凸台 - 拉伸】属性管理器，如图 16-92 所示。

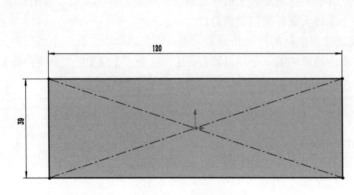

图 16-91　绘制草图 1　　　　　　　　　　图 16-92　【凸台 – 拉伸】属性管理器

（4）在【终止条件】中选择【给定深度】，在【深度】中键入"30mm"，单击 ✅【确定】按钮，生成实体，如图 16-93 所示。

（5）单击实体的前表面，使其成为草图绘制平面。单击【标准视图】工具栏中的 ⬆️【正视于】按钮，并单击【草图】工具栏中的 📝【草图绘制】按钮，进入草图绘制状态。使用【草图】工具栏中的 ⭕【圆】工具，绘制如图 16-94 所示的草图。单击 ↩️【退出草图】按钮，退出草图绘制状态。

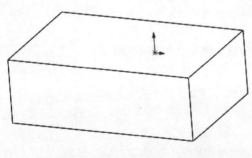

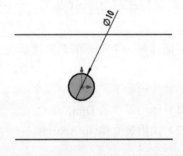

图 16-93　生成凸台 – 拉伸实体　　　　　　图 16-94　绘制草图 2

（6）单击【特征】工具栏中的 🔲【拉伸切除】按钮，弹出【切除 - 拉伸】属性管理器，如图 16-95 所示。

（7）在【终止条件】中选择【完全贯穿】，单击 ✅【确定】按钮，生成实体，如图 16-96 所示。

（8）选择【工具】|【DimXpert】|【自动尺寸方案】菜单命令，弹出【自动尺寸方案】属性管理器。

（9）在【设定】选项组中，【零件类型】选择【回转体】，【公差类型】选择【形位公差】，在【基准点选择】选项组中，【主要基准】选择前端面，【第二基准】选择简单直孔 1，其他采用默认选项，如图 16-97 所示。单击 ✅【确定】按钮，生成公差特征，如图 16-98 所示。

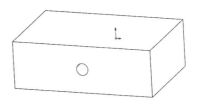

图 16-95　【切除－拉伸】属性管理器　　　图 16-96　生成切除－拉伸实体

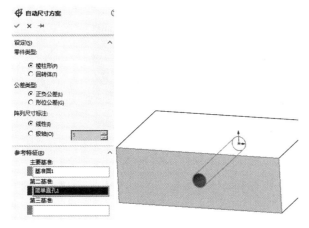

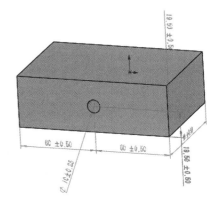

图 16-97　自动尺寸方案属性设置　　　　　图 16-98　生成公差特征

16.4.2　使用装配体 TolAnalyst

（1）单击快速访问工具栏中的 【打开】按钮，弹出【打开】对话框，在配套资源中选择【源文件 / 第 16 章 /16.4.SLDASM】，单击【打开】按钮。打开装配体如图 16-99 所示。

（2）单击【DimXpert】工具栏中的 【TolAnalyst 算例】按钮，或者选择【工具】|【DimXpert】|【TolAnalyst 算例】菜单命令，弹出【测量】属性管理器。

扫码看视频

（3）在【从此处测量】选项组中， 【所选面】选择【基准面 3@ 零件 7-1】，在【测量到】选项组中， 【所选面】选择【基准面 6@ 零件 7-2】，如图 16-100 所示。单击以放置尺寸，如图 16-101 所示。

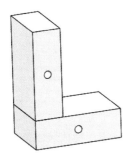

图 16-99　装配体　　　　　　　　图 16-100　测量属性设置

（4）单击 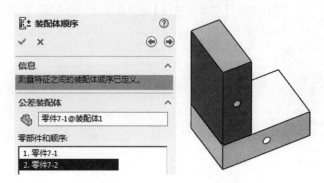【下一步】按钮，弹出【装配体顺序】属性管理器。在【公差装配体】选项组中，单击【基体零件】选择框，选择【零件 7-1@ 装配体 1】。在【零部件和顺序】中出现【零件 7-1】，再单击【零件 7-2】，将【零件 7-2】添加到【零部件和顺序】中，如图 16-102 所示。

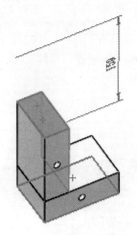

图 16-101　定义测量

图 16-102　装配体顺序设置

（5）单击【下一步】按钮，弹出【装配体约束】属性管理器。单击【基准面 4】标注约束中的【1】设定主要约束，该约束会添加到约束列表中，如图 16-103 所示。

（6）单击【下一步】按钮，弹出【Result】属性管理器，如图 16-104 所示。如果有修改的必要，可以在【分析参数】选项组中勾选需要修改的选项，也可以在【最小 / 最大促进值】下，双击所列出的尺寸和公差，以修改其公差值。

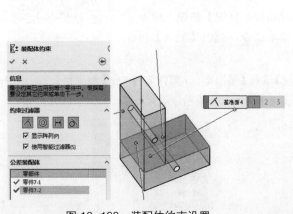

图 16-103　装配体约束设置

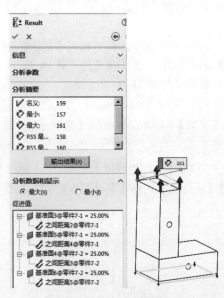

图 16-104　分析结果

（7）如果没有修改必要或者修改完毕，单击【确定】按钮，完成装配体的 TolAnalyst 设置。

第 17 章
SolidWorks 可持续设计（Sustainability）

客户的环保意识不断提高，他们希望产品能最大程度地降低环境影响。SolidWorks Sustainability 可帮助各公司做出更多注意环保设计选择，从而对这一市场需求做出反应。SolidWorks Sustainability 在产品整个生命周期过程中估算设计对环境的影响。用户可从不同设计比较结果以确保产品和环境的解决方案具有持久性。

重点与难点

- 工作流程
- 任务列表
- 主窗格
- 查找类似材料

17.1 SolidWorks Sustainability 概述

SolidWorks Sustainability 在产品整个生命周期过程中估算设计对环境的影响。

要开始使用 Sustainability，可以单击【工具】|【SolidWorks 应用程序】|【Sustainability】菜单命令，应用程序在任务窗格中打开，如图 17-1 所示。

1. 仪表板与报告

SolidWorks Sustainability 提供环境影响因素的实时反馈。结果显示在【环境影响】仪表板中，它随任何更改动态更新，如图 17-2 所示。用户可以通过生成自定义报告来分享这些反馈结果。

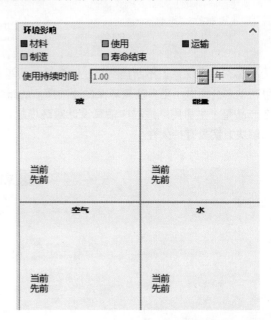

图 17-1 Sustainability 任务窗格

图 17-2 【环境影响】仪表板

2. 生命周期评估

将生命周期评估（LCA）集成到设计过程中后，就可以了解到有关材料、制造及地点（制造和使用零件的地方）的决定，会对设计产生怎样的环境影响。SolidWorks Sustainability 可根据所指定的多个不同参数，对设计生命周期中的所有步骤进行全面评估。

LCA 包括以下内容。

（1）采矿过程。

（2）材料处理。

（3）零件制造。

（4）装配体。

（5）最终用户使用产品。

（6）生命周期结束（EOL）- 填埋、回收及焚化。

（7）以上步骤中的所有运输工作。

生命周期评估示意图如图 17-3 所示。

图 17-3　生命周期评估

3. 环境影响因素

SolidWorks Sustainability 可根据材料、制造及地点输入值来评估生命周期中的所有步骤。它会将提取出来的评估结果放入环境影响因素中进行评估和汇总。主要环境影响因素如下：

（1）碳辐射：会释放到大气中、使全球温度升高的二氧化碳和同类物质（如一氧化碳和甲烷）。

（2）能耗：在产品的整个生命周期中所消耗的各种形式的能源。

（3）空气酸化：主要由燃烧矿石燃料而产生的空气污染，这类污染最终会导致酸雨出现。

（4）水体富营养化：经河流流入海岸水体的化肥所产生的污染，这种污染会导致藻华出现，致使部分沿岸海域的所有海生生物死亡。

17.2　Sustainability 产品比较

SolidWorks SustainabilityXpress 可以处理零件文档（仅限实体），包括在核心软件中。而 SolidWorks Sustainability 可以处理零件（仅限实体）和装配体，它是一款单独出售的产品。两种产品功能比较如表 17-1 所示。

表 17-1　　　　　　　　　　　　　　　Sustainability 产品比较

功　　能	SolidWorks SustainabilityXpress	SolidWorks Sustainability
集成到 SolidWorks 软件界面	√	√
分析零件	√	√

续表

功　能	SolidWorks SustainabilityXpress	SolidWorks Sustainability
选择材料	√	√
查找类似材料	√	√
在环境影响仪表板中显示实时反馈	√	√
设置并输入基准	√	√
生成并发送可自定义的报告	√	√
每个环境影响方面都显示一个详细比较窗格	√	√
分析装配体		√
支持装配体直观工具		√
支持配置		√
"使用阶段"能量消耗输入		√
指定运输类型		√

17.3 使用 Sustainability

在装配体外观中，可按 Sustainability 属性分排零部件，这些属性与诸如能量消耗和空气酸化之类的项目有关。可根据一特定属性的值将颜色应用到零部件，以帮助直观各种零部件的相对环境影响。

17.3.1 使用 Sustainability 的工作流程

要使用 Sustainability，先在 SolidWorks 中打开零件或装配体。单击【工具】工具栏中的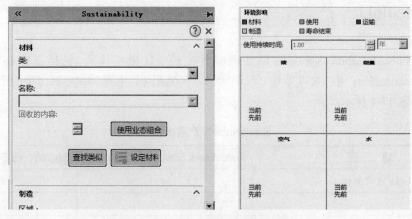
【Sustainability】按钮，启动 Sustainability，然后完善设计，如给零件或零部件添加材料。对于装配体，可根据默认值进行普通分析，或通过调整每个零部件的值进行更精确的分析。

一般步骤如下。

（1）打开零件或装配体并开启 Sustainability，应用程序在任务窗格打开，如图 17-4 所示。

图 17-4　Sustainability 任务窗格

（2）对于装配体，为【任务列表】上的每个零部件添加材料和其他信息，或者从计算中排除零部件。装配体的【任务列表】如图 17-5 所示。

（3）在主窗格上为【制造】区域和【运输与使用】区域指定数值。【制造】区域如图 17-6 所示，【运输与使用】区域如图 17-7 所示。

图 17-5　装配体的【任务列表】　　　图 17-6　【制造】区域　　　图 17-7　运输与使用区域

（4）审核零件或装配体的环境影响，【环境影响】仪表板如图 17-8 所示。

（5）对于装配体中的每个零部件，通过选择项目并操纵所选项目窗格来调整数值。选中零件，设置相应的材料、制造、运输与使用等相关选项，如图 17-9 所示。

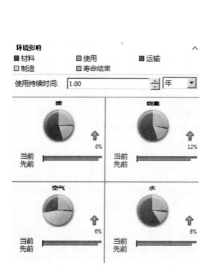

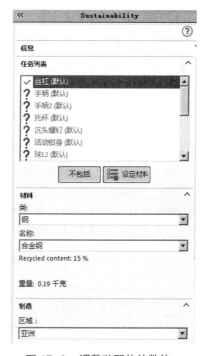

图 17-8　【环境影响】仪表板　　　　　图 17-9　调整装配体的数值

（6）设定完所有零件的数据，单击【观阅结果】按钮，返回到主窗格，并审阅装配体的环境影响。

（7）单击 【生成报表】按钮，生成一个描述结果的报表。

17.3.2 Sustainability 任务窗格——任务列表

在 Sustainability 任务窗格中可以设定参数并获取有关设计的环境影响的实时反馈。

1.【信息】区域

【信息】区域提供有关以下步骤的说明。

（1）当项目在【任务列表】上保留时，框为黄色，表示更多零部件需要指派材料或需要从计算中排除，如图 17-10 所示。

（2）当所有问题得到解决后，框为绿色。单击【观阅结果】按钮来计算环境影响，如图 17-11 所示。

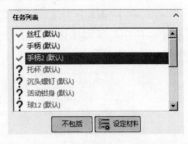

图 17-10　未指派材料时的【信息】区域

2. 任务列表

【任务列表】主要列举条目，列举未指派有材料或指派了不受 Sustainability 支持材料的装配体零部件。对于列表上的每个项目，可以将其选取，然后指派材料或将其从计算中排除，如图 17-12 所示。

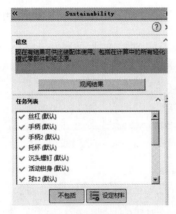

图 17-11　所有问题解决后的【信息】区域

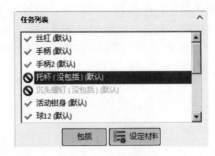

图 17-12　任务列表

【任务列表】区域的几个按钮的功能如下。

- 　包括　将排除在外的项目包括在环境影响计算中。
- 　不包括　从分析中排除一项。设定条目的状态为 🚫。
- 　设定材料　在 SolidWorks 以及在 Sustainability 中设定零部件的材料。

【任务列表】中项目的状态指示符的意义如表 17-2 所示。

表 17-2　　　　　　　　　　　　　　　　　状态指示符的意义

指示符	意　　义
?	零部件没有指派的材料
✓	材料只在 Sustainability 中指派，但在 SolidWorks 的其他区域中不处于活动状态。单击【设定材料】按钮，在 SolidWorks 中指派材料
🔲	材料在 Sustainability 中指派，并可在 SolidWorks 中使用
🔲	零部件指派有在 Sustainability 中不受支持的材料
🚫	该零部件不包括在计算中

3．材料

要选择材料，在【任务列表】中选取一项目，所显示的材料包括 Sustainability 数据。可将自定义材料添加到该列表，方法为将其链接到在默认 SolidWorks 材料数据库中具有类似特性的材料。【材料】区域如图 17-13 所示。

图 17-13 【材料】区域

- 【类别】：设置材料的主类别，例如钢或者塑料。
- 【名称】：设置特定材料。
- 【重量】：使用选定材料来显示零部件的重量。

17.3.3 Sustainability 任务窗格——主窗格

通常打开 Sustainability 主任务窗格。当分析其零部件具有未指派或不受支持的材料的装配体时，包含有【任务列表】的 Sustainability 任务窗格打开。如果所有装配体的零部件指派有受支持的材料或从计算中排除，则主任务窗格为零件或装配体显示。

1．【制造】区域

【制造】设置中有进程和区域两部分，如图 17-14 所示。

进程就是设置一个制造过程，可用性取决于选定材料类。例如，材料选择为钢，则【进程】下拉列表如图 17-15 所示。

图 17-14 【制造】区域

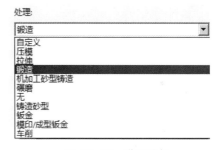

图 17-15 进程选择

区域就是设置制造地区，例如亚洲。单击地图可以设置地区，可用的区域为北美洲、欧洲、亚洲、日本、南美洲、澳大利亚以及印度，数据并非对所有区域均可用。如果区域包含数据，则当停留时会高亮显示。

2．【运输与使用】区域

【运输与使用】区域的设置涉及主要运输模式的选择，使用区域的选择，以及能源的使用类型和数量，如图 17-16 所示。

主要运输模式设置在制造和使用区域之间运输零件或装配体的方式，包括以下 4 种。

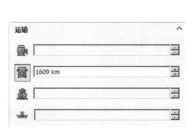

图 17-16 运输与使用

- ：火车。
- ：卡车。
- ：船只。
- ：飞机。

使用区域是设置运输和使用产品的地区，例如欧洲。

产品寿命能源使用包括产品所使用的能源类型和在产品使用期间所消耗的能源量，如图 17-17 所示。

3. 环境影响

【环境影响】仪表板提供有关设计的环境影响的实时反馈，如图 17-18 所示。SolidWorks Sustainability 产品使用 CML 环境影响评定方法来计算环境指标（全球变暖、水体富营养化和酸化），这种方法常用于全球 LCA（生命周期估算）研究。

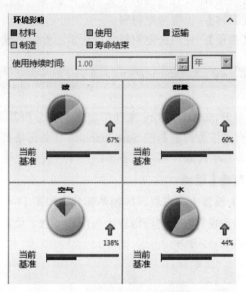

图 17-17　能源使用　　　　　　图 17-18　【环境影响】仪表板

影响参数主要有 4 种，分别是材料、制造、运输与使用以及寿命结束，它们分别用不同的颜色显示，如图 17-19 所示。

环境影响方面则利用饼状图显示每个参数对 4 个环境影响方面的影响百分比，如图 17-20 所示。

图 17-19　环境影响参数　　　　　　图 17-20　环境影响饼状图

每个饼状图下面的条形图都对当前材料和先前活基准材料进行比较。绿色条形图表示当前材料的环境影响比先前材料低，如图 17-21 所示。红色条形图表示当前材料的环境影响比先前材料高，如图 17-22 所示。

图 17-21　绿色条形图　　　　　　图 17-22　红色条形图

环境影响方面主要是以下 4 种：

- **碳足迹**：二氧化碳和其他同类物质（例如，一氧化碳和甲烷）的衡量标准，这些物质主要通过燃烧矿物燃料排放到大气中。

- 　**能量消耗**：在产品的整个生命周期中所消耗的各种形式的不可再生能源。
- 　**空气酸化**：最终将导致酸雨的酸性排放（例如，二氧化硫和氮氧化物）。
- 　**水体富营养化**：由废水和化肥引起的水生态系统污染，这种污染会导致藻华出现并最终导致植物和动物死亡。

在【环境影响】仪表板的下面还有一条工具栏，可以生成报告、发送报告、设定基准、输入基准和提供在线信息。

- 　← → 【上一步/下一步】：在四个环境影响方面的详细信息窗格中导航。
- 　【生成报告】：生成一个 Word 文档，对当前和基准环境影响的结果进行汇总。可以通过修改报告模板，对报告进行自定义，例如页眉。
- 　【发送报告】：生成一个报告，在默认电子邮件应用程序中打开一条新的消息，并附加 Word 文档。
- 　【设定基准】：将任务窗格中的当前选择内容设为基准，以便与另外的选择内容进行比较。基准条形图是饼图下方的最下面一个条形图。
- 　【输入基准】：可输入现有的基准来用于当前模型。
- 　【在线信息】：打开一个网站，提供有关 Sustainability 的更多信息。

17.3.4 Sustainability 任务窗格——所选项目

可使用 Sustainability 任务窗格中的【所选项目】给装配体的零部件指派材料和其他值。例如，可使用该窗格为一组零部件更改制造过程或区域。

保持装配体打开，然后通过开启 Sustainability 主任务窗格来显示该任务窗格。在图形区域或在 FeatureManager 设计树中选取装配体的一个或多个零部件，【所选项目】任务窗格即打开，如图 17-23 所示。要在该窗格中保存工作项并返回到主窗格，单击图形区域的空白区域即可。

该窗口中的选项如下。

- 　**【不包括在计算中】**：不考虑这些零部件而进行计算。
- 　**【包括在计算中】**：在计算装配体的环境影响时会考虑这些零部件。

用右键单击一零部件，然后选择以下选项之一，如图 17-24 所示。

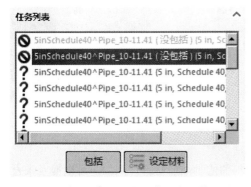

图 17-23　【所选项目】任务空格

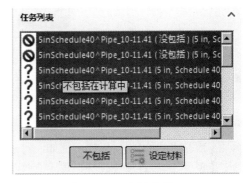

图 17-24　右键选项

- 　**【清除选择】**：从列表、图形区域和 FeatureManager 设计树中消除选择。返回到 Sustainability 主任务窗格。
- 　**【删除】**：从所选项目列表中移除项目。

- 【包括在计算内】：将已排除的项目更改为包括在内。
材料设置如图 17-25 所示。
- 【类】：设置材料的主类别，例如钢或塑料。
- 【名称】：设置特定材料。
- 【重量】：使用选定材料来显示模型的重量。
- 【查找类似】：可搜索具有类似机械和物理属性的备用材料。
- 【设定材料】：将当前选定材料指派给模型的激活配置。此材料便会应用到 SolidWorks 软件的所有其他方面，比如质量属性分析、渲染等。

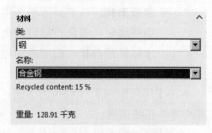

图 17-25　材料设置

17.4　查找类似材料

17.4.1　使用【查找类似材料】对话框

使用【查找类似材料】对话框可以按属性条件和值来搜索类似材料。Sustainability 提供有关原有材料与选定材料的环境影响的实时反馈。使用步骤如下。

（1）在 Sustainability 任务窗格中，设置材料、制造和运输与使用的值。

（2）在【材料】下单击【查找类似】按钮，弹出【查找类似材料】对话框，原有材料显示在最上面一行，如图 17-26 所示。

（3）在中心部分，输入类似材料的搜索准则，例如，对于密度，在【条件】中选择【<】（小于）可以查找所有密度小于原有材料的类似材料，如图 17-27 所示。

图 17-26　【查找类似材料】对话框

图 17-27　类似材料搜索准则

- 【属性】：列出材料属性，例如，比热、弹性模量等。
- 【条件】：设置属性条件，用于查找与原有材料的值类似的材料。例如，可以搜索张力强度值大于原有材料的材料。设置条件包括【任何】、【>】（大于）、【<】（小于）和【~】（约等于）。
- 【查找类似】按钮：为条件和值设置搜索准则，然后单击该按钮，系统便会显示类似材料的列表。

（4）单击搜索准则旁边的【查找类似】按钮，软件会根据设置将类似材料与其属性一同列出。列出顺序取决于选择的准则，条目按其最接近目标值而进行排序。材料列表如图 17-28 所示。

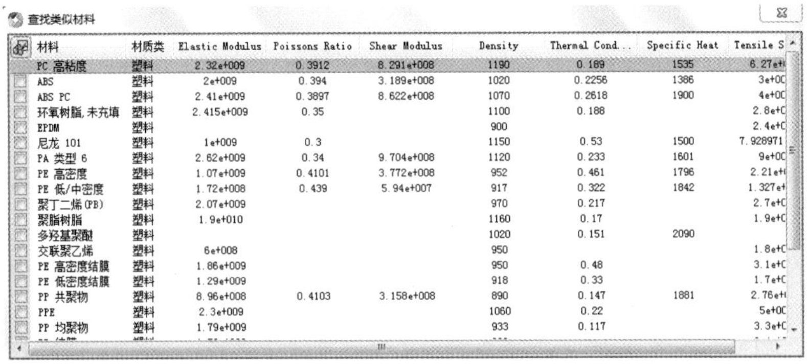

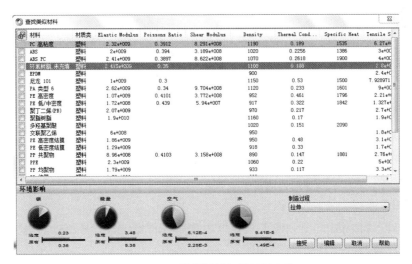

图 17-28　类似材料列表

（5）单击类似材料行中的任意位置，查看这些材料的环境影响与原有材料的比较情况。饼图显示在类似材料列表中选定材料的环境影响。条形图将选定的材料（选定）与启动查找类似所使用的材料（原有）进行比较，如图 17-29 所示。

图 17-29　类似材料与原材料比较

对类似材料的列表进行过滤，以便仅显示选择的材料。列表中包含材料属性及属性值，如热膨胀系数、比热、密度等。原有材料显示在类似材料列表上方的第一行。要过滤列表，选取要列举的材料旁边的复选框，然后单击【只显示所选】按钮。

（6）当决定要使用的材料后，单击【接受】按钮，如图 17-30 所示。选定的材料会填充 Sustainability 任务窗格的材料部分，并且对话框会关闭。

- 【制造过程】：设置选定材料的制造过程。
- 【接受】：用选定材料的类别和名称来填充 Sustainability 任务窗格的材料部分，并关闭【查找类似材料】对话框。
- 【编辑】：清除类似材料的列表并显示默认的搜索准则框，以便使用另外的设置来执行新的搜索，以查找类似材料。
- 【取消】：关闭【查找类似材料】对话框。

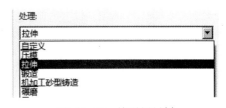

图 17-30　接受新材料

17.4.2 将持续性数据添加到自定义材料中

可通过将自定义材料与 SolidWorks 材料数据库中具有类似特性的材料联系起来，以进行自定义材料的持续性分析。该分析使用 SolidWorks 材料的 Sustainability 特性执行。

（1）在 FeatureManager 设计树中，右键单击 🔳【材质】，在快捷菜单中选择【编辑材料】命令，如图 17-31 所示。

（2）弹出【材料】对话框中，在左窗格内选取【自定义材料】，如图 17-32 所示。

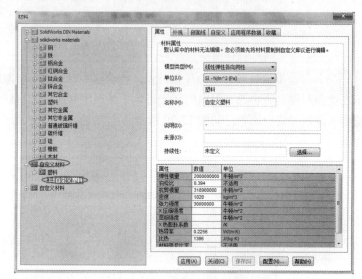

图 17-31　编辑材料　　　　　　　　　　图 17-32　【材料】对话框

（3）在【属性】选项卡的【材料属性】选项组中，单击【持续性】选项后的【选择】按钮，如图 17-33 所示。

（4）在【匹配 Sustainability 信息】对话框中选取与自定义材料最相近的材料，只有链接到 Sustainability 数据库的材料才被列举，如图 17-34 所示。

图 17-33　材料属性选择　　　　　图 17-34　【匹配 Sustainability 信息】对话框

（5）单击【确定】按钮，链接的自定义材料出现在 Sustainability 中，如图 17-35 所示。

图 17-35　自定义材料出现在 Sustainability 中

（6）单击【材料】对话框中的【应用】按钮，然后单击【关闭】按钮。

17.5　直观 Sustainability 属性

可使用装配体直观的功能找出装配体对环境影响最大的零部件。SolidWorks Sustainability 在产品整个生命周期过程中估算设计对环境的影响。在装配体直观中，可按 Sustainability 属性分排零部件，这些属性与诸如能量消耗和空气酸化之类的项目有关。可根据一特定属性的值将颜色应用到零部件，以帮助直观各种零部件的相对环境影响。

分排并直观 Sustainability 属性的步骤如下。

（1）打开装配体，单击【工具】工具栏中的 ⊙ 【Sustainability】按钮。

（2）在 Sustainability 任务窗格中应用材料和其他属性，然后单击观阅结果。

（3）选择【工具】|【评估】|【装配体直观】菜单命令，弹出【装配体直观选项】属性管理器，如图 17-36 所示。

（4）单击列标题右边的箭头 ▶，然后选择【更多】选项，如图 17-37 所示。

图 17-36　【装配体直观】属性管理器

图 17-37　选择【更多】选项

（5）在弹出的【自定义列】对话框中在【属性】下拉列表中选取一种 Sustainability 属性（例如，Sustainability- 总炭），单击【确定】按钮。如图 17-38 所示。

（6）根据属性的值将颜色应用到零部件。

○　单击竖直色谱，可以切换色谱为开或关，如图 17-39 所示。

图 17-38 自定义列对话框

图 17-39 打开色谱

● 右键单击滑块，在快捷菜单中选择【更改颜色】命令，在弹出的【颜色】对话框中选取一种
颜色，单击【确定】按钮，如图 17-40 所示。例如，可将下端滑块更改到绿色以表示列表下端
的零部件更具环保性，如图 17-41 所示。

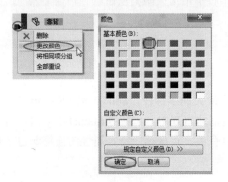

图 17-40 更改颜色

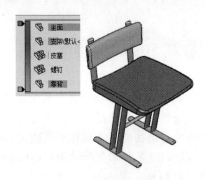

图 17-41 更改颜色后效果

17.6 零件设计对环境影响的范例

本范例介绍零件设计对环境的影响，该零件如图 17-42 所示。

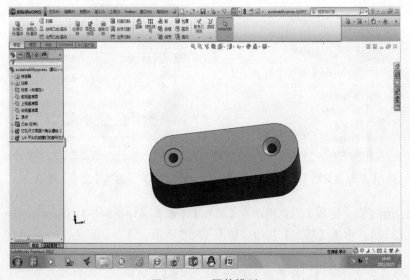

图 17-42 零件模型

本范例的主要步骤如下。

（1）设置环境选项。

（2）生成报告。

扫码看视频

17.6.1　设置环境选项

（1）打开零件模型，选择【工具】|【SolidWorks 应用程序】|【持续性】
菜单命令，如图 17-43 所示。

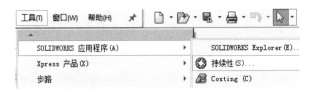

图 17-43　启动 Sustainability

（2）弹出【SOLIDWORKS Sustainability】对话框，单击【继续】按钮。

（3）在界面右端弹出 Sustainability 任务窗格，如图 17-44 所示。

（4）在【材料】区域中，【类】选择"钢"，【名称】选择"铸造不锈钢"，在【环境影响】仪
表板中会发生相应的变化，如图 17-45 所示。

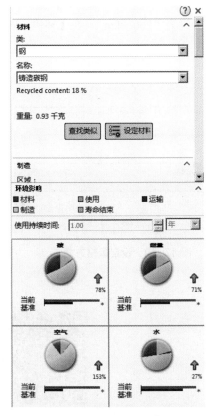

图 17-44　【Sustainability】对话框

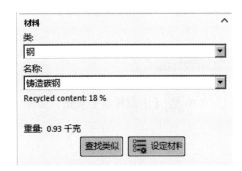

图 17-45　设定材料

（5）在【制造】区域中，【区域】选择"亚洲"，在【环境影响】仪表板中会发生相应的变化，如图 17-46 所示。

（6）将【经久耐用】改为"4 年"，【处理】改为"压模"，在【环境影响】仪表板中会发生相应的变化，如图 17-47 所示。

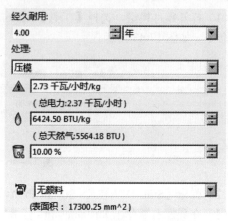

图 17-46　设定制造区域　　　　　　　　图 17-47　设定时间和处理选项

（7）在【使用】中，【区域】改为"欧洲"，在【环境影响】仪表板中会发生相应的变化，如图 17-48 所示。

（8）在【运输】区域中，【方式】改为"轮船"，【距离】设为"26000km"，在【环境影响】仪表板中会发生相应的变化，如图 17-49 所示。

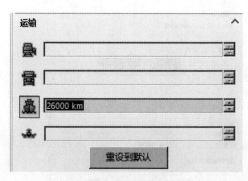

图 17-48　设定使用区域　　　　　　　　图 17-49　设定运输方式

17.6.2　生成报表

（1）单击 【生成报表】按钮，如图 17-50 所示。

扫码看视频

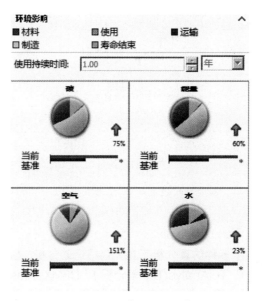

图 17-50　单击【生成报表】按钮

（2）生成的报表会自动保存到与零件相同的目录下。

第 18 章
仿真分析

SolidWorks 为用户提供了多种仿真分析工具，包括运动分析、SimulationXpress（静力学分析）、FloXpress（流体分析）、TolAnalyst（公差分析）、DFMXpress（数控加工分析）、Plastics（注塑模分析）和热力学分析，使用户可以在计算机中测试设计的合理性，无须进行昂贵而费时的现场测试，因此有助于减少成本、缩短时间。本章主要介绍运动分析的方法、有限元分析的方法、流体分析的方法、数控加工分析的方法、注塑模分析的方法和热力学分析的方法。

重点与难点

- 运动分析
- 有限元分析
- 流体分析
- 数控加工分析
- 注塑模分析
- 热力学分析

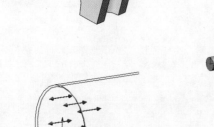

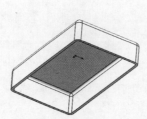

18.1　运动分析范例

本例将生成一个机构简图的运动分析范例，机构尺寸如图 18-1 所示。

基本尺寸如下。

$AB=20$，$BC=22$，$BD=25$，$CE=7$，$GH=11$，$HI=5$，$IJ=21$，$a=3.5$，$b=13$，$c=26$，$d=22$，$e=17.5$，$f=14$，$R_1=6$，$R_2=2.5$。

本范例的主要步骤如下。

（1）建立草图。

（2）运动分析。

18.1.1　建立草图

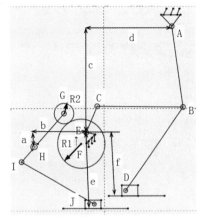

图 18-1　机构简图模型

（1）选择【文件】|【新建】菜单命令，弹出【新建 SolidWorks 文件】对话框，如图 18-2 所示，选择装配体模板，单击 确定 按钮，新建一个装配体文件。

（2）弹出【开始装配体】属性管理器，如图 18-3 所示。

（3）单击 生成布局(L) 按钮，进入【布局】页面，如图 18-4 所示。

（4）选择【布局】选项卡中的 ✏【直线】、◷【圆】和 ⟋【智能尺寸】工具，绘制如图 18-5 所示的草图。在草图中有一根直线作为支撑线，由箭头指示。

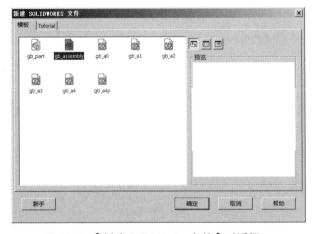

图 18-2　【新建 SolidWorks 文件】对话框

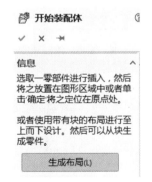

图 18-3　【开始装配体】属性管理器

（5）按住 Ctrl 键，单击要制作块的两条直线，如图 18-6 所示。

（6）单击右键，弹出快捷工具栏，如图 18-7 所示。

（7）在快捷工具栏中单击 ⊞【制作块】按钮，弹出【制作块】属性管理器，如图 18-8 所示。

（8）在【制作块】属性管理器中单击 ✅【确定】按钮，将选中的两条直线制作成一个块，制作完成后的块会变成灰色，如图 18-9 所示。

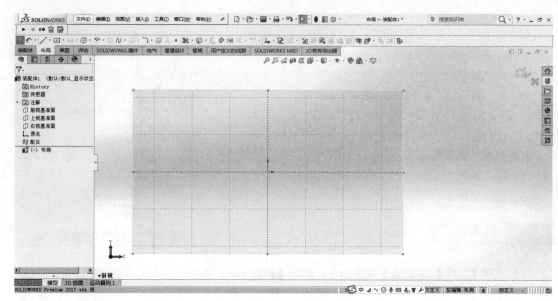

图 18-4 【布局】页面

图 18-5 绘制草图　　　　图 18-6 选择要制作块的两条直线　　　图 18-7 快捷工具栏

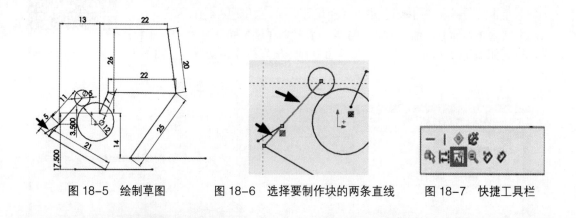

图 18-8 【制作块】属性管理器　　　　　图 18-9 将两条直线制作成块

（9）按住 Ctrl 键，单击要制作块的直线和圆弧，如图 18-10 所示。

（10）单击右键，弹出快捷工具栏。在快捷工具栏中单击 🔲【制作块】按钮，弹出【制作块】

属性管理器，如图 18-11 所示。

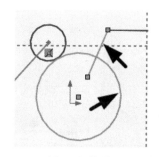

图 18-10　选择要制作块的直线和圆弧　　　图 18-11　【制作块】属性管理器

（11）在【制作块】属性管理器中单击 ✅【确定】按钮，将该选中的直线和圆弧制作成块，制作完成后的块会变成灰色，如图 18-12 所示。

（12）以同样的方法将剩下的直线和圆分别制作成块，结果如图 18-13 所示。

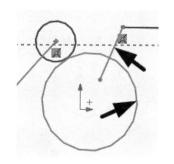

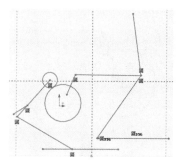

图 18-12　将直线和圆弧制作成块　　　　　图 18-13　制作块完成

（13）在需要固定的点上添加固定约束。单击要添加约束的点，如图 18-14 所示。

（14）弹出【块】属性管理器，如图 18-15 所示。

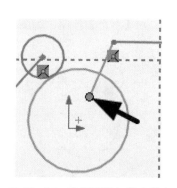

图 18-14　选择要添加约束的点　　　　　图 18-15　【块】属性管理器

（15）单击【添加几何关系】选项组中的 🖉【固定】按钮，添加固定约束。单击 ✅【确定】按钮，添加完成后的结果如图 18-16 所示。

（16）用同样的方法对其他点添加固定约束，添加完成后的结果如图 18-17 所示。

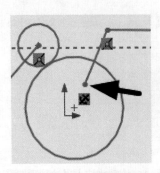

图 18-16　对点添加固定约束

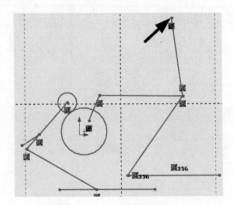

图 18-17　点约束添加完成

（17）在需要固定的直线上添加固定约束。单击要添加约束的直线，如图 18-18 所示。

（18）弹出【块】属性管理器，单击【添加几何关系】选项组中的 [图标]【固定】按钮，添加固定约束。单击 [图标]【确定】按钮，添加完成后的结果如图 18-19 所示。

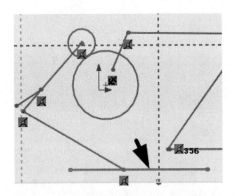

图 18-18　选择要添加约束的直线

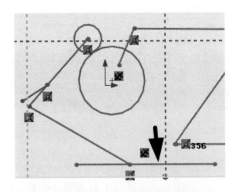

图 18-19　对直线添加固定约束

（19）用同样的方法对另外两条直线添加固定约束，添加完成后的结果如图 18-20 所示。

（20）添加点与直线的重合关系。按住 Ctrl 键，选择滑块运动点和直线，如图 18-21 所示，弹出【属性】属性管理器，在【添加几何关系】选项组中单击 [图标]【重合】按钮，如图 18-22 所示。

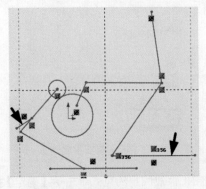

图 18-20　直线约束添加完成

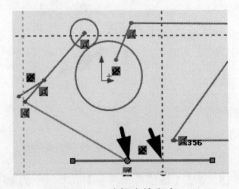

图 18-21　选择直线和点

（21）单击 [图标]【确定】按钮，添加完成后的结果如图 18-23 所示。

图 18-22　【属性】属性管理器

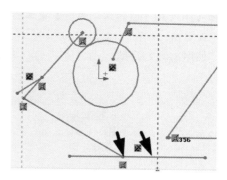

图 18-23　添加重合关系

（22）用同样的方法为另外一个点和一条直线添加重合约束，添加完成后的结果如图 18-24 所示。

（23）添加两个圆弧的相切关系。按住 Ctrl 键，选择两个圆弧，如图 18-25 所示，弹出【属性】属性管理器，在【添加几何关系】选项组中单击 ⌀【相切】按钮，如图 18-26 所示。

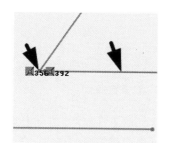

图 18-24　对点和直线添加重合关系

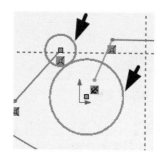

图 18-25　选择两个圆弧

（24）单击 ✔【确定】按钮，添加完成后的结果如图 18-27 所示。

图 18-26　【属性】属性管理器

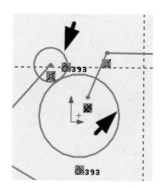

图 18-27　添加相切关系

18.1.2 运动分析

（1）选择【插入】|【新建运动算例】菜单命令，如图 18-28 所示。

（2）弹出计算窗口，在窗口左端出现 动画 下拉列表，选择【Motion 分析】选项，如图 18-29 所示。

扫码看视频

图 18-28　新建运动算例

图 18-29　计算窗口

（3）单击【马达】按钮，弹出【马达】属性管理器。在【零部件/方向】选项组中，单击 【马达位置】选择框，选择一条直线，再单击一个点确定马达方向；在【运动】选项组的【速度】文本框中输入"12 RPM"，设定马达的速度，如图 18-30 所示。

（4）单击【确定】按钮，完成原动件的添加。

（5）单击【计算】按钮进行计算，计算后【计算】框内会发生变化，如图 18-31 所示。

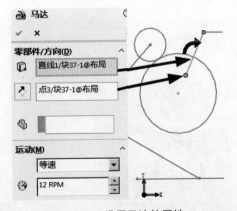

图 18-30　设置马达的属性

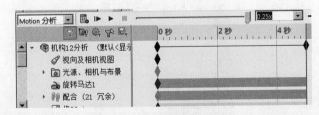

图 18-31　【计算】框内变化

（6）单击【计算】框内的【结果与图解】按钮，弹出【结果】属性管理器。在【结果】选项组的【选取类别】选项中选择【位移/速度/加速度】，在【选取子类别】选项中选择【线性位移】，在【选取结果分量】选项中选择【X 分量】，单击 🖾 ⬚⬚⬚⬚ 后选取两个对应的点，如图 18-32 所示。

（7）单击 ✅【确定】按钮后显示线性位移，如图 18-33 所示。

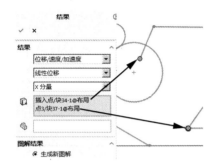
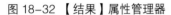

图 18-32 【结果】属性管理器

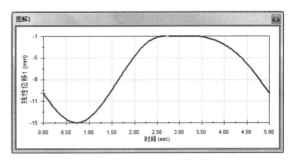

图 18-33 显示线性位移

（8）单击【计算】框内的 🖾【结果与图解】按钮，弹出【结果】属性管理器。在【结果】选项组的【选取类别】选项中选择【位移 / 速度 / 加速度】，在【选取子类别】选项中选择【线性速度】，在【选取结果分量】选项中选择【X 分量】，单击 🖾 ⬚⬚⬚⬚ 后选取线性速度分析中的点，如图 18-34 所示。

（9）单击 ✅【确定】按钮后显示线性速度，如图 18-35 所示。

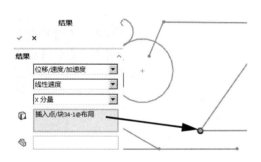

图 18-34 【结果】属性管理器

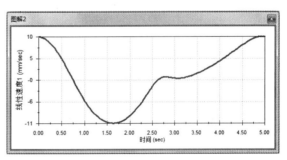

图 18-35 显示线性速度

（10）单击【计算】框内的 🖾【结果与图解】按钮，弹出【结果】属性管理器。在【结果】选项组的【选取类别】选项中选择【位移 / 速度 / 加速度】，在【选取子类别】选项中选择【线性加速度】，在【选取结果分量】选项中选择【X 分量】，单击 🖾 ⬚⬚⬚⬚ 后选取线性加速度分析中的点，如图 18-36 所示。

（11）单击 ✅【确定】按钮后显示线性加速度，如图 18-37 所示。

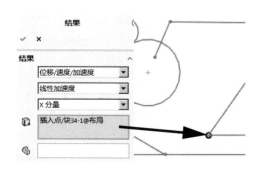

图 18-36 【结果】属性管理器

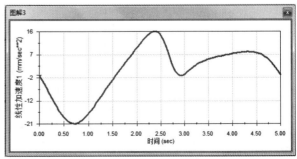

图 18-37 显示线性加速度

（12）单击【计算】框内的 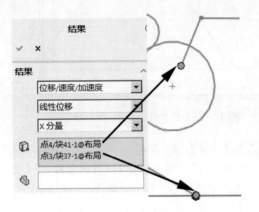【结果与图解】按钮，弹出【结果】属性管理器。在【结果】选项组的【选取类别】选项中选择【位移／速度／加速度】，在【选取子类别】选项中选择【线性位移】，在【选取结果分量】选项中选择【X 分量】，单击 [   ] 后选取两个对应的点，如图 18-38 所示。

（13）单击 ✔【确定】按钮后显示线性位移，如图 18-39 所示。

图 18-38　【结果】属性管理器

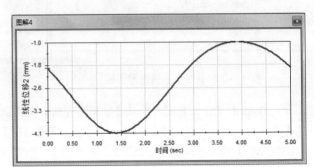

图 18-39　显示线性位移

（14）单击【计算】框内的 【结果与图解】按钮，弹出【结果】属性管理器。在【结果】选项组的【选取类别】选项中选择【位移／速度／加速度】，在【选取子类别】选项中选择【线性速度】，在【选取结果分量】选项中选择【X 分量】，单击 [   ] 后选取线性速度分析中的点，如图 18-40 所示。

（15）单击 ✔【确定】按钮后显示线性速度，如图 18-41 所示。

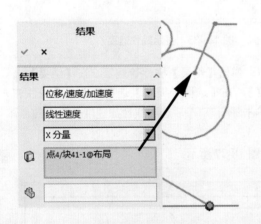

图 18-40　【结果】属性管理器

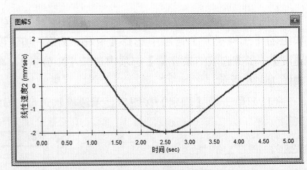

图 18-41　显示线性速度

（16）单击【计算】框内的 【结果与图解】按钮，弹出【结果】属性管理器。在【结果】选项组的【选取类别】选项中选择【位移／速度／加速度】，在【选取子类别】选项中选择【线性加速度】，在【选取结果分量】选项中选择【X 分量】，单击 [   ] 后选取线性加速度分析中的点，如图 18-42 所示。

（17）单击 ✔【确定】按钮后显示线性加速度，如图 18-43 所示。

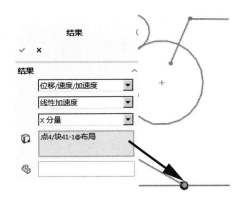

图 18-42 【结果】属性管理器

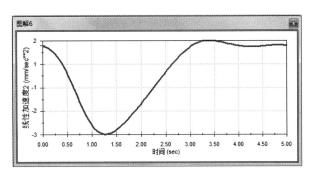

图 18-43 显示线性加速度

有限元分析（SimulationXpress）范例

本范例的主要步骤如下。

（1）前处理。

（2）运动分析。

（3）后处理。

18.2.1 前处理

（1）启动中文版 SolidWorks，单击快速访问工具栏中的 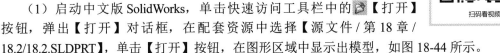 【打开】按钮，弹出【打开】对话框，在配套资源中选择【源文件 / 第 18 章 / 18.2/18.2.SLDPRT】，单击【打开】按钮，在图形区域中显示出模型，如图 18-44 所示。

（2）选择【工具】|【Xpress 产品】|【SimulationXpress】菜单命令，弹出【SimulationXpress】属性管理器，如图 18-45 所示。

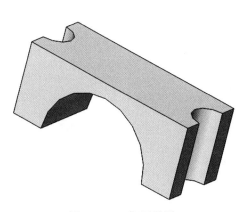

图 18-44 打开模型

图 18-45 【SimulationXpress】属性管理器

（3）单击【选项】按钮，弹出【SimulationXpress 选项】对话框，设置【单位系统】为【公制】，并指定文件保存的【结果位置】，如图 18-46 所示，最后单击【确定】按钮。

（4）单击【下一步】按钮，选择【夹具】选项卡，出现应用约束界面，如图 18-47 所示。

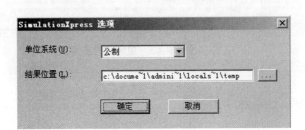

图 18-46 【SimulationXpress 选项】对话框　　　图 18-47　选择【夹具】选项卡

（5）单击【添加夹具】按钮，弹出【夹具】属性管理器，单击【夹具的面】选择框，在图形区域中单击模型的 2 个侧面，则固定约束符号显示在该面上，如图 18-48 所示，最后单击【确定】按钮。

（6）可以通过上述方法定义多个约束条件，如图 18-49 所示。单击【下一步】按钮，进入下一步骤。

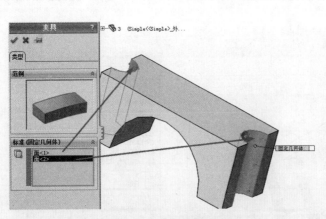

图 18-48　固定约束　　　　　　　图 18-49　定义约束组

（7）选择【载荷】选项卡，出现应用载荷界面，如图 18-50 所示。

（8）单击【添加力】按钮，弹出【力】属性管理器，如图 18-51 所示。

（9）单击【力的面】选择框，在图形区域中单击模型的上表面，选择【法向】单选按钮，在【力值】文本框中输入力的数值为"1000000"，如图 18-51 所示。单击 【确定】按钮，完成载荷的设置，最后单击【下一步】按钮。

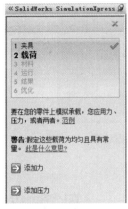

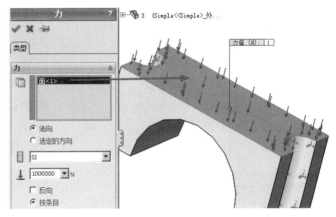

图 18-50　选择【载荷】选项卡　　　　　　　　　图 18-51　设置力的属性

（10）在【材料】选项卡中，单击【选择材料】按钮，弹出【材料】对话框，可以选择 SolidWorks 预置的材质，这里选择【合金钢】选项，单击【应用】按钮，合金钢材质被应用到模型上，如图 18-52 所示。单击【关闭】按钮，完成材质的设定，如图 18-53 所示，最后单击【下一步】按钮。

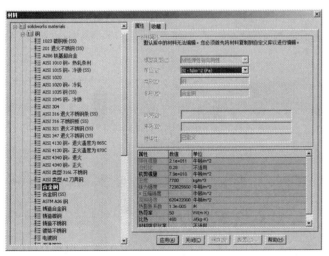

图 18-52　【材料】对话框　　　　　　　　　图 18-53　定义材质完成

18.2.2　运行分析

选择【运行】选项卡，单击【运行模拟】按钮，如图 18-54 所示，屏幕上显示出运行状态以及分析信息，如图 18-55 所示。

扫码看视频

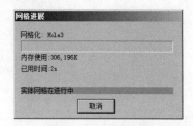

图 18-54 【运行】选项卡   图 18-55 运行状态

18.2.3 后处理

（1）运行分析完成，变形的动画将自动显示出来，单击【停止动画】按钮，如图 18-56 所示。

（2）在【结果】选项卡中，单击【是，继续】按钮，进入下一个页面，单击【显示 von Mises 应力】按钮，绘图区中将显示模型的应力结果，如图 18-57 所示。

扫码看视频

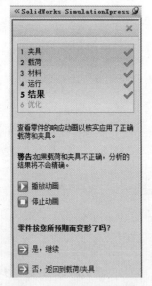

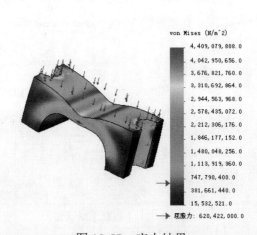

图 18-56 【结果】选项卡   图 18-57 应力结果

（3）单击【显示位移】按钮，绘图区中将显示模型的位移结果，如图 18-58 所示。

（4）单击【在以下显示安全系数（FOS）的位置】按钮，并在文本框中输入"1"，绘图区中将显示模型在安全系数是 1 时的危险区域，如图 18-59 所示。

（5）在【结果】选项卡中，单击【查阅结果完毕】按钮，然后在下一个页面中单击【生成报表】按钮，如图 18-60 所示，分析报告将自动生成，如图 18-61 所示。

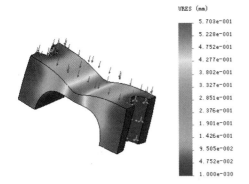

图 18-58 位移结果

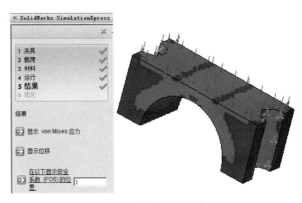

图 18-59 显示危险区域

图 18-60 单击【生成报表】按钮

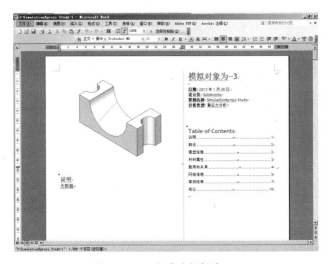

图 18-61 生成分析报告

（6）关闭报表文件，单击【下一步】按钮，进入下一个页面，在【您想优化您的模型吗？】提问下，选择【否】，如图 18-62 所示。

（7）单击【下一步】按钮，完成应力分析，如图 18-63 所示。

图 18-62 优化询问界面

图 18-63 应力分析完成界面

18.3 流体分析（FloXpress）范例

本范例的主要步骤如下。

（1）前处理。

（2）运动分析。

（3）后处理。

18.3.1 前处理

（1）启动中文版 SolidWorks，单击快速访问工具栏中的 📂【打开】按钮，弹出【打开】对话框，在配套资源中选择【源文件 / 第 18 章 / 18.3/18.3.SLDPRT】，单击【打开】按钮，在图形区域将显示模型，如图 18-64 所示。

（2）选择【工具】|【Xpress 产品】|【FloXpress】菜单命令，弹出【欢迎】属性管理器，单击【下一步】按钮，弹出【检查几何体】属性管理器，如图 18-65 所示。

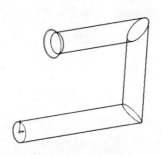

图 18-64 打开模型　　　　　　图 18-65 【检查几何体】属性管理器

（3）在【流体体积】选项组中，单击【查看流体体积】按钮，绘图区将高亮度显示出流体的分布，并显示出最小的流道的尺寸，如图 18-66 所示。

（4）单击 ➡【下一步】按钮，弹出【流体】属性管理器，提示用户选择具体的流体，在本例中选择【水】，如图 18-67 所示。

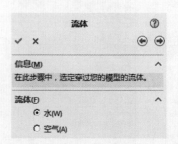

图 18-66 显示流体体积　　　　　　图 18-67 选择流体

（5）单击 ➡【下一步】按钮，弹出【流量入口】属性管理器。

（6）在【入口】选项组中，单击【压力】按钮，在 🔲【要应用入口边界条件的面】选择框中选择和流体相接触的端盖的内侧面，在 **P**【环境压力】中输入"301325Pa"，如图 18-68 所示。

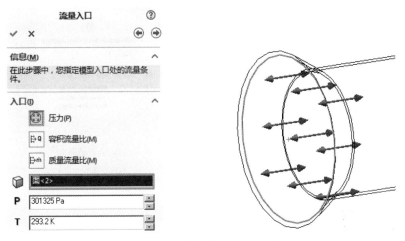

图 18-68　设置流量入口条件

（7）单击 ➡【下一步】按钮，弹出【流量出口】属性管理器。

（8）在【出口】选项组中，单击【压力】按钮，在 🔲【要应用出口边界条件的面】选择框中选择和流体相接触的端盖的内侧面，在 **P**【环境压力】中保持默认的设置，如图 18-69 所示。

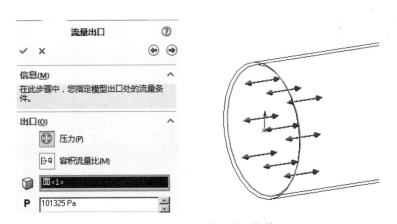

图 18-69　设置流量出口条件

18.3.2　运行分析

（1）单击 ➡【下一步】按钮，弹出【解出】属性管理器，如图 18-70 所示。

（2）在【解出】属性管理器中，单击 ▶ 按钮，开始流体分析，屏幕上显示出运行状态及分析信息，如图 18-71 所示。

扫码看视频

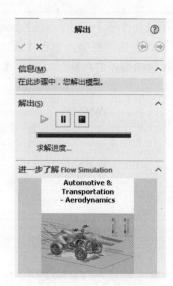

图 18-70 【解出】属性管理器

图 18-71 求解进度

18.3.3 后处理

（1）运行分析完成，显示【观阅结果】属性管理器，如图 18-72 所示。

（2）绘图区中将显示出流体的速度分布，为了显示清晰，可以将阀体零件隐藏，如图 18-73 所示。

扫码看视频

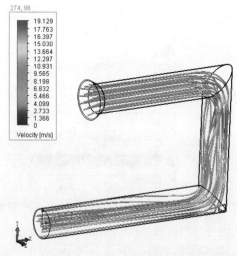

图 18-72 【观阅结果】属性管理器

图 18-73 显示轨迹图

（3）在【图解设定】选项组中，单击【滚珠】按钮，绘图区中的流体将以滚珠形式显示出来，如图 18-74 所示。

（4）在【报表】选项组中，单击【生成报表】按钮，有关流体分析的结果将以 Word 文档显示出来，如图 18-75 所示。

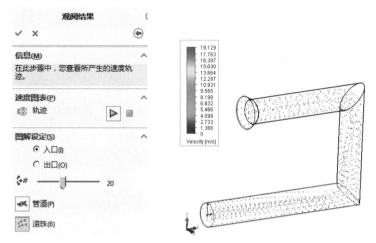

图 18-74 以滚珠形式显示轨迹图

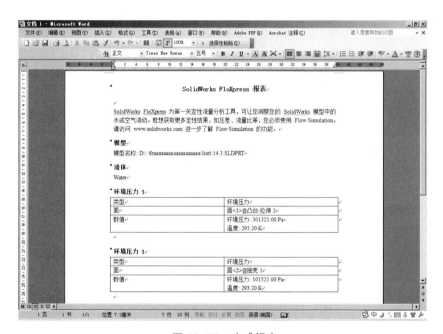

图 18-75 生成报表

18.4 数控加工分析（DFMXpress）范例

（1）启动中文版 SolidWorks，单击快速访问工具栏中的 【打开】按钮，弹出【打开】对话框，在配套资源中选择【源文件/第18章/18.4/18.4.SLDPRT】，单击【打开】按钮，在图形区域中显示出模型，如图 18-76 所示。

（2）选择【工具】|【Xpress 产品】|【DFMXpress】菜单命令，启动 DFMXpress，如图 18-77 所示。

扫码看视频

图 18-76　打开模型

图 18-77　启动菜单

（3）弹出【DFMXpress】任务窗格，如图 18-78 所示。

（4）根据零件的形状，设定检查规则，单击【设定】按钮，弹出设定界面，设置相应的数据，如图 18-79 所示。

（5）单击【返回】按钮，完成属性设置。单击【运行】按钮，进行可制造性分析，结果将自动显示出来，如图 18-80 所示。其中，【失败的规则】将显示成红色，【通过的规则】将显示成绿色。

图 18-78　【DFMXpress】任务窗格

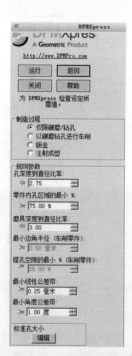

图 18-79　设定界面

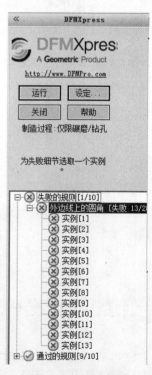

图 18-80　运行结果

（6）单击失败规则下的"实例 [1]"，屏幕上将自动出现提示，提示具体的失败原因为"外边线上的圆角 - 实例 [1]"，绘图区中将用高亮度来显示该实例对应的特征，如图 18-81 所示。

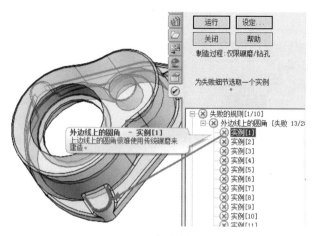

图 18-81　失败实例 1

18.5 注塑模分析（Plastics）范例

本范例的主要步骤如下。

（1）前处理。

（2）运动分析。

（3）后处理。

18.5.1 前处理

（1）启动中文版 SolidWorks，单击快速访问工具栏中的 【打开】按钮，弹出【打开】对话框，在配套资源中选择【源文件 / 第 18 章 /18.5/18.5.SLDPRT】，单击【打开】按钮，在绘图区域中显示模型，如图 18-82 所示。

（2）单击【工具】|【插件】菜单命令，打开【插件】对话框，启动【SolidWorks Plastics】插件。单击 【PlasticsManager】标签，如图 18-83 所示。

扫码看视频

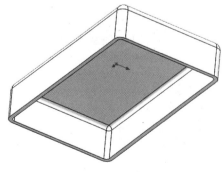

图 18-82　打开零件

图 18-83　展开【PlasticsManager】标签

（3）右键单击 【Solid】图标，在弹出的快捷菜单中选择【手动】命令，如图 18-84 所示。

（4）弹出【种类】属性管理器，单击 ⇨ 【下一步】按钮，如图 18-85 所示。

图 18-84　选择手动建立网格　　　　　图 18-85　种类属性管理器

（5）弹出【曲面网格】属性管理器，勾选【设定】选项，如图 18-86 所示。

（6）弹出【设定尺寸】属性管理器，勾选【曲面】选项，设定【半径】为"5"，如图 18-87 所示。单击 ✓ 【确定】按钮，返回【曲面网格】属性管理器。

图 18-86　【曲面网格】属性管理器　　　　　图 18-87　设定曲面网格尺寸

（7）在【曲面网格】属性管理器中将显示三角网格尺寸和三角网格的数量，如图 18-88 所示。

（8）单击【网格化】按钮，即可对零件进行网格化，网格化之后的零件如图 18-89 所示。

图 18-88　显示三角网格的尺寸和数量　　　　　图 18-89　网格化之后的零件

（9）单击➡【下一步】按钮，单击✔【确定】按钮，再两次单击➡【下一步】按钮，进入【四面体网格】属性管理器，如图 18-90 所示。

（10）单击【转换】按钮，在绘图区的右上角显示网格化之后零件的元素和材料等信息，如图 18-91 所示。

型态 : Solid
元素 : 47424
端点 : 20334
材料 : ABS
产品 : "(P) Generic material / Generic material

图 18-90 【四面体网格】属性管理器　　　　图 18-91　元素和材料等信息

（11）单击✔【确定】按钮，Plastics 分析树中的显示如图 18-92 所示。

（12）右键单击✿【观察实体网格】图标，在弹出的快捷菜单中选择【开启】命令，如图 18-93 所示。

图 18-92　Plastics 分析树　　　　图 18-93　启动观察实体网格

（13）在绘图区中将显示该零件的网格，如图 18-94 所示。

（14）右键单击【输入】|【材料】下的【选择塑料】图标，在快捷菜单中选择【开启资料库】命令，如图 18-95 所示。

图 18-94　观察实体网格

图 18-95　开启资料库

（15）在弹出的【选择塑料】对话框的【塑料材料库】中选择【56 PBT+PET】这种材料，如图18-96 所示。

（16）在【选择塑料】对话框的右侧将显示所选塑料的黏度系数、比容、比热等参数，图 18-97所示图表显示了 PBT+PET 塑料在不同剪切率下的黏度系数。单击【确定】按钮，关闭该对话框。

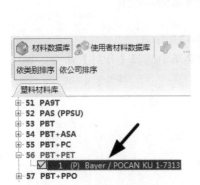

图 18-96　选择塑料

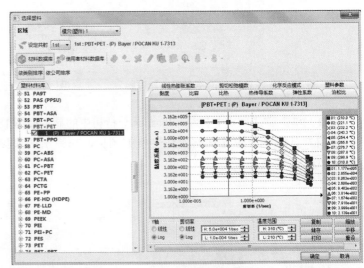

图 18-97　黏度系数图表

（17）右键单击【机器】图标，在弹出的快捷菜单中选择【开启设定】命令，弹出【机器】对话框。在该对话框中，显示了机器的描述、射出单元、锁模单元、油泵单元等信息，可对这些信息进行更改，如图 18-98 所示。单击【确定】按钮，关闭该对话框。

（18）流动设定。右键单击【流动设定】图标，在弹出的快捷菜单中选择【开启设定】命令，打开【流动设定】属性管理器。在【操作条件】选项组中可以设定熔胶温度和模面温度，在【纤维排向计算选项】选项组中可以设定纤维使用单位，设定数值为"20%"，在下拉列表中选择【重量】选项，如图 18-99 所示。单击【确定】按钮完成设置。

（19）保压设定。右键单击【保压设定】图标，在弹出的快捷菜单中选择【开启设定】命令，打开【保压设定】属性管理器。在【操作条件】选项组中勾选【自动】和【残余应力计算选项】复选框，如图 18-100 所示。单击【确定】按钮完成设置。

（20）右键单击【选择浇口】图标，在弹出的快捷菜单中选择【开启设定】命令，弹出【选择浇口】属性管理器。在下拉列表中选择【进浇点（点）】选项，单击左下角的【增加浇口】按钮，在模型上选择一点，在界面中会显示该点的坐标，如图 18-101 所示。

图 18-98　设置机器参数

图 18-99　【流动设定】属性管理器

图 18-100　【保压设定】属性管理器

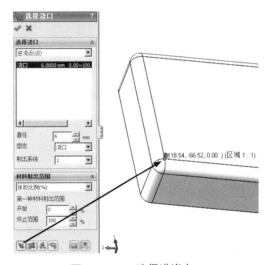

图 18-101　选择进浇点

（21）其余设置，如直径、型态、材料射出范围等如图 18-102 所示，单击 ✓【确定】按钮完成设置。

图 18-102　设置浇注参数

扫码看视频

18.5.2　运行分析

（1）右键单击【流动】图标，在快捷菜单中选择【执行】命令，弹出
【Analysis Manager】对话框。【显示日志】和【完成后自动关闭】复选框将
自动选上，对话框中会显示进度，如图 18-103 所示。

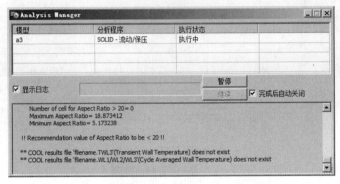

图 18-103　【Analysis Manager】对话框

（2）分析完成后，弹出【结果建议】对话框，如图 18-104 所示。

（3）关闭【结果建议】对话框，在【结果】属性管理器中将显示出分析结果，如图 18-105 所示。

图 18-104　【结果建议】对话框

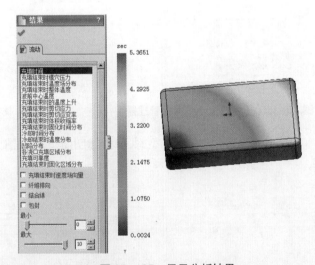

图 18-105　显示分析结果

（4）在【结果】属性管理器中，单击 ▶ 【播放】按钮，将重新播放分析的过程，如图 18-106
所示。

（5）在 Plastics 分析树的【执行】|【开启执行记录文件】下出现了一个流动保压记录，右键单
击该记录，在快捷菜单中选择【开启】命令，在浏览器中将打开记录，如图 18-107 所示。

图 18-106　播放分析过程　　　　　　　　图 18-107　打开记录

18.5.3　后处理

（1）右键单击 【流动结果】图标，在弹出的快捷菜单中选择【读取流动分析】命令，此时可以重新观看分析结果，如图 18-108 所示。

扫码看视频

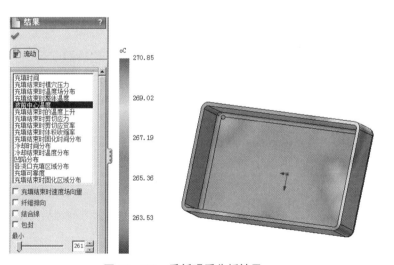

图 18-108　重新观看分析结果

（2）右键单击 【X-Y 曲线图】图标，在弹出的快捷菜单中选择【读取轮廓线】命令，弹出【选择位置】属性管理器。单击零件上的点，单击 【增加观测点】按钮，增加观测点，如图 18-109 所示。

（3）在【分析结果】选项卡中勾选【入口压力变化曲线图】选项，观测入口压力的变化，如图 18-110 所示。

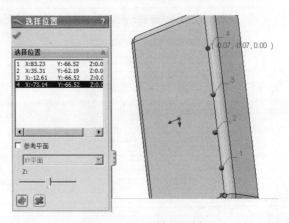

图 18-109　增加观测点

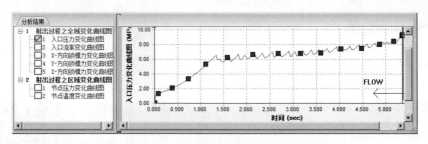

图 18-110　观测入口压力变化

（4）在【分析结果】选项卡中勾选【入口流率变化曲线图】选项，观测入口流率的变化，如图 18-111 所示。

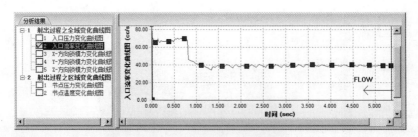

图 18-111　观测入口流率变化

（5）在【分析结果】选项卡中勾选【X方向锁模力变化曲线图】选项，观测 X 方向锁模力的变化，如图 18-112 所示。

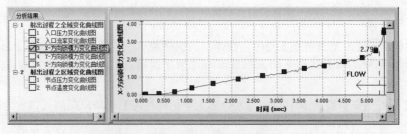

图 18-112　观测 X 方向锁模力变化

（6）在【分析结果】选项卡中勾选【Y 方向锁模力变化曲线图】选项，观测 Y 方向锁模力的变化，如图 18-113 所示。

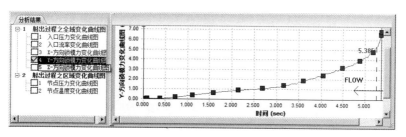

图 18-113　观测 Y 方向锁模力变化

（7）在【分析结果】选项卡中勾选【Z 方向锁模力变化曲线图】选项，观测 Z 方向锁模力的变化，如图 18-114 所示。

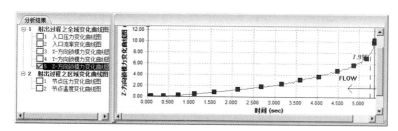

图 18-114　观测 Z 方向锁模力变化

（8）在【分析结果】选项卡中勾选【节点压力变化曲线图】选项，观测节点压力的变化，如图 18-115 所示。

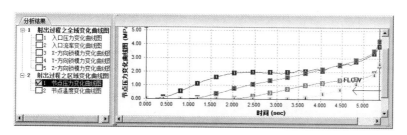

图 18-115　观测节点压力变化

（9）在【分析结果】选项卡中勾选【节点温度变化曲线图】选项，观测节点温度的变化，如图 18-116 所示。

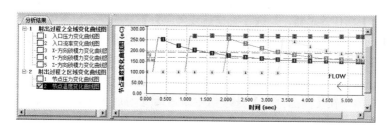

图 18-116　观测节点温度变化

（10）右键单击【摘要＆报告】图标，在弹出的快捷菜单中选择【产生】命令，如图 18-117 所示。

（11）弹出【摘要】属性管理器，如图 18-118 所示。

图 18-117　产生摘要报告　　　　　　图 18-118　【摘要】属性管理器

（12）单击 ✔【确定】按钮后，弹出【报告产生器】对话框，输入封面信息如图 18-119 所示。

（13）单击【产生图形】标签，选择分析结果图，如图 18-120 所示。

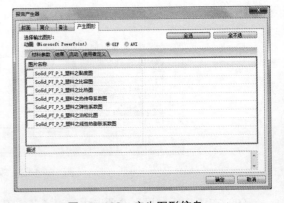

图 18-119　输入封面信息　　　　　　图 18-120　产生图形信息

（14）单击【确定】按钮，完成报告。右键单击【汇出】图标，在弹出的快捷菜单中选择【汇出】命令，弹出【汇出】属性管理器，勾选【脱模前残余应力】复选框，如图 18-121 所示。

（15）弹出提示对话框，如图 18-122 所示，单击【是】按钮。

（16）在弹出的【浏览文件夹】对话框中选择合适的路径，如图 18-123 所示，单击【确定】按钮。

（17）右键单击 ▧【剖面设定】图标，在弹出的快捷菜单中选择【开启设定】命令，弹出【剖面设定】属性管理器。在【剖面列表】选项组中单击 ▧【增加 X 方向剖面】按钮，选择如图 18-124 所示的剖面。

图 18-121　【汇出】属性管理器

图 18-122　提示对话框

图 18-123　选择文件夹

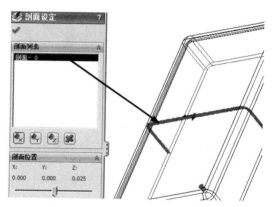

图 18-124　增加 X 方向剖面

（18）以同样的方式增加 Y 方向的剖面，如图 18-125 所示。

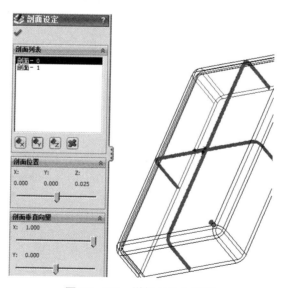

图 18-125　增加 Y 方向剖面

（19）右键单击 【等位面显示设定】图标，在弹出的快捷菜单中选择【开启设定】命令，弹出【等位面显示设定】属性管理器。拖动 控标，单击 【增加等位面】按钮，增加第一个等位面，如图 18-126 所示。

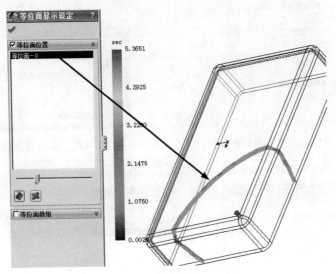

图 18-126　增加第一个等位面

（20）拖动□控标至其他位置，单击■【增加等位面】按钮，增加第二个等位面，如图 18-127 所示。

（21）单击■【量测】按钮，可以量测两个不同的点在 X、Y、Z 方向上距离的变化以及总距离的变化，如图 18-128 所示。

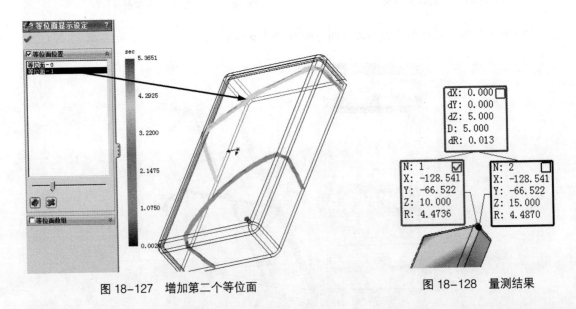

图 18-127　增加第二个等位面　　　　　图 18-128　量测结果

18.6　热力学分析范例

本范例将进行烤箱内部结构的热力学分析，烤箱的实体模型如图 18-129 所示。

本范例的主要步骤如下。

（1）前处理。

（2）运动分析。

（3）后处理。

图 18-129　烤箱结构模型

18.6.1　前处理

（1）启动中文版 SolidWorks，单击快速访问工具栏中的【打开】按钮，弹出【打开】对话框，在配套资源中选择【源文件 / 第 18 章 /18.6/18.6.SLDASM】，单击【打开】按钮，在绘图区中显示出模型。

（2）选择【工具】|【插件】菜单命令，弹出【插件】对话框，将【SolidWorks Simulation】选上，并启动，如图 18-130 所示。单击【确定】按钮，关闭对话框。

（3）选择【Simulation】|【算例】菜单命令，如图 18-131 所示。

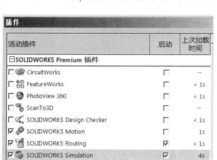

图 18-130　【插件】对话框

图 18-131　选择【算例】菜单命令

（4）在弹出的【算例】属性管理器中，单击【类型】选项组中的 【热力】按钮，再单击 【确定】按钮，生成模型的热力学仿真算例，如图 18-132 所示。

（5）在 SolidWorks 软件窗口的左下方出现了热力学仿真的算例窗口。展开【零件】的树状结构，右击烤箱箱体零件，在弹出的快捷菜单中选择【应用 / 编辑材料】命令，如图 18-133 所示。

图 18-132　【算例】属性管理器

图 18-133　选择【应用 / 编辑材料】命令

（6）在弹出的【材料】对话框中，选择【镀铬不锈钢】作为箱体的材料，如图 18-134 所示。单击【应用】按钮，再单击【关闭】按钮，生成箱体的材料设定。

（7）用同样的方式依次设定每一个零件的材料属性，烤箱箱体和烤盘的材料均为【镀铬不锈钢】，四根加热管的材料均为【合金钢】。

（8）右击仿真实例中的【热载荷】项目，在弹出的快捷菜单中选择【热量】命令，如图 18-135 所示。

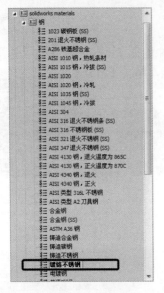

图 18-134　材料编辑窗口

图 18-135　选择【热量】命令

（9）在弹出的【热量】属性管理器里，选取 【发热的实体】为 4 根加热管；在【热量】选项组中，设定 【热量】为"800W"，单击 【确定】按钮完成设置，如图 18-136 所示。

（10）再次右击仿真实例中的【热载荷】项目，在弹出的快捷菜单中选择【对流】命令，如图 18-137 所示。

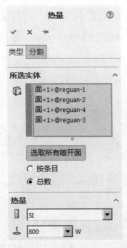

图 18-136　【热量】属性管理器

图 18-137　选择【对流】命令

（11）在弹出的【对流】属性管理器里，选取 【对流的面】为箱体的 5 个外表面；设置 【对流系数】为"80W/(m^2 · /K)"， 【总环境温度】为"293K"（即 20℃），单击 【确定】按钮完成设置，如图 18-138 所示。

（12）继续右击仿真实例中的【热载荷】项目，在弹出的快捷菜单中选择【辐射】命令，如图 18-139 所示。

（13）在弹出的【辐射】属性管理器中，在【类型】选项组下选择【曲面到曲面】单选按钮，选取 【辐射的面】为装配体内部所有表面；在【辐射参数】选项组中，设定 【辐射率】为"1"，单击 【确定】按钮完成设置，如图 18-140 所示。

（14）右击仿真实例中的【网格】项目，在弹出的快捷菜单中选择【生成网格】命令，如图 18-141 所示。

（15）在弹出的【网格】属性管理器中，根据所需要结果的精度要求以及软件运行环境的配置水平，适当调整网格密度，单击 【确定】按钮完成设置，如图 18-142 所示。

图 18-138 【对流】属性管理器

图 18-139 选择【辐射】命令

图 18-140 【辐射】属性管理器

图 18-141 选择【生成网格】命令

图 18-142 【网格】属性管理器

18.6.2　运行分析

（1）软件根据上述设置，开始自动仿真模拟，如图 18-143 所示，完成后生成网格，如图 18-144 所示。

（2）设置完成、网格划分完毕之后，就可以进行热力学的仿真分析了。在热力学算例的名称上单击右键，在弹出的快捷菜单中选择【运行】命令，如图 18-145 所示。

（3）选择【运行】后命令，显示系统求解仿真分析的进度，如图 18-146 所示。

（4）仿真分析运行完成后，在仿真实例下方出现了【结果】项目。为了便于观看结果，在【热载荷】项上单击右键，在快捷菜单中选择【全部隐藏】命令，使得实体算例中的热载荷及节点隐藏起来，如图 18-147 所示。

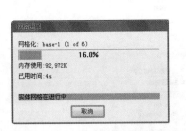

图 18-143　网格生成进度

图 18-144　生成的实体网格

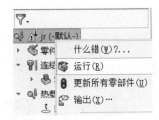

图 18-145　选择【运行】命令

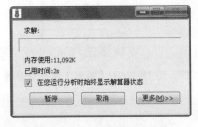

图 18-146　仿真分析进度

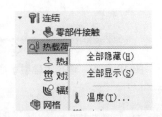

图 18-147　选择【全部隐藏】命令

18.6.3　后处理

（1）右键单击【热力 1】分析的名称，在弹出的快捷菜单中选择【截面剪裁】命令，如图 18-148 所示。

（2）在弹出的【截面】属性管理器中，可以选取不同的截面形状及参考基准，可以设定不同的距离以及偏转角度，也可以拖拽截面上的指向箭头，直接对截面进行移动，根据截面颜色分布和右侧的颜色标识温度来直观地看出烤箱内的截面温度分布，如图 18-149 所示。单击 ✓【确定】按钮，关闭【截面】属性管理器。

扫码看视频

（3）再次右键单击【热力 1】分析的名称，在弹出的快捷菜单中选择【Iso 剪裁】命令，如图 18-150 所示。

（4）在弹出的【Iso 剪裁】属性管理器中，可以直接输入数字设定温度区间，也可以拖拽滑块来对温度进行设置。高于设置温度的部分实体会在软件窗口中显示颜色，低于设置温度的部分实体会透明显示，这样就在不同温度的时候形成不同的等温线，可以直观地看到烤箱中的温度渐变情况，如图 18-151 所示。单击 ✅【确定】按钮，关闭【Iso 剪裁】属性管理器。

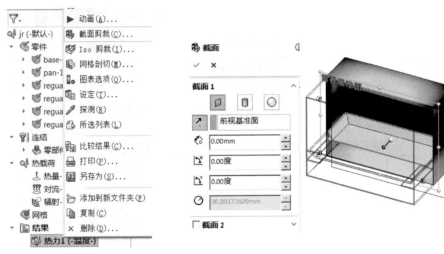

图 18-148　选择【截面剪裁】命令　　　　　　图 18-149　截面温度分布

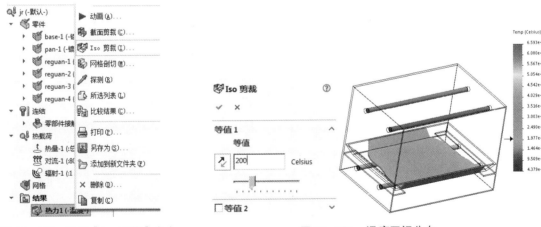

图 18-150　选择【Iso 剪裁】命令　　　　　　图 18-151　温度区间分布

（5）继续右键单击【热力 1】分析的名称，在弹出的快捷菜单中选择【探测】命令，如图 18-152 所示。

（6）在弹出的【探测结果】属性管理器中，可以用鼠标点选的方式，直接在装配体上选择需要探测温度的位置，也可以通过实体选择特征。所选探测点的温度数值会在【结果】选项组中显示，或者单击 📈【图解】按钮，生成点状变化图来进行直观的温度对比，分别如图 18-153 和图 18-154 所示。

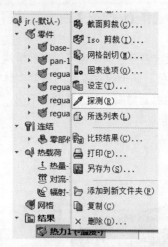

图 18-152 选择【探测】命令

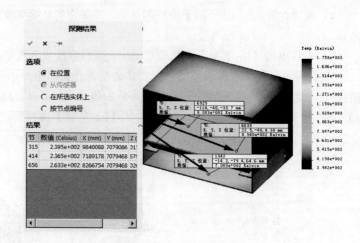

图 18-153 单点温度探测

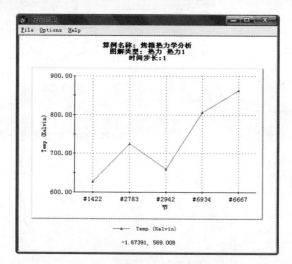

图 18-154 任意选取 5 个点进行温度对比

Chapter 19

第 19 章
二次开发

开发者和用户能够通过使用 Visual Basic、Visual C++、Delphi 以及任何一种支持 ActiveX Automation 技术的工具，对 SolidWorks 进行二次开发，全面扩展 SolidWorks 的功能，或将其功能集成到客户应用程序中，以实现 SolidWorks 的完全客户化。本章主要介绍二次开发的基础知识及二次开发的实例。

重点与难点

- 二次开发体系
- 二次开发接口及函数
- 二次开发方法
- 二次开发工具

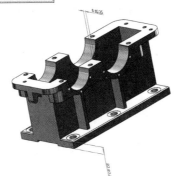

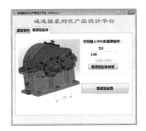

19.1 SolidWorks 二次开发概述

SolidWorks 应用程序设计界面（API）是与 SolidWorks 软件相关的 COM 程序设计界面，此 API 中包含了上千种可以在 Visual Basic (VB)、Visual Basic for Applications (VBA)、VB.NET、C++、C# 和 SolidWorks 宏文件中调用的函数，这些函数使程序设计员可以直接使用 SolidWorks 的功能。

19.1.1 SolidWorks 二次开发体系

SolidWoks 是一套完全基于 Windows 的三维设计软件，采用了与 Unigraphics 相同的先进的底层图形核心 Parasolid。它基于特征的参数化、变量化设计技术，使其操作方便，简单易学。此外，它还为用户提供了采用标准 Windows "对象链接与嵌入（OLE）" 技术和 "组件对象模型（COM）" 技术的应用程序接口，有利于二次开发技术的实现，开发者和用户能够通过使用 Visual Basic、Visual C++、Delphi 以及任何一种支持 ActiveX Automation 技术的工具，对 SolidWorks 进行二次开发，全面扩展 SolidWorks 的功能，或将其功能集成到客户应用程序中，以实现 SolidWorks 的完全客户化。

目前，主流的 CAD 软件都提供了用户定制功能和二次开发工具，通过 CAD 软件的二次开发工具可以将通用的商业化的 CAD 软件本地化、个性化，即以 CAD 系统为基础平台，在应用开发软件和编程接口的基础上，可以根据自身需要研制开发符合相关标准和适合企业实际应用的用户化、专业化、知识化、集成化软件，以进一步提高产品研发效率。

把用户设计思想转化为特定的新功能模块需要以下几个基本要素，这些要素构成了 SolidWorks 软件二次开发平台的基本体系，如图 19-1 所示。

（1）通用 CAD 软件（SolidWorks）——管理层。通用 CAD 软件是整个二次开发的基础，在二次开发结构中属于管理层。它负责用户界面定制、图形显示、数据管理、流程控制、消息分发等。

（2）编程开发环境——开发层。开发语言包括了计算机高级语言（C/C++ 等）和通用集成开发环境（VB/VC/Delphi）。通用集成开发环境具有功能强大、使用简单、效率高等特点，是目前比较流行

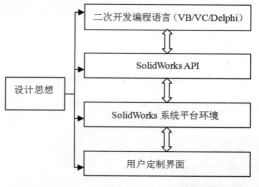

图 19-1　SolidWorks 二次开发体系图

的二次开发环境。在二次开发结构中，编程环境属于开发层，主要任务包括程序源代码的编辑、修改、编译、调试和优化等。

（3）应用程序编程接口（Application Programming Interface，API）——支持层。编程开发环境仅提供了一般性的语言支持，在二次开发过程中，还需要提供相应的 API 支持。API 接口的作用是建立开发程序与原软件程序的连接，使两者无缝集成。API 属于支持层，它是开发程序与 CAD 软件之间进行连接、通信的通道。

（4）设计思路——知识层。开发者在原有 CAD 软件基础上，只有将其设计思路和二次开发工具方法结合起来，才能使定制发挥最大的作用。

19.1.2 SolidWorks 的二次开发接口

SolidWorks 的软件开发商为方便各类用户对其进行二次开发，提供了 API，它是一个基于 OLE

Automation 的编程接口，此接口为用户提供了自由、开放、功能完整的开发工具，其中包含了数以百计的功能函数，这些函数提供了程序员直接访问 SolidWorks 的能力。API 中的函数可以被 Visual Basic、C/C++、VBA、SolidWorks 宏文件以及其他支持 OLE 的开发程序调用，从而可以扩展 SolidWorks 的功能。

19.1.3　SolidWorks API 函数

为了方便用户进行二次开发，SolidWorks 提供了几百个 API 函数，这些函数是 SolidWorks 基于 OLE 或 COM 开发技术的接口，它是 SolidWorks 对象的方法或属性，用户使用 VB、VBA、VC、Delphi 等高级语言对这些对象的属性进行设置并调用这些方法，就可以在设计者自己开发的程序中对 SolidWorks 进行各种操作，建立满足用户需要的定制的 SolidWorks 软件系统。图 19-2 所示为 SolidWorks 对象模型的层次结构图，它是一种树形结构模型图，根为 SolidWorks 对象，SolidWorks 中的其他对象都是它的子对象。不管使用什么编程语言对 SolidWorks 进行二次开发，都需要通过调用 SolidWorks 的对象体系来实现，SolidWorks API 将 SolidWorks 的各种建模功能封装在对象之中供编程调用，每个对象一般包括以下几个内容。

（1）对象的类型。

（2）对象的属性。

（3）对象的方法。

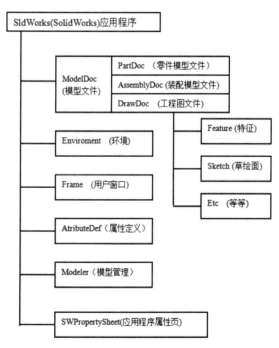

图 19-2　SolidWorks 对象模型层次体系

19.1.4　SolidWorks 二次开发方法

基于 SolidWorks 的二次开发方法有两种：一种是编程法；另一种是尺寸驱动法。

编程法是将设计过程的所有关系式都包括在应用程序中，程序按照建模过程顺序地执行，这种方法每参数化一次或更新一次模型都需要从头至尾执行一次应用程序代码。

尺寸驱动法是在保持模型结构不变的前提下，将模型中的尺寸视为变量，在应用程序中通过给这些变量赋值，就可以同步更新模型中相对应的尺寸值，最终获得一系列尺寸不同而结构相同的模型，形成零部件系列库。这种方法不需要重复建模过程，只是在基础模型上修改若干个尺寸，就可以达到参数化模型的目的。

以上两种方法都可以借助宏录制方法简化编程过程，但是简化程度不同。编程法需要将建模的整个过程录制下来，然后修改录制的代码，将有关的常量变换成变量。但是在宏录制过程中并不是所有操作过程的代码都能被记录，如果有遗漏的过程，就需要设计者自己去利用 SolidWorks API 函数补充相应的代码。尺寸驱动法并不需要整个建模过程的代码，它只在建模完成后录制修改模型尺寸时的宏代码，这样涉及的 API 函数大大减少。两者的开发本质不同，从开发效率和可靠性看，尺寸驱动法显然简单易掌握，实用性和操作性更强。

19.1.5　SolidWorks 二次开发工具

SolidWorks 二次开发有两种形式：一是基于 OLE 技术的独立应用程序（Standalone Application），用户编制的二次开发界面程序作为一个独立的应用程序（.exe），通过 API 接口调用 SolidWorks 提供的各种对象及其属性和方法，从而实现对 SolidWorks 的操作和控制；第二种形式基于 COM 技术的插件形式（Add In Application），用户程序作为一个插件（.dll）集成到 SolidWorks 中去，这种形式下，用户程序同 SolidWorks 程序运行在同一进程，而且用户可以在主程序中添加自己的菜单栏、工具栏等，效率高，使用户程序和 SolidWorks 有机融为一体。插件程序（.dll）的出错或者不稳定会直接影响到 SolidWorks 程序的正常运行，而独立应用程序（.exe）跟 SolidWorks 不在同一进程空间运行，因此用户程序的异常不会影响到 SolidWorks。

SolidWorks 的二次开发工具很多，任何支持 OLE 和 COM 技术的编程语言都可以作为开发工具，比如 VBA、VB、C、VC++、Delphi 等。在众多的二次开发工具中，最简单的是 VBA，常用宏录制得到基本的程序框架和 API 函数；易学易用的是 VB，常用于生成 .exe 文件；VC++ 语言功能强大，常生成 .dll 文件，但是难度大。

19.2　减速器建模二次开发范例

前面几节简要介绍了 SolidWorks 二次开发基本原理、开发方法和开发工具，并且比较了两种二次开发方法的优缺点，本节将以减速器实体模型为开发对象，利用 OLE 技术，在尺寸驱动法基础上使用 VB.net 开发软件对 SolidWorks 进行二次开发。

扫码看视频

用户在进行本范例练习时，电脑上需要先安装 VB.net 才能正常操作。

本范例的主要步骤如下。

（1）建立基础模型。

（2）建立 VB.net 二次开发界面。

（3）编写 VB.net 应用程序代码。

19.2.1　建立基础模型

尺寸驱动法需要在基础模型上进行相应的尺寸参数化，因此首先需要建立减速器装配体的实体模型作为二次开发的基础，在 SolidWorks 环境中建立的模型如图 19-3 所示。模型在配套资源的【源文件 / 第 19 章】文件夹中。

19.2.2　建立 VB.net 二次开发界面

（1）本范例在 VB.net 中先建立软件界面，在界面中放入文本框，通过 SolidWorks API 函数将文本框与模型的参数尺

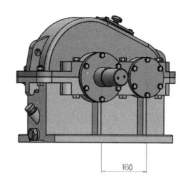

图 19-3　减速器模型

寸相关联，使得在文本框中输入数值，即可驱动 SolidWorks 改变模型的形状。在 VB.net 环境中开发的【重建零件】界面如图 19-4 所示。

（2）在界面的【D1】和【D2】文本框中，分别输入"8"和"20"，单击【重建三维零件】按钮，软件将驱动 SolidWorks 对模型进行重建，重建后的模型尺寸将和文本框中输入的数值一致，如图 19-5 所示。

图 19-4　【重建零件】界面

图 19-5　改变尺寸后的模型

（3）在软件界面中单击【重建零件图】按钮，软件将驱动 SolidWorks 对模型进行重建，重建后的零件图尺寸和文本框中输入的数值一致，如图 19-6 所示。

（4）单击软件界面的【重建装配体】标签，进入重建装配体模块。在文本框中输入数值，可以改变装配体的中心距，如图 19-7 所示。

（5）在界面的【D3】文本框中输入"140"，单击【重建装配体模型】按钮，软件将驱动 SolidWorks 对装配体进行重建，重建后的装配体尺寸将和文本框中输入的数值一致，如图 19-8 所示。

（6）在软件界面中单击【重建装配图】按钮，软件将驱动 SolidWorks 对装配图进行重建，重建后的装配图尺寸和文本框中输入的数值一致，如图 19-9 所示。

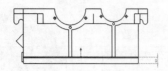
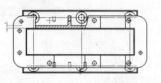

图 19-6　改变尺寸后的工程图

图 19-7　【重建装配体】界面

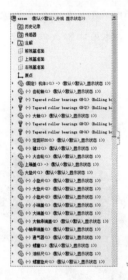
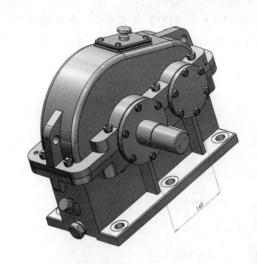

图 19-8　改变尺寸后的模型

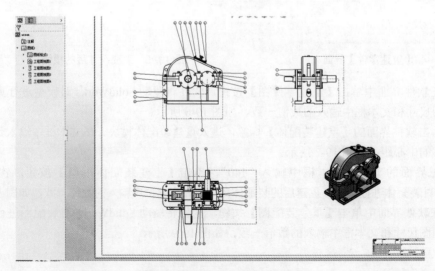

图 19-9　改变尺寸后的工程图

19.2.3　编写 VB.net 应用程序代码

　　VB.net 二次开发前界面作用是输入变量值和提示信息，尺寸更新和模型重建这些功能需要在后面板的代码区域来实现，VB.net 代码区域如图 19-10 所示。代码在本书的配套资源【范例 \19\VB 程序】文件夹中，需要启动 VB.net 才可看到代码内容。

图 19-10　VB.net 代码区域

（1）【重建三维零件】按钮代码如下。

```
Private Sub Button1_Click(ByVal sender As System.Object, ByVal e As System.
EventArgs) Handles Button1.Click
    d1 = Val(TextBox1.Text)
    d2 = Val(TextBox2.Text)
    Call para1(d1, d2)
  End Sub
```

（2）【重建零件图】按钮代码如下。

```
Private Sub Button2_Click(ByVal sender As System.Object, ByVal e As System.
EventArgs) Handles Button2.Click
    Dim SwApp As Object, assembly As Object
    SwApp = CreateObject("sldworks.application")
    SwApp.Visible = True
    SwApp.CloseDoc("C:\0\model\机体 1.sldprt")
    assembly = SwApp.OpenDoc("C:\0\model\机体 1.slddrw", swDocumentTypes_
e.swDocDRAWING)
    assembly = SwApp.ActiveDoc
    assembly.Save()
  End Sub
```

（3）【重建装配体模型】按钮代码如下。

```
Private Sub Button5_Click(ByVal sender As System.Object, ByVal e As System.
EventArgs) Handles Button5.Click
```

```
    d3 = Val(TextBox3.Text)
    d4 = Val(TextBox3.Text)
    Call para2(d3, d4)
    Call para4()
    Exit Sub
    End Sub
```

（4）【重建装配图】按钮代码如下。

```
Private Sub Button6_Click(ByVal sender As System.Object, ByVal e As System.
EventArgs) Handles Button6.Click
    Call para5()
    End Sub
```

（5）类模块代码如下。

```
Public d1 As Integer
 Public d2 As Integer
 Public d3 As Integer
 Public d4 As Integer
 Public d5 As Integer
 Dim SwApp As SldWorks.SldWorks
 Dim swModel As SldWorks.ModelDoc2
 Dim swModelDocExt As SldWorks.ModelDocExtension
 Dim swMotionMgr As SwMotionStudy.MotionStudyManager
 Dim swMotionStudy1 As SwMotionStudy.MotionStudy
 Dim swSaveAVIData As SwMotionStudy.AVIParameter
 Dim boolstatus As Boolean
 Dim errors As Integer
 Dim warnings As Integer
 Sub para1(ByVal d1 As Integer, ByVal d2 As Integer)
  Dim SwApp As Object, Part As Object ', assembly As Object
  Dim docName As String
  SwApp = CreateObject("sldworks.application")
  SwApp.Visible = True
  SwApp.CloseDoc("C:\0\model\assem.sldasm")
  SwApp.CloseDoc("C:\0\model\机体1.sldprt")
  SwApp.CloseDoc("C:\0\model\机体1.slddrw")
  docName = "C:\0\model\机体1.sldprt"
   Part = SwApp.OpenDoc6(docName, swDocumentTypes_e.swDocPART, swOpenDocOptions_
e.swOpenDocOptions_Silent, "", errors, warnings)
   Part = SwApp.ActiveDoc
   Part.Parameter("D1@切除-拉伸1").SystemValue = d1 / 1000
   Part.Parameter("D1@切除-拉伸10").SystemValue = d1 / 1000
   Part.Parameter("D2@草图1").SystemValue = d2 / 1000
   Part.EditRebuild()
   Part.Save()
   SwApp.CloseDoc(docName)
   Part = SwApp.OpenDoc(docName, swDocumentTypes_e.swDocPART)
   Part = SwApp.ActiveDoc
   End Sub
   Sub para2(ByVal d3 As Integer, ByVal d4 As Integer)
    Dim SwApp As Object, Part As Object ', assembly As Object
```

```
    SwApp = CreateObject("sldworks.application")
    SwApp.Visible = True
    SwApp.CloseDoc("C:\0\model\assem.sldasm")
    SwApp.CloseDoc("C:\0\model\assem.slddrw")
    SwApp.CloseDoc("C:\0\model\上箱盖.sldprt")
    Part = SwApp.OpenDoc("C:\0\model\上箱盖.sldprt", swDocumentTypes_e.swDocPART)
    Part = SwApp.ActiveDoc
    Part.Parameter("D4@草图6").SystemValue = d3 / 1000
    Part.Parameter("D3@草图9").SystemValue = d3 / 1000
    Part.EditRebuild()
    Part.Save()
    SwApp.CloseDoc("C:\0\model\上箱盖.sldprt")
    SwApp.CloseDoc("C:\0\model\机体1.sldprt")
    Part = SwApp.OpenDoc("C:\0\model\机体1.sldprt", swDocumentTypes_e.swDocPART)
    Part = SwApp.ActiveDoc
    Part.Parameter("D2@草图10").SystemValue = d3 / 1000
    Part.EditRebuild()
    Part.Save()
    SwApp.CloseDoc("C:\0\model\机体1.sldprt")
    SwApp.CloseDoc("C:\0\model\大齿轮.sldprt")
    Part = SwApp.OpenDoc("C:\0\model\大齿轮.sldprt", swDocumentTypes_e.swDocPART)
    Part = SwApp.ActiveDoc
    Part.Parameter("D1@草图1").SystemValue = (d3 + 80) / 1000
    Part.EditRebuild()
    Part.Save()
    SwApp.CloseDoc("C:\0\model\大齿轮.sldprt")
  End Sub


  Sub para4()
    Dim SwApp As Object, assembly As Object
    SwApp = CreateObject("sldworks.application")
    SwApp.Visible = True
    SwApp.CloseDoc("C:\0\model\assem.sldasm")
    assembly = SwApp.OpenDoc("C:\0\model\assem.sldasm", swDocumentTypes_
e.swDocASSEMBLY)
    assembly = SwApp.ActiveDoc
    assembly.Save()
  End Sub
  Sub para5()
    Dim SwApp As Object, assembly As Object
    SwApp = CreateObject("sldworks.application")
    SwApp.Visible = True
    SwApp.CloseDoc("C:\0\model\assem.slddrw")
    assembly = SwApp.OpenDoc("C:\0\model\assem.slddrw", swDocumentTypes_
e.swDocDRAWING)
    assembly = SwApp.ActiveDoc
    assembly.Save()
  End Sub
```